EUL VERLAG

KUNDENORIENTIERTE UNTERNEHMENSFÜHRUNG

Herausgegeben von Prof. Dr. Hendrik Schröder, Essen

Band 1
Nadine Berghaus
Eye-Tracking im stationären Einzelhandel – Eine empirische Analyse der Wahrnehmung von Kunden am Point of Purchase
Lohmar – Köln 2005 ♦ 310 S. ♦ € 52,- (D) ♦ ISBN 3-89936-366-3

Band 2
Silvia Zaharia
Multi-Channel-Retailing und Kundenverhalten – Wie sich Kunden informieren und wie sie einkaufen
Lohmar – Köln 2006 ♦ 424 S. ♦ € 57,- (D)
ISBN-13: 978-3-89936-508-5 ♦ ISBN-10: 3-89936-508-9

Band 3
Annette Bohlmann
Multi-Channel-Retailing und Kaufbarrieren – Wie Kunden Kaufrisiken wahrnehmen und überwinden
Lohmar – Köln 2007 ♦ 464 S. ♦ € 59,- (D) ♦ ISBN 978-3-89936-580-1

Band 4
Gregor Zimmermann
Videobeobachtung im stationären Einzelhandel – Eine empirische Analyse zum Kundenverhalten am Point of Purchase
Lohmar – Köln 2008 ♦ 320 S. ♦ € 52,- (D) ♦ ISBN 978-3-89936-654-9

JOSEF EUL VERLAG

Reihe: Kundenorientierte Unternehmensführung · Band 4

Herausgegeben von Prof. Dr. Hendrik Schröder, Essen

Dr. Gregor Zimmermann

Videobeobachtung im stationären Einzelhandel

Eine empirische Analyse zum Kundenverhalten am Point of Purchase

Mit einem Geleitwort von Prof. Dr. Hendrik Schröder,
Universität Duisburg-Essen

EUL VERLAG

Bibliographische Information der Deutschen Bibliothek

Die Deutsche Bibliothek verzeichnet diese Publikation in der Deutschen Nationalbibliothek; detaillierte bibliographische Daten sind im Internet über <http://dnb.ddb.de> abrufbar.

Dissertation, Universität Duisburg-Essen, 2007, unter dem Titel: Das Such- und Entscheidungsverhalten von Kunden im stationären Einzelhandel – Eine theoretische und empirische Untersuchung in zwei Warengruppen mit dem Instrument der Videobeobachtung

ISBN 978-3-89936-654-9
1. Auflage Januar 2008

Printed in Germany
Druck: RSP, Troisdorf

JOSEF EUL VERLAG GmbH
Brandsberg 6
53797 Lohmar
Tel.: 0 22 05 / 90 10 6-6
Fax: 0 22 05 / 90 10 6-88
E-Mail: info@eul-verlag.de
http://www.eul-verlag.de

Bei der Herstellung unserer Bücher möchten wir die Umwelt schonen. Dieses Buch ist daher auf säurefreiem, 100% chlorfrei gebleichtem, alterungsbeständigem Papier nach DIN 6738 gedruckt.

Vorwort zu der Reihe „Kundenorientierte Unternehmensführung"

Der Kunde ist der Mittelpunkt aller unternehmerischen Aktivitäten: Aus der Idee, Kundenbedürfnisse zu wecken und besser zu befriedigen als andere Anbieter, entsteht eine Unternehmung. Diese Idee sollte Eingang in jede Stufe der Wertkette finden. Auf dem manchmal langen Weg bis zum Endprodukt kann die Unternehmung allerdings Gefahr laufen, den Kunden aus den Augen zu verlieren. Technische Aspekte und finanzielle Restriktionen dominieren Entwicklungen und Entscheidungen; die Kundenbedürfnisse verschwinden aus dem Blickfeld. Um den Kunden kümmern sich am Ende allenfalls noch die Werbe- und die Vertriebsabteilungen.

Das Ergebnis kann dann so aussehen, wie es ein Praktiker zum Thema Efficient Consumer Response treffend auf den Punkt gebracht hat: „Was nützt es, Sortimente effizient durch die Gegend zu fahren, wenn der Kunde sie nicht kauft?" Oder: Was nützen innovative Materialien, wenn die äußere Erscheinung des Produktes den Kunden nicht anspricht, wenn beispielsweise das visuelle, auditive oder haptische System des Kunden das Produkt nicht akzeptiert?

Wir verstehen kundenorientierte Unternehmensführung als die konsequente Ausrichtung aller Strukturen und Prozesse einer Unternehmung an den Bedürfnissen der aktuellen und zukünftigen Kunden. Drei Aspekte stehen bei den Schriften zur kundenorientierten Unternehmensführung im Vordergrund. Der erste Aspekt sind die Abläufe im Inneren der Kunden und die daraus resultierenden Verhaltensweisen. Emotionen, Kaufmotive, Einstellungen und andere Faktoren bestimmen, wie sich Kunden informieren, welche Einkaufsstätten und Marken sie wählen und was sie in der Einkaufsstätte kaufen. Kunden tun den Anbietern vielfach jedoch nicht den Gefallen, dass sie stets dieselben Wünsche haben und damit berechenbar werden. Vielmehr hat ihr Verhalten an Konstanz verloren und ist hybride, teilweise multioptional geworden. Erkenntnisse über die Ursachen und die Formen des Kaufverhaltens zu erlangen ist eine zentrale Aufgabe, die das kundenorientierte Management zu bewältigen hat.

Der zweite Aspekt betrifft die Marktforschung. Zahlreiche Methoden sind vorhanden, neue werden entwickelt, um Daten zum Kundenverhalten zu gewinnen und zu analysieren. Die wissenschaftliche Forschung zeigt ihre Anwendungsgebiete und Anwendungsvoraussetzungen auf. Sie hat dafür Sorge zu tragen, dass die empirisch zu untersuchenden Sachverhalte eindeutig definiert und nachprüfbar operationalisiert werden. Auch muss sie deutlich machen, ob es sich bei den Erkenntnissen um deskriptive, explikative oder präskriptive Aussagen handelt. Nur auf diesem Weg erhält die kundenorientierte Unternehmensführung gehaltvolle Ergebnisse. Angewandte Forschung findet die ideale Voraussetzung, wenn Wissenschaft und Praxis zusammenarbeiten. In eine solche Kooperation bringt die Praxis vor allem das Untersuchungsobjekt und die Wissenschaft das Forschungs-Know-how ein.

Der dritte Aspekt ist auf die kundenorientierte Gestaltung der Marktbearbeitung gerichtet. Die Analysen lassen erkennen, welche Kunden die Unternehmung gewinnen, halten, entwickeln und zurückgewinnen sollte, aber auch, von welchen Kunden sie sich besser verabschieden sollte. Für die verschiedenen Kundengruppen sind die passenden Strategien und Maßnahmen zu entwickeln, um die jeweiligen Ziele zu erreichen. Forschungsarbeiten auf diesem Feld zeigen, unter welchen Rahmenbedingungen bestimmte Strategien und Maßnahmen zweckmäßig sind und inwieweit sich die Erkenntnisse auf andere Bereiche übertragen lassen.

Die Schriftenreihe „Kundenorientierte Unternehmensführung“ greift Themen auf, die den Unternehmungen mehr Einsicht in das Verhalten der Kunden vermitteln und ihnen damit eine bessere Grundlage für unternehmerische Entscheidungen liefern.

Ich wünsche allen Arbeiten, die sich mit der ganzheitlichen Sicht der Unternehmensführung im Sinne der Kunden beschäftigen, eine aufmerksame Aufnahme bei den Lesern aus der Wissenschaft und aus der Praxis. Und ich wünsche den Arbeiten, dass sie den Dialog zwischen Wissenschaft und Praxis fördern.

Essen — Univ.-Prof. Dr. Hendrik Schröder

Geleitwort des Herausgebers

Seit geraumer Zeit hat das Interesse in Wissenschaft und Praxis deutlich zugenommen, sich mit dem Verhalten der Kunden in den Einkaufsstätten des stationären Einzelhandels auseinanderzusetzen. Ursachen für diese Entwicklung sind vor allem der technische Fortschritt in der apparativen Marktforschung und das Bedürfnis, mehr und besseres Wissen über das Verhalten der Kunden am Point of Purchase zu erlangen.

Gregor Zimmermann verwendet in seinen Untersuchungen das Instrument der Videobeobachtung, um Einblicke in das Verhalten von Kunden am Regal zu gewähren. Das literaturbasierte Wissen zu diesem Thema ist bislang rudimentär gewesen. Mit den Ergebnissen der vorliegenden Arbeit erhält es nun eine fundierte Basis.

Gregor Zimmermann zeigt die Möglichkeiten und Grenzen auf, die das Instrument der Videobeobachtung bietet. Des Weiteren verbindet er die technischen Eigenschaften des Erhebungsinstrumentes mit der Frage, wie Kunden Artikel suchen und warum sie sich für oder gegen deren Kauf entscheiden. Auslöser für diese spezifische Frage ist der „Dauerbrenner“ in Industrie und Handel, welche Standorte der Artikel die Suche im Regal erleichtern oder erschweren. Mit Hilfe der Videobeobachtung lassen sich Informationen gewinnen, die Aussagen über das Such- und Entscheidungsverhalten und damit über die Wertigkeit von Regalplätzen erlauben.

Das vorliegende Forschungsdesign sowie die Art der Erhebung und der Auswertung der Daten sollten der Maßstab sein, an dem künftige Studien zur Videobeobachtung zu messen sind. Der Praxis bietet die Arbeit von Gregor Zimmermann eine transparente Schablone zur Beurteilung von Marktforschungsleistungen. Der Wissenschaft ist sie die Basis, auf der künftige Untersuchungen zum Kaufverhalten im stationären Einzelhandel aufsetzen sollten.

Ich wünsche diesem Buch viele interessierte Leser.

Essen, im Dezember 2007 Univ.-Prof. Dr. Hendrik Schröder

Vorwort

Während meiner Tätigkeit als Mitarbeiter am Lehrstuhl für Marketing & Handel der Universität Duisburg-Essen konnte ich an vielen Projekten zum Thema Kundenverhalten in Einkaufsstätten mitarbeiten und die unterschiedlichen Sicht- und Arbeitsweisen von Herstellern und Einzelhändlern kennenlernen.

Nach der erfolgreichen Einführung der Blickaufzeichnung-Kamera, mit der meine Kollegin Frau Dr. Nadine Berghaus dann die Daten für ihr Forschungsvorhaben erheben konnte, bot sich mir anschließend die Gelegenheit, das Instrument der Videobeobachtung am Lehrstuhl zu etablieren und das digitale System in Felduntersuchungen einzusetzen, um für die vorliegende Dissertation die notwendigen Daten zu sammeln.

Meinem Doktorvater Herrn Prof. Dr. Hendrik Schröder danke ich für die fachliche Betreuung meiner Arbeit und für seine Anregungen, die die Entstehung der Arbeit stets beeinflusst haben. Herrn Prof. Dr. Stefan Eicker gilt ebenfalls mein Dank für die schnelle Übernahme der nicht immer geliebten Zweitgutachter-Tätigkeit.

Für die Unterstützung bei der Erhebung und Transkription der Befragungs- und Beobachtungsdaten bedanke ich mich weiterhin bei meinen studentischen Projektgruppen (bestehend aus: Daniela Freyer, Christian und Thomas Schlegtendal und Marcel Seyer sowie Katharina Martin, Yasmin Dehghan Manchadi, Nina Teismann und Holger Wellner) und insbesondere bei meiner Lehrstuhlkollegin Nina Möller, die das eine oder andere Mal nicht nur meinen Missmut über die langen Stunden der Auswertung ertragen musste.

Namentlich erwähnt werden sollen an dieser Stelle auch meine Praxispartner Beate Müller, Rainer Bock und Alfred Kirberich, die mir den Zugang zu den relevanten Warengruppen bei meinem bevorzugten Einzelhändler ermöglicht und mich durch ihr Fachwissen und ihre Einsatzbereitschaft unterstützt haben.

In privater Hinsicht waren mir meine Freundin Frau Dr. Silke Adam, meine Eltern und die gesamte Familie eine wichtige Stütze, da sie – im Gegensatz zu mir – stets davon überzeugt waren, dass das Projekt „Promotion“ ein erfolgreiches Ende finden wird.

Gregor Zimmermann

Inhaltsverzeichnis

Abkürzungsverzeichnis

Abb. .... Abbildung
Anm. .... Anmerkung
Aufl. .... Auflage
ban .... bundeseinheitliche Artikelnummerierung
Bd. .... Band
bspw. .... beispielsweise
Btl. .... Bottle
bzw. .... beziehungsweise
ca. .... circa
cm .... Zentimeter
CM .... Category Management
d.h. .... das heißt
Diss. .... Dissertation
EAN .... Europäische Artikelnummerierung
ECR .... Efficient Consumer Response
EHI .... EuroHandelsinstitut
EKS .... Einkaufsstätte
ESOMAR .... European Society for Opinion and Marketing Research
et al. .... et alteri
etc. .... et cetera
f. .... folgende (Seite)
ff. .... fortfolgende (Seiten)
Fn .... Fußnote
ggfs. .... Gegebenenfalls
g .... Gramm
HED .... Headmounted-Eyetracking-Device
HMD .... Handbuch der maschinellen Datenverarbeitung
Hrsg. .... Herausgeber
i.d.R. .... in der Regel
i.e.S. .... im engeren Sinne
i.S.v. .... im Sinne von
i.w.S. .... im weiteren Sinne

IDM .... Informations-Display-Matrix
IR .... Infrarot
Jg. .... Jahrgang
k.A. .... keine Angabe
Kap. .... Kapitel
kg .... Kilogramm
KW .... Kalenderwoche
KZS .... Kurzzeitspeicher
LZS .... Langzeitspeicher
m .... Meter
mm .... Millimeter
m² .... Quadratmeter
ME .... Mengeneinheit
No. .... Numero
Nr. .... Nummer
o.ä. .... oder ähnliches
o.V. .... ohne Verfasser
ÖPNV .... Öffentlicher Personennahverkehr
oz. .... Ounce
PC .... Personal Computer
PoP .... Point of Purchase
PoS .... Point of Sale
RFID .... Radio Frequency Identification
S. .... Seite
SB .... Selbstbedienung
SCM .... Site-Covering Maskierungsmethode
Seg. .... Segment
Sek. .... Sekunde
SMI .... SensoMotoric Instruments
sog. .... sogenannte
S-O-R .... Stimulus-Organismus-Response
Sp. .... Spalte
u.a. .... unter anderem / und andere
u.U. .... unter Umständen
u.v.a.m. .... und vieles andere mehr

UF .... Untersuchungsfrage
UPC .... Universal Product Code
usw. .... und so weiter
UWM .... Universalwaschmittel
UZS .... Ultrakurzzeitspeicher
VD .... Verweildauer
Verf. .... Verfasser
vgl. .... vergleiche
Vol. .... Volume
vs. .... versus
WG .... Warengruppe
WL .... Waschladung
WPR .... Wasch-, Putz- und Reinigungsmittel
z.B. .... zum Beispiel
z.T. .... zum Teil
ZFP .... Zeitschrift für Forschung und Praxis

1 Einführung

1.1 Problemstellung und Zielsetzung

Seit rund zehn Jahren arbeiten Industrie, Handel und Dienstleister daran, das Schlagwort „Efficient Consumer Response“ - kurz ECR - mit Leben zu füllen und durch die Anpassung von innerbetrieblichen und zwischenbetrieblichen Wertketten effizientere Strukturen und Prozesse im Konsumgüterhandel zu schaffen. Lag das Augenmerk zunächst auf der Optimierung der **Logistikkette** (neudeutsch: Supply Chain Management), also der Weg vom Hersteller bis in die Regale der Geschäfte des Handels, so zeigen die steigenden Zahlen von Veröffentlichungen, Kongressen, Seminaren, Projekten und Arbeitskreisen, dass dem Thema Category Management in Wissenschaft und Praxis mittlerweile eine immer größer werdende Bedeutung zugemessen wird.[1]

Category Management verfolgt **absatzseitig** das Ziel, durch eine auf Kundenbedürfnisse ausgerichtete Sortimentsgliederung und Sortimentssteuerung sowohl zur Erhöhung des Kundennutzens als auch zur Verbesserung der Erfolgsziele von Industrie und Handel beizutragen.[2] Typischerweise stehen bei Category Management-Projekten Fragen nach dem richtigen Sortiment, der optimalen Warenplatzierung, den angemessenen Preisen, der erfolgreichen Neuprodukteinführung sowie der notwendigen Promotionenaktionen im Vordergrund.[3] Gleichwohl bilden die Aspekte **Sortiment** und **Platzierung** die Kernaufgabenbereiche einer solchen Zusammenarbeit; gilt es doch stets in einem ersten Schritt zu entscheiden, wie die Breite und Tiefe des Warenangebotes an den Bedürfnissen und Wünschen der Kunden auszurichten sind.[4]

---

1 Vgl. Schröder 2003, S. 5 f.

2 Vgl. zum Category Management im Allgemeinen z.B. Gerling 1994; Feld 1996; ECR Europe 1997; Hahne 1998; von der Heydt 1999; Holzkämper 1999.

3 Vgl. Johnson 1999, S. 260 f.; Wittmann 2003, S. 158.

4 Im Gegensatz zu den nach anbieterbezogenen Kriterien gebildeten Warengruppen (z.B. Lieferanten, Materialien, Marken) wird hier bei der Definition und Abgrenzung der Categories auch die Kundensicht berücksichtigt, vgl. Schröder 2001, S. 265 f.

Zu den wichtigsten Platzierungsmaßnahmen zählen Entscheidungen über die Zuteilung von Regal- und Flächenkapazitäten sowie Entscheidungen über die Anordnung der Produkte im Regal. Um jedoch Planogramme für die Platzierung von Produkten im Warenträger erstellen zu können, die sich an den Kundenbedürfnissen orientieren, ist die Berücksichtigung des Käuferverhaltens am Point of Purchase unerlässlich. Dies wurde wegen der dafür erforderlichen, aber häufig aufwändigen qualitativen Marktforschung in der Vergangenheit allzu oft vernachlässigt.[5]

Die stattdessen herangezogenen Umsatzzahlen und Sortimentsanalysen basieren nur auf den von den Kunden tatsächlich getätigten Einkäufen und liefern keine Antworten darauf, wie die (potenziellen) Käufer die Regale und Artikel wahrnehmen, nach welchen Suchlogiken sie sich orientieren und wie ihre Kaufentscheidungen letztendlich zustande kommen.

Hierzu finden sich in den Veröffentlichungen zum Category Management und zur Produktplatzierung eine Reihe von Regeln, die es bei der Gestaltung von Warenträgern und bei der Festlegung von Artikelstandorten zu berücksichtigen gilt, um dem suchenden Kunden am Regal die Orientierung zu erleichtern und ihn bei seiner Kaufentscheidung zu unterstützen. Ausgangspunkt dieser in der Handelspraxis häufig aufgegriffenen „Empfehlungen" stellen insbesondere die horizontalen und die vertikalen Regalzonenwertigkeiten dar, wobei *Bufe* zur Veranschaulichung die Zonen mit hohem akquisitorischen Potenzial in horizontaler Richtung durch eine „liegende bauchige Flasche" und in vertikaler Richtung durch eine „Vase" visualisierte.[6]

Gegen diese Platzierungsregeln sprechen grundsätzlich zwei Kritikpunkte: Einerseits erwecken sie den Anschein, ganz allgemein und unabhängig von zahlreichen Umfeldbedingungen in jeder Einkaufsstätte gültig zu sein. Unberücksichtigt bleiben demnach Faktoren wie z.B. Betriebstyp und Käufergruppe sowie Warengruppe und Regaltyp. So weist u.a. *Berekoven* auf die Relevanz der Regalabmessung und der Regalbestückung hin.[7] Auf der anderen Seite sind diese

---

5 Vgl. Schröder 2001, S. 266 f.

6 Vgl. dazu die Ausführungen in Kap. 2.3.3.

7 Vgl. Berekoven 1995, S. 294.

Regeln zur Warenplatzierung nicht immer das Ergebnis empirischer Arbeiten, sondern resultieren unter anderem aus Plausibilitätsüberlegungen ihrer Verfasser. Teilweise basieren die Empfehlungen auch auf den Auswertungen quantitativer Daten wie Abverkäufen oder Umsätzen, die mit den bereits erwähnten Problemen verbunden sind.

Zur Erfassung des Kundenverhaltens bedarf es daher qualitativer Marktforschungsinstrumente wie der Blickaufzeichnung oder der Videobeobachtung, die nicht zuletzt den CM-Verantwortlichen z.B. Informationen über die unterschiedlichen Grade des Kontaktes der Kunden mit der Ware in der Einkaufsstätte liefern. Neben dem reinen Kaufakt wird so weiterhin deutlich, welche Artikel der suchende Kunde nicht beachtet, welchen er sich zuwendet, welche er durch die Herausnahme aus dem Warenträger prüft und welche er spontan - ohne lange zu zögern - kauft. Diese Daten bilden die relevante Basis für die Überprüfung und gegebenenfalls Veränderung der Warenpräsentation durch den Händler oder den Industriepartner.

An dieser Stelle setzt die vorliegende Arbeit an, die von ihrer Konzeption her explorative und deskriptive Elemente beinhaltet. Das grundsätzliche Ziel explorativer Forschung liegt in der Gewinnung neuer Erkenntnisse und der Strukturierung des Problemfeldes durch die Identifikation relevanter Fragestellungen. Die Ergebnisse stellen dabei häufig Ansatzpunkte für die Hypothesenbildung dar und zeigen weiteren Forschungsbedarf auf.[8] Bei deskriptiven Forschungsansätzen hingegen stehen die Erfassung und die Beschreibung von Markttatbestände im Vordergrund, um daraus Zusammenhänge zwischen verschiedenen Variablen erkennen zu können. Hierbei ist der Informationsbedarf bekannt, so dass das Forschungsziel exakt formuliert werden kann.[9]

---

[8] Vgl. z.B. Böhler 2004, S. 37 f.; Dannenberg/Barthel 2002, S. 86 f.; Nieschlag/Dichtl/Hörschgen 2002, S. 381 f.

[9] Vgl. Böhler 2004, S. 38 ff.; Dannenberg/Barthel 2002, S. 87; Nieschlag/Dichtl/Hörschgen 2002, S. 382.

Ziel der durchgeführten Untersuchungen ist es folglich, mit Hilfe eines digitalen Aufzeichnungssystems für die Personenbeobachtung neue Erkenntnisse über das Kundenverhalten zu gewinnen. Der Einsatz von Videokameras am Regal erlaubt es dabei, ein detailliertes „Bild" darüber zu zeichnen, was die einzelnen Personen, die sich ungestört - genauer gesagt unbeobachtet - fühlen, tatsächlich am Regal machen, bevor sie eine Kaufentscheidung fällen.

Weiterhin präzisiert die Arbeit mit der Formulierung relevanter Fragestellungen das Problemfeld des Such- und Entscheidungsprozesses eines Käufers, um dadurch Ansatzpunkte für die Bildung weiterführender Hypothesen zu liefern. Hinsichtlich der deskriptiven Forschung liegt der Fokus der empirischen Untersuchungen einerseits auf der Erfassung und Beschreibung von beobachtbaren Tatbeständen am Regal, um Antworten auf Fragen wie z.B. nach der bevorzugten Laufrichtung der Kunden, nach deren Verweildauer vor dem Regal sowie nach der Konzentration ihrer Suche auf bestimmte Bereiche des Warenträgers zu finden. Da aber andererseits eine reine Beobachtung keine Informationen über die gesammelte Einkaufserfahrung, die verfolgte Einkaufsstrategie, den eigentlichen Einkaufsanlass oder den tatsächlichen Sucherfolg liefern kann, ist es sinnvoll, die nichtteilnehmende Verhaltensbeobachtung[10] mit der Befragung einzelner Kunden zu ergänzen. Dadurch kann z.B. solchen Untersuchungsfragen nachgegangen werden, die nach Anhaltspunkten für einen Zusammenhang zwischen der Einkaufserfahrung und dem Orientierungsverhalten am Regal, der Regalbewertung oder der Suchzufriedenheit in Verbindung mit der Gestaltung des Warenträgers suchen. Zugleich lässt sich so die Gültigkeit der häufig in der Literatur zu findenden allgemeinen Aussagen zur Regalzonenwertigkeit in Bezug auf das Such- und Entscheidungsverhalten überprüfen.

Als Rahmen für den empirischen Teil wird dazu ein Schema erarbeitet, das auf den in der Literatur existierenden Erklärungsmodellen basiert. Ausgehend von einem S-O-R-Modell werden dabei erstens die auf das Kundenverhalten wirkenden Stimuli betrachtet, die sich auf die Reize der Produkte und der Einkaufsstätte sowie auf die Prädisposition des Kunden zurückführen lassen. Zu den darüber hinaus im Organismus eines Kunden ablaufenden und daher nicht

---

[10] Vgl. Hicks/Kohls 1955, S. 170; Wells/Lo Sciuto 1966, S. 228.

beobachtbaren Prozesse, die sich auf das Such- und Entscheidungsverhalten beziehen, zählen unter anderem die Einkaufsstrategie, die Bewertung des Regals bzw. der Warengruppe und die Zufriedenheit der Suche. Schließlich werden durch die Beobachtung der Reaktion des Kunden der aktuelle Kaufakt und der daraus resultierende Sucherfolg analysiert.

Den Untersuchungsgegenstand bilden mit Tafelschokolade und Universalwaschmitteln zwei unterschiedliche Warengruppen des Lebensmitteleinzelhandels, in denen das Käuferverhalten vor Regalen, die sich jeweils in einzelnen Gestaltungsparametern voneinander unterscheiden, analysiert wird.

Insgesamt gewährleisten die eingesetzten Untersuchungsmethoden eine wissenschaftliche, systematische Vorgehensweise, da sie (1) nach zuvor definierten Verfahrensregeln erfolgen, (2) die einzelnen Verfahrensschritte intersubjektiv nachvollziehbar machen und (3) eine intersubjektive Überprüfung der Anwendung der Instrumente sowie der damit erzielten Ergebnisse sicherstellen.[11]

1.2 Aufbau der Arbeit

Nach der zuvor umrissenen Problemstellung widmet sich **Kapitel 2** der grundlegenden Darstellung der Verkaufsraumgestaltung und konzentriert sich auf die Erläuterung von regalbezogenen Gestaltungsparametern im Rahmen der Warenplatzierung. Um den Stand der Forschung aufzuzeigen, auf den auch die vorliegende Arbeit aufbaut, wird zusätzlich auf empirische Erkenntnisse zur Blockbildung und Regalstruktur, zum Artikelstandort sowie zur Artikelfront Bezug genommen.

Kapitel 3 beschäftigt sich mit dem Kundenverhalten in der Einkaufsstätte und nimmt dazu in einem ersten Punkt eine Begriffsabgrenzung vor. Daraufhin werden auf Basis der Umweltpsychologie emotional- und kognitiv-orientierte Ansätze aufgegriffen, die für die zu analysierende Umwelt „Einkaufsstätte“ relevant sind. Daran schließt sich die literaturgestützte Zusammenfassung von Erkenntnissen zum Such- und Orientierungsverhalten sowie zu verschiedenen Arten von Entscheidungen an. Einen Schwerpunkt innerhalb dieses Gliederungs-

[11] Vgl. Raffée 1984, S. 11.

punktes stellt Kapitel 3.4 mit der kritischen Diskussion geeigneter verbaler und non-verbaler Methoden zur Erfassung des Kundenverhaltens dar. In diesem Zusammenhang werden Kennzahlen für die Beschreibung des beobachtbaren Auswahlprozesses von Kunden hergeleitet. Ein Überblick über veröffentlichte empirische Erkenntnisse zum Kundenverhalten vor Regalen bildet den Abschluss der Ausführungen.

Die Aufgabe von **Kapitel 4** ist es, einen geeigneten Bezugsrahmen zu beschreiben, der die Grundlage für die empirischen Untersuchungen schafft. Vor der Entwicklung eines eigenen Untersuchungskonzeptes werden mit den Modellen von *Höller, Titus* und *Everett* sowie *Zielke* drei grundlegende Ansätze zur Erklärung des Such- und Entscheidungsverhaltens von Kunden am Point of Purchase umrissen.

Kapitel 5 hat die empirischen Untersuchungen zum Such- und Entscheidungsverhalten von Kunden in zwei verschiedenen Warengruppen (Tafelschokolade und Universalwaschmittel) im stationären Einzelhandel zum Gegenstand. Dazu werden die bei beiden Studien identisch eingesetzten Erhebungsmethoden kurz erläutert und die Durchführung sowie die einzelnen Auswertungsschritte bei der Befragung und der Beobachtung skizziert. Im Anschluss werden die Untersuchungen nach Warengruppen getrennt voneinander ausführlich dargestellt und kritisch gewürdigt, um aus den Ergebnissen Hypothesen zum Such- und Entscheidungsverhalten ableiten zu können.

Zusammenfassend gibt **Kapitel 6** einen Ausblick auf weitere Forschungsfelder und interessante Fragestellungen.

Den Aufbau der vorliegenden Arbeit fasst Abb. 1-1 schematisch zusammen.

Abb. 1-1: Aufbau der Arbeit

2 Grundlagen zur Verkaufsraumgestaltung und Warenplatzierung

2.1 Begriffsabgrenzung

Für die Präsentation von Waren warten viele Literaturquellen mit zahlreichen Begriffen, wie z.B. Verkaufsraumpolitik, Verkaufsraumgestaltung, Ladengestaltung, Interior Design, Layout, Warendarbietung, Warenanordnung, Warenpräsentation oder Warenplatzierung, auf, die zum Teil mit unterschiedlichen Bedeutungsinhalten belegt sind, teilweise aber auch eine synonyme Verwendung finden.[12] So wird beispielsweise häufig nicht zwischen den Begriffen Warenpräsentation und Warenplatzierung unterschieden.[13] Die vorliegende Arbeit will dieser Ansicht nicht folgen, sondern fasst mit dem Begriff **Warenpräsentation** alle kommunikativen Maßnahmen, wie z.B. Produktvorführungen oder Verteilung von Warenproben, zusammen, die der Werbung am Point of Purchase zuzurechnen sind.[14] Im Gegensatz dazu soll sich im Folgenden der Begriff **Warenplatzierung** auf diejenigen Entscheidungen beziehen, die eine Antwort auf die Frage liefern, an welchem Ort, in welchem Umfang und in welcher Form die Warengruppen oder einzelne Artikel im Verkaufsraum oder im Regal platziert werden sollen.[15] An dieser Stelle wird deutlich, dass sich die Warenplatzierung auf zwei verschiedene Entscheidungsbereiche bezieht, die sich durch die Begriffe **Flächenmanagement** und **Regalmanagement** differenzieren lassen.[16] Wie in Kapitel 2.2 näher ausgeführt wird, geht es beim Flächenmanagement überwiegend um die Bildung von Warenbereichen und die Aufteilung der Verkaufsfläche auf diese. Kapitel 2.3 befasst sich anschließend mit dem Regalmanagement und den verschiedenen regalbezogenen Gestaltungsparametern.

---

12 Vgl. Höller 1987, S. 2, sowie die dort angegebene Literatur.

13 Vgl. z.B. Tietz 1993, S. 462 ff.; Berekoven 1995, S. 287 ff.

14 Vgl. Schröder 2002, S. 132.

15 Vgl. Zielke 2002, S. 9 f. *Höller* nimmt eine ähnliche Einteilung vor und fasst die Aktionsparameter der Warenpräsentation in die Blöcke (1) verkaufsflächeninterne Platzierung (Raumbelegung), (2) warenträgerinterne Platzierung (Warenträgerbelegung) sowie (3) Verkaufsraumgestaltung zusammen, vgl. Höller 1987, S. 4 ff.

16 Vgl. u.a. Zielke 2002, S. 11.

Aus Abb. 2-1 ist ablesbar, dass das Flächen- und das Regalmanagement häufig ähnlich gelagerte Ziele verfolgen und sich somit auch die Entscheidungsbereiche gleichen.

	Maßnahmen (Auswahl)
Ziele	**Qualitative Aspekte**
Verringerung der Suchzeiten	• Anordnung der Warenträger (Warengruppen) im Verkaufsraum (im Regal) nach der Suchlogik der Konsumenten • Kategoriebildung nach Verbraucherbedürfnissen
Verbesserung der Orientierung in der Einkaufsstätte	• Gestaltung von Orientierungshilfen/ Kundenleitsystemen • Verbundplatzierung
Anregung von Impulskäufen und Erhöhung des durchschnittlichen Kassenbons	• Entscheidungen über vertikale und horizontale Artikelplatzierung • Wechselflächen
Initiierung von Verbundkäufen	• Verbundplatzierung einzelner Artikel
Erhöhung der Kundenzufriedenheit mit der Ladengestaltung	• Gestaltung von Orientierungshilfen/ Kundenleitsystemen
Unterstützung von Plankäufen	• Gestaltung von Orientierungshilfen/ Kundenleitsystemen
Verringerung von Suchzeiten	• Mehrfachplatzierung von Artikeln, die mehreren Kategorien angehören
Informationsentlastung	• Gestaltung von Orientierungshilfen/ Kundenleitsystemen
Ziele	**Quantitative Aspekte**
Reduktion der Unsicherheit bei der Kaufentscheidung	• Reduktion der Anzahl substitutiver Artikel
Informationsentlastung	• Reduktion der Anzahl substitutiver Artikel

Abb. 2-1: Ziele und Maßnahmen des Flächen- und Regalmanagements (Quelle: Schröder 2002, S. 141)

2.2 Einkaufsstättenbezogene Gestaltungsparameter

Im Zentrum der Maßnahmen zur Einkaufsstättengestaltung steht insbesondere der Verkaufsraum.[17] Im Gegensatz zu der weiteren Sichtweise, die zum Verkaufsraum auch die Raumelemente einbezieht, die sich außerhalb eines Gebäudes befinden (z.B. Ladenfrontgestaltung, i.S.v. Exterior Design),[18] nimmt die vorliegende Arbeit eine engere Sichtweise ein und zählt nur die Bereiche zum Verkaufsraum, die sich innerhalb eines Gebäudes befinden.

Die Aufgaben der Ladengestaltung untergliedern sich auf der einen Seite in Entscheidungen, die sich auf die Aufteilung und Anordnung von Räumen und Flächen beziehen sowie die Frage beantworten, welcher Artikel an welcher Stelle innerhalb einer Einkaufsstätte seinen Platz findet. Andererseits betreffen sie Entscheidungen, die auf den Einsatz verschiedener Raumelemente (Dekoration und Farbgestaltung) sowie auf die Schaffung einer bestimmten Ladenatmosphäre abzielen (Abb. 2-2).[19]

Fachbezeichnung	Maßnahmenbereich	Inhalt
Verkaufsraum-gestaltung (Layout)	Aufteilung des Raumes auf unterschiedliche Funktionszonen	Raumaufteilung
	Anordnung der Funktionszonen (Anlage der Gänge)	Raumanordnung
Warenplatzierung (Flächenzuteilung, Raumzuteilung, Space Utilisation)	Anordnung der Warengruppen/Artikel innerhalb des Raumes	Qualitative Raumzuteilung
	Aufteilung der Verkaufsfläche auf die einzelnen Warengruppen/Artikel	Quantitative Raumzuteilung (Space Management)
Interior Design	Gestaltung der Raumelemente im Verkaufsraum	Raumeinrichtung

Abb. 2-2: Aufgaben der Ladengestaltung
(Quelle: In Anlehnung an Schröder 2002, S. 133)

---

[17] Vgl. Gröppel 1991, S. 55.

[18] Vgl. Baumgartner 1981, S. 25 f.; Dustmann 1988, S. 7 ff.; Tietz 1993, S. 465.

[19] Vgl. u.a. Sanghavi 1988; Liebmann/Zentes 2001, S. 547 ff.; Berman/Evans 2004, S. 454 ff.; Gruber 2004, S. 89 ff. *Hobert* (2004) gibt in diesem Zusammenhang einen umfangreichen Überblick über aktuelle Trends im deutschen Einzelhandel im Hinblick auf die Ladengestaltung, die Warenanordnung, die Orientierungsfreundlichkeit u.v.a.m.

Die Festlegung des Ladenlayouts umfasst - unter Berücksichtigung der Nutzungsart der Einkaufsstätte - Entscheidungen in Bezug auf die Raumaufteilung und die Raumanordnung. Vor allem bei Betriebstypen mit Selbstbedienung ist die Flächenzuordnung so zu gestalten, dass sich der Kunde selbstständig zurechtfinden kann und der Verkaufsvorgang nicht gestört wird.[20]

Bei der **Raumaufteilung** geht es um die Aufteilung der gesamten zur Verfügung stehenden Verkaufsfläche in die folgenden Funktionszonen:[21]

- **Warenfläche**:

  Die Warenfläche bezeichnet den Teil der Grundfläche, auf dem die Ware zumeist mit Hilfe von Warenträgern präsentiert wird. Sie kann ihrerseits wieter differenziert werden in Bereiche, in denen dauerhaft installierte Warenträger stehen, und in die sog. Aktionsbereiche, die der Darbietung wechselnder Produkte dienen.

- **Kundenfläche:**

  Zu den Kundenflächen zählen alle Bereiche, die dem Kunden als Weg durch die Einkaufsstätte hin zu den Waren zur Verfügung stehen, insbesondere die Verkehrswege, die Ein- und Ausgänge, die (Roll-) Treppen sowie Lifte.

- **Übrige Verkaufsfläche:**

  Der Umfang der übrigen Verkaufsfläche einer Einkaufsstätte hängt davon ab, inwiefern Vorführ- oder Anprobierräume sowie Flächen für Beratung oder Bedienung an Theken erforderlich sind. Ein wesentlicher Bestandteil der übrigen Verkaufsfläche ist in allen Einkaufsstätten gleich: die Kassenzone.

Eng mit der Raumaufteilung sind die Entscheidungen zur **Raumanordnung** verknüpft, die sich mit der Anordnung der verschiedenen Zonen innerhalb des Verkaufsraumes und mit der Aufstellung der Regale bzw. mit der Anlage der Gänge auseinandersetzen. Hinsichtlich der Regalanordnung kann man grund-

---

[20] Vgl. Ackermann 1997, S. 157. Zu weiteren Anforderungen an die Ladengestaltung vgl. z.B. Rudolph 2005, S. 84 ff.

[21] Vgl. Gérard 1963, S. 2 f.; Hansen 1990, S. 298 f.; Berekoven 1995, S. 286.

sätzlich zwischen dem Zwangslauf und dem Individuallauf differenzieren. Während der **Zwangslauf** den Kunden einen von der Handelsunternehmung geplanten Weg zur Ware vorschreibt,[22] bietet der **Individuallauf** den Kunden die Möglichkeit alternativer Wege. Abb. 2-3 fasst einige Prinzipien der Regalanordnung zusammen, die in dieser oder abgewandelter Form (mit Ausnahme des Zwangslaufs) häufig im Einzelhandel vorzufinden sind.[23]

Abb. 2-3: Prinzipien der Regalanordnung
(Quelle: In Anlehnung an Kreft 2002, S. 555)

---

[22] Zu Recht misst *Kreft* dieser Form des Kundenlaufs nur noch eine geschichtliche Bedeutung zu, vgl. Kreft 2002, S. 555.

[23] Vgl. auch Baumgartner 1981, S. 31 f.; Müller-Hagedorn/Heidel 1986, S. 40; Berekoven 1995, S. 288.

Doch selbst wenn der Kundenlauf nicht durch bauliche Gegebenheiten determiniert ist, können die Breite der Gänge und die Anordnung der einzelnen Warengruppen den gewählten Weg der Kunden durch die Einkaufsstätte beeinflussen.[24]

Die Maßnahmen, die der Warenplatzierung zuzuordnen sind, umfassen zwei wichtige Gesichtspunkte: Entscheidungen über die **quantitative Raumzuteilung** betreffen die Zuteilung der Verkaufsfläche auf die Warengruppen und Warenträger, wohingegen es bei der **qualitativen Raumzuteilung** um die topographische Anordnung der Warengruppen innerhalb der Einkaufsstätte geht.[25]

Ein Problem bei der qualitativen Raumzuteilung besteht in der unterschiedlichen Wertigkeit von Verkaufszonen. In der Literatur werden diese Bereiche häufig in Abhängigkeit von der Kundenfrequenz in hochwertigere oder minderwertigere Zonen eingeteilt (vgl. Abb. 2-4).[26] Als Grundlage dienen dabei in aller Regel die Ergebnisse von Kundenlaufstudien,[27] die belegt haben, dass die Kunden

- die Außengänge eines Ladens bevorzugen, sich rechts halten und sich vorwiegend entgegen des Uhrzeigersinnes bewegen, so dass die Ladenmitte im Vergleich dazu gemieden wird,
- in der Einkaufsstätte den Blick häufiger nach rechts lenken und vermehrt dorthin greifen,
- bei ihrem Gang durch die Einkaufsstätte einen bestimmten Geschwindigkeitsrhythmus aufweisen, wobei sie in der Regel den Laden schnell betreten, dann langsamer und zum Ende hin wieder schneller laufen,

---

[24] Vgl. hierzu auch die Ausführungen zu den sog. Einkaufsskripten in Kap. 3.3.2.

[25] Vgl. Berekoven 1995, S. 287.

[26] Vgl. Weinberg 1992, S. 159; Berekoven 1995, S. 289 f.

[27] Eine Übersicht über Kundenlaufstudien findet sich z.B. bei Müller 1981, S. 229 f. Mit den unterschiedlichen Arten und Einsatzmöglichkeiten von Kundenlaufstudien (und Kundenfrequenzstudien) beschäftigt sich Herold 1987, S. 18 ff. Während man unter einer **Kundenfrequenzstudie** ein Verfahren zur Erfassung des Besucher- sowie Passantenverkehrs im bzw. vor dem Handelsbetrieb versteht, versucht die **Kundenlaufstudie**, Informationen über das Lauf- und u.U. Kaufverhalten von Kunden in einer Einkaufsstätte zu gewinnen, vgl. Falk 1975, S. 92; Herold 1987, S. 8.

- Ladenecken und Kehrtwendungen meiden sowie
- Stockwerke seltener aufsuchen, je weiter diese von der Eingangsebene entfernt sind.

„Hochwertige“ (stark frequentierte) Verkaufszonen	„Minderwertige“ (schwach frequentierte) Verkaufszonen
• Hauptwege des Geschäfts	• Mittelgänge
• rechts vom Kundenstrom liegende Verkaufsflächen	• links vom Kundenstrom liegende Verkaufsflächen
• Auflaufflächen, auf die der Kunde zugeht und automatisch blickt	• Einlaufzonen, die schnell passiert werden
• Gangkreuzungen, an denen der Kunde die Richtung ändern kann	• Sackgassen des Verkaufsraumes
• Kassenzonen (sofern die Kunden länger warten müssen)	• Räume hinter den Kassen
• Zonen um die Beförderungseinrichtungen (z.B. Aufzug, Rolltreppe)	• höhere und tiefere Verkaufsebenen

Abb. 2-4: Verkaufszonenwertigkeiten
(Quelle: In Anlehnung an Berekoven 1995, S. 289 f.)

Eine auf diesen Erkenntnissen und Annahmen beruhende Festlegung von Wertigkeitszonen einer Einkaufsstätte, die auf Kontaktwahrscheinlichkeiten abstellt, erscheint indes verkürzt und nicht unproblematisch. Dabei bleibt u.a. unberücksichtigt, dass auch die Anordnung einzelner Warengruppen innerhalb der Verkaufsfläche die Wertigkeit der Zonen bestimmen und darauf einwirken können, wenn es sich um umsatzstarke, regelmäßig gekaufte Kategorien handelt, die den Kundenverkehr lenken.[28] *Hansen* sieht auf Grund dieser Vermischung von Ursachen und Wirkungen den Aussagewert empirischer Kundenlaufstudien, die auf einer bestimmten Warenanordnung basieren, als fraglich an.[29]

Vor diesem Hintergrund treffen z.B. *Spitz* und *Flaschner* die folgenden eher pauschalen Aussagen zur Anordnung der verschiedenen Artikel innerhalb der

---

[28] Vgl. Dähne 1977, S. 33; Müller 1981, S. 230.
[29] Vgl. Hansen 1990, S. 302.

Einkaufsstätte, um auf der einen Seite den Verlauf des Kundenverkehrs auszunutzen und andererseits den Kunden durch den gesamten Raum zu lenken:[30]

- Da teure Güter häufig einen aufwändigeren Entscheidungsprozess und mehr Zeit für einen möglichen Kaufentschluss benötigen, werden für deren Warenpräsentation Verkaufszonen empfohlen, die eine gewisse Distanz zum Eingang haben.
- Stark von der Präsentation der Produkte (Visual Merchandising) abhängig sind sog. Impulskäufe. Am ehesten für die Anordnung solcher Artikel sind der Eingangsbereich und der Hauptgang durch die Einkaufsstätte geeignet.
- Regelmäßig gekaufte Produkte, die auf Grund eines bestehenden Bedarfs benötigt werden, sollten in hinteren bzw. in abgelegeneren Bereichen angeordnet werden, weil der Kunde diese gezielt sucht und nicht von der Ladengestaltung zum Kauf angeregt werden muss.
- Für Produkte, die in kleinen Mengen und regelmäßig gekauft werden, sollten leicht zugängliche Zonen entlang der Hauptgänge gewählt werden.

Neben der unterschiedlichen Wertigkeit von Verkaufszonen gilt es bei der qualitativen Raumzuteilung auch das Problem der unterschiedlichen Attraktivität einzelner Warengruppen, die diese auf den Kunden ausstrahlen können (z.B. frische Backwaren vs. Putzmittel), zu berücksichtigen.[31]

Darüber hinaus dürfen bei der Diskussion über die einkaufsstättenbezogenen Gestaltungsparameter nicht die Zielsetzungen der Händler und die Wünsche bzw. Motive der Kunden außer Acht gelassen werden. Erst wenn diese beiden Aspekte - z.B. hinsichtlich der gewünschten Dauer des Aufenthalts im Laden - hinreichend beachtet werden, lassen sich plausible Bewertungen gemäß der Frage „Was soll wo platziert werden?“ anstellen.

---

[30] Vgl. Spitz/Flaschner 1980, S. 164 ff.

[31] Vgl. Gröppel 1991, S. 63.

2.3 Regalbezogene Gestaltungsparameter

Im Rahmen des Regalmanagements geht es um Entscheidungen über die Platzierung einzelner Produkte im Regal. Der Entscheidungsraum lässt sich dabei durch vier Gestaltungsparameter eingrenzen:[32]

(1) Zuweisung der Platzierungsform,

(2) Blockbildung und Schaffung der Regalstruktur,

(3) Festlegung der Artikelstandorte sowie

(4) Entscheidung über die Artikelfront.

Darüber hinaus zählt beispielsweise *Höller* auch die Warenträgerauffüllung und Warenpflege zu den Entscheidungsproblemen der warenträgerinternen Platzierungspolitik.[33] Auf beide Aspekte wird im Weiteren nicht näher eingegangen, da die Auffüllung des Warenträgers gleichsam der Lagerpolitik zuzurechnen ist und die Warenpflege prinzipiell der Aufrechterhaltung eines festgelegten Platzierungsschemas dient.

2.3.1 Platzierungsform

Die Bestimmung der Platzierungsform eines Artikels ist den anderen Regalgestaltungsparametern vorgelagert und beinhaltet die Art und Weise, wie ein Produkt im Warenträger platziert werden kann und sollte.[34] Die Antwort auf die Frage, ob ein bestimmter Artikel hängend, liegend oder stehend angeboten werden soll, bestimmen grundsätzlich zwei Faktoren: die Art des Warenträgers[35] und die physikalischen (z.B. Gewicht), die mechanischen (z.B. Zerbrechlichkeit des Materials) sowie die chemischen Eigenschaften (z.B. Lichtempfindlichkeit) eines Produktes.[36] So kann beispielsweise in Abhängigkeit von der Beschaffenheit des Produktes sowie dessen Verpackung bei der stehenden

[32] Vgl. Zielke 2002, S. 12.

[33] Vgl. Höller 1987, S. 4.

[34] Vgl. Zielke 2002, S. 12.

[35] Z.B. Regale mit Regalböden, Tiefkühltruhen, Tische, Paletten oder Herstellerdisplays, vgl. Höller 1987, S. 7. Eine detailliertere Einteilung der Warenträger findet sich bei Dodt 1980, S. 40 ff.

[36] Vgl. Höller 1987, S. 13.

und liegenden Produktanordnung auch die Stapelung, d.h. das Übereinanderschichten mehrerer Verpackungseinheiten, als Alternative in Betracht gezogen werden. Während die stehende und liegende Darbietung von Produkten insbesondere in den für den Lebensmitteleinzelhandel typischen Regalen mit mehreren Regalböden anzutreffen ist, bedarf die hängende Platzierungsform, die häufig bei Kleinartikeln gewählt wird, spezieller Halterungen, die variabel an den Warenträgerrückwänden einzuhaken sind, um gleiche Artikel hintereinander und verschiedene Artikel neben- oder untereinander platzieren zu können.[37]

Einen Sonderfall stellt die Schüttplatzierung dar, bei der entweder kleinere Produkte oder größere Mengen eines Artikels oder gar unterschiedlicher Artikel in ungeordneter Form auf engem Raum in speziellen Schüttkörben angeboten werden.[38]

2.3.2 Blockbildung und Regalstruktur

Nach Festlegung der Darbietungsform der Artikel werden - sieht man von dem denkbaren Fall einer anarchischen Anordnung ab - bei der Blockbildung die im Sortiment befindlichen Artikel in verschiedenen Gruppen zusammengefasst. Anders formuliert geht es um die Frage, welche Artikel in eine sinnvolle und gleichzeitig verkaufswirksame räumliche Nähe zueinander gebracht werden sollen.[39] Dass die Gruppierung der Ware jeweils von den zu Grunde gelegten Einteilungskriterien[40] abhängig ist, wird am Beispiel eines Bekleidungshändlers deutlich, der die Artikel seines Sortiments eher nach Verwenderzielgruppen (Herren-, Damen-, Kinderabteilung) oder eher nach Bedarfsbeziehungen (z.B. Ober-, Unter-, Geschäfts- oder Freizeitbekleidung) oder nach Anlässen (Hochzeit, Jagd, Sport etc.) anordnen kann.[41] Grundsätzlich vollzieht sich die Festlegung der Artikelblöcke nach hinkunftsorientierten oder nach herkunftsorientierten Kriterien. Die **hinkunftsorientierte** Artikelgruppierung greift Aspekte wie Bedarfsarten, Erlebniskomplexe, Bedarfsträger und deren Lebensstile oder Be-

---

[37] Vgl. Dodt 1980, S. 44.

[38] Vgl. Dodt 1980, S. 59.

[39] Vgl. Berekoven 1995, S. 291.

[40] Einen umfassenden Überblick über typologische Warenmerkmale findet sich z.B. bei Knoblich 1969, S. 85 ff.

[41] Vgl. Theis 1999, S. 665.

schaffungszusammenhänge auf.[42] Bei der Bündelung der Produkte nach **Bedarfsarten** spielen sachlogische Überlegungen wie beispielsweise „Was wird für ein Grillfest benötigt?“ oder „Welche Artikel sind für das Backen notwendig?“ eine Rolle, um ähnliche Verwendungsbereiche zu berücksichtigen.[43] Dadurch wird dem Kunden ein Überblick über ähnliche Artikel des gleichen Bedarfs gegeben. Ansatzpunkt für die Warenanordnung nach **Erlebniskomplexen** ist die Ausnutzung von komplementären Produktbeziehungen eines Problems- oder Erlebniszusammenhanges, um den Kunden an die Erfordernisse komplexer Konsumsituationen zu erinnern (z.B. „Alles für den Segeltörn“) und ihn zu Anschlusskäufen zu veranlassen. Diese Formen der Warenanordnung demonstrieren reale Gebrauchs- sowie Verwendungssituationen und bieten so die Möglichkeit der emotionalen Aktivierung. Eine nach **Bedarfsträgern** angeordnete Warenplatzierung bündelt an einem Ort die Produkte, die homogene Kundengruppen ansprechen sollen. Als Beispiel sei die Zusammenfassung von Artikeln nach unterschiedlichen Preisen genannt.[44] Werden bei der Blockbildung **Beschaffungszusammenhänge** berücksichtigt, werden z.B. eilig gekaufte Produkte zusammen in die Nähe des Eingangs platziert.

Die Blockbildung nach **herkunftsseitigen** Merkmalen konzentriert sich vor allem auf die Art des Herstellers (Hersteller- oder Markenblock) und die Produktart (Produktblock).[45] Die Hersteller- oder Markenblöcke sind das klassische Konzept der Warenplatzierung, bei der die Artikel eines Herstellers oder einer Marke im Regal zusammengefasst werden.[46] Der Hersteller- bzw. Markenblock

---

[42] Vgl. Hansen 1990, S. 304 ff.; Theis 1999, S. 666. *Barth*, *Hartmann* und *Schröder* differenzieren bei den Gestaltungsmöglichkeiten der Sortimentspolitik zwischen dem Bedarfsverbund, dem Auswahlverbund, dem Nachfrageverbund sowie dem Akquisitionsverbund (= Kaufverbund), mit deren Hilfe die Tiefe und Breite des Sortiments jeweils unterschiedlich stark hervorgehoben werden kann, vgl. Barth/Hartmann/Schröder 2002, S. 188 ff.

[43] Vgl. z.B. o.V. 1977, S. 16; Heidel/Müller-Hagedorn 1989, S. 22.

[44] *Theis* sieht dieses Prinzip in der Praxis nur beschränkt durchsetzbar, da sich die daraus resultierenden Kundensegmente in der Regel nicht miteinander vereinbaren lassen, vgl. Theis 1999, S. 666.

[45] Weitere Merkmale für die Zusammenfassung von Artikeln können das Herkunftsgebiet, das Material, die Verarbeitungsweise oder gleiche Lagerungseigenschaften sein, vgl. o.V. 1977, S. 16; Hansen 1990, S. 304. *Engel* berücksichtigt für die Platzierung eines Artikels im Regal die Kriterien Preis, Nachfragehäufigkeit, Gewinnträchtigkeit, Lebensnotwendigkeit, warentechnische Beschaffenheit, Größe, Gewicht, Verpackung, Erkennbarkeit, Imagewert und Qualität, vgl. Engel 1975, S. 121 ff. Diese Merkmale werden nicht weiter betrachtet

[46] Vgl. Geister 1997, S. 50.

demonstriert die Angebotsvielfalt und die Kombinationsmöglichkeiten der jeweiligen Marke und soll damit markenbewusste Kunden ansprechen. Die Preis- oder Artikelvergleichbarkeit durch den Kunden stehen bei diesem Konzept im Hintergrund. Eine bessere Vergleichbarkeit bietet demgegenüber der Produktblock, der ähnliche Artikel verschiedener Hersteller gruppiert. Zur Festlegung, welche Produkte einen gemeinsamen Bedarf abdecken sollen, hängt es davon ab, anhand welcher Eigenschaft(en) die Artikel verglichen werden sollen. Denkbar ist z.B. eine Klassifizierung nach Form, Farbe, Größe, Gewicht, Verpackungsform, Preis, Verwendungsanlass und Geschmack.[47] So können Universalwaschmittel u.a. nach ihrem Aggregatszustand in Flüssig- oder Pulverwaschmittel sowie nach ihrem Anwendungsbereich in Waschmittel für Weiß- oder Buntwäsche differenziert werden.

Die Art und Weise, wie die nach den aufgezeigten Kriterien gebildeten Platzierungsgruppen im Warenträger angeordnet werden, betrifft die **Regalstruktur**. Von einer horizontalen Blockbildung spricht man, wenn sich die Artikel einer Gruppe waagerecht nebeneinander und über mehrere Regalböden hinweg befinden, während die vertikale Blockbildung die Platzierung der Produkte in senkrecht übereinanderliegenden Böden meint.[48] Abb. 2-5 verdeutlicht die Unterschiede am Beispiel der Warengruppe Zahnpflege.

Die Handelsliteratur befürwortet überwiegend die vertikale Blockbildung. Begründet wird dies unter anderem mit der höheren Übersichtlichkeit des Warenangebotes, da der Kunde von seinem Standplatz die gesamte Platzierungsgruppe überschauen kann, ohne im Gang auf- und ablaufen zu müssen.[49] Jedoch bleibt bei dieser Argumentationsweise unberücksichtigt, dass sich der Kunde zunächst auf den relevanten Warenträgerabschnitt zubewegen muss und schon bei Betreten der Ganges mit Informationen konfrontiert wird, die sein Verhalten beeinflussen können.

---

[47] Vgl. Höller 1987, S. 12; Kinateder 1989, S. 86; Geister 1998, S. 51.

[48] Vgl. o.V. 1984a, S. 66; Höller 1987, S. 13.

[49] Vgl. o.V. 1984a, S. 68; Höller 1988, S. 82; Pflaum/Eisenmann 1988, S. 150.

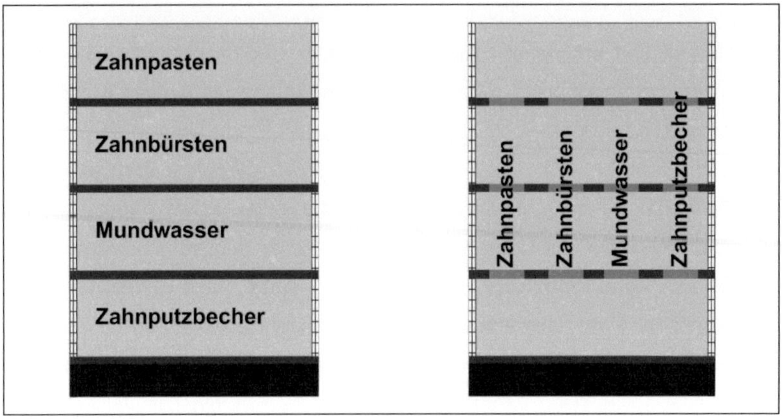

Abb. 2-5: Horizontale (links) und vertikale (rechts) Artikelanordnung (Quelle: Pflaum/Eisenmann 1988, S. 150)

2.3.3 Artikelstandorte

Entscheidungen über den Standort von einzelnen Produkten im Warenträger beziehen sich auf die qualitative Zuteilung von Regalkapazität und geben konkrete Anweisungen, wie und wo die Artikel im Regal ihren Platz finden sollen. Der genaue Standort eines Artikels lässt sich - ähnlich wie in einem Koordinatensystem - mit Hilfe seiner horizontalen und vertikalen Position im Warenträger festlegen. Allerdings sind die in der Literatur und Praxis zu findenden Ansätze zur waagerechten und senkrechten Unterteilung des Regals nicht einheitlich. Häufig wird auf **horizontaler** Ebene in linke, mittlere und rechte Regalzonen unterschieden.[50] Vor allem bei längeren Regalen, wie sie z.B. in SB-Warenhäusern anzutreffen sind, wäre hingegen eine Durchnummerierung der Regalböden präziser.[51] In **vertikaler** Richtung finden sich - eine entsprechende Regalgesamthöhe und eine ausreichende Anzahl von Regalböden vorausgesetzt - grobe Einteilungen in Sicht-, Griff- und Bückzone und feinere Untergliederungen

---

[50] Vgl. z.B. Engel 1975, S. 131 f.; Bufe 1981, S. 114 ff.; Müller-Hagedorn/Heidel 1986, S. 64; Eber 1991, S. 41.

[51] Die Breite eines Regalsegments schwankt zwischen 90 und 125 cm (vgl. o.V. 1984b, S. 112), wobei die heutigen Regalsysteme in der Regel auf 125 cm breiten Modulen aufgebaut sind.

in Reck-, Sicht- oder Augen-, obere und untere Griff-, Bück- und Bodenzone.[52] Eine exemplarische Regaleinteilung mit sechs Böden könnte folgendermaßen aussehen (vgl. Abb. 2-6).

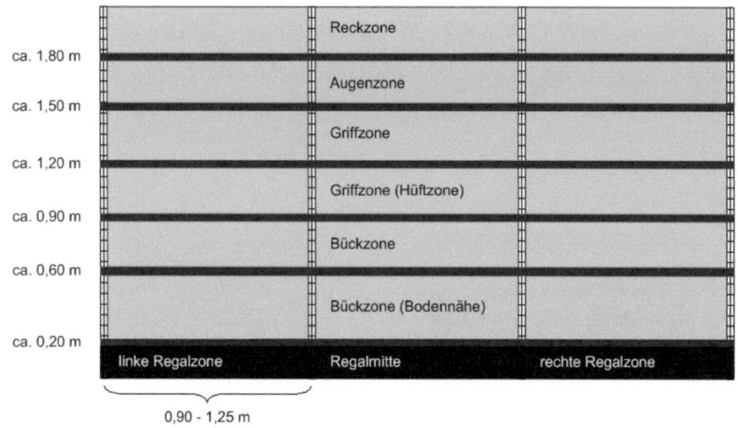

Abb. 2-6: Schematische Darstellung eines Regals

Jedoch sind nicht alle Bereiche gleich gut bzw. schlecht. Viele Quellen bescheinigen den verschiedenen Zonen eines Regals in horizontaler und vertikaler Hinsicht unterschiedlich hohe Wertigkeiten, die über das Akquisitionspotenzial bzw. über die Verkaufsstärke des jeweiligen Regalbereichs definiert werden.[53]

Die Mehrheit der veröffentlichten Beiträge, die sich mit der Absatzwirkung von Regalzonen beschäftigen, konzentriert sich auf die vertikale Regalwertigkeit und beschreibt die Sichtzone verkaufsstärker als die Griffzone und diese wiederum verkaufsstärker als die Bückzone.[54] In horizontaler Hinsicht soll das Hauptaugenmerk der Kunden in der Mitte des Regals liegen, so dass dieser Teil sowie die Plätze etwas rechts von der Mitte verkaufsstärker seien als die

---

52 Vgl. z.B. Engel 1975, S. 136; Bufe 1981, S. 115; o.V. 1984b, S. 112; Müller-Hagedorn/Heidel 1986, S. 64; Höller 1987, S. 35; Pflaum/Eisenmann 1988, S. 150; Eber 1991, S. 41.

53 Vgl. Engel 1975, S. 120; o.V. 1977, S. 18; Bufe 1981, S. 114 ff.; Leu 1982, S. 117; o.V. 1984c, S. 79; Pflaum/Eisenmann 1988, S. 150.

54 Vgl. Engel 1975, S. 138 ff.; o.V. 1977, S. 18; o.V. 1979, S. F24; o.V. 1984c, S. 79; Höller 1988, S. 85. Ausnahmen für die „Regel" einer verkaufsschwächeren Bückzone bilden z.B. dort platzierte Kinderartikel, vgl. Eber 1991, S. 52, oder Waschmittel, vgl. Bohrenfeld 2005, S. 32.

Bereiche links davon. Das wird mit der Neigung des Menschen begründet, sich nach rechts zu orientieren. Verkaufsschwächer hingegen zeigen sich die Randzonen der Warenträger.[55]

Die in der Handelspraxis vorzufindenden vereinfachenden Regeln zur Regalplatzgestaltung greift *Bufe* auf - ohne eigene empirische Erkenntnisse erkennbar einfließen zu lassen - und visualisiert die Zonen mit hohem akquisitorischen Potenzial in horizontaler Richtung durch eine „liegende bauchige Flasche" und in vertikaler Richtung durch eine „Vase" (vgl. Abb. 2-7).[56]

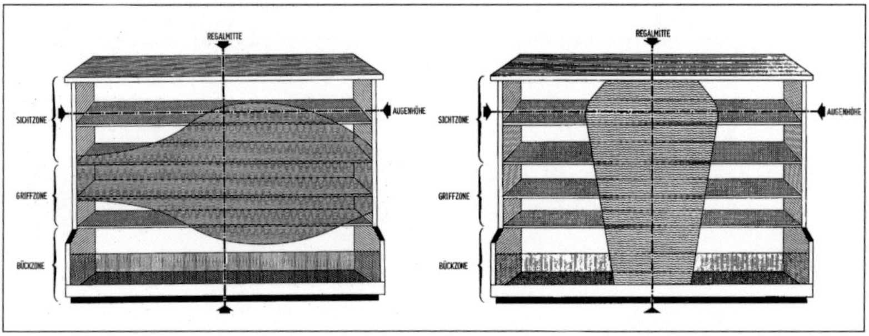

Abb. 2-7: Akquisitorisches Regalflächenpotenzial in horizontaler (links) und vertikaler (rechts) Richtung (Quelle: Bufe 1981, S. 115, 117)

Diese Art der Darstellung legt nicht zuletzt auf Grund der identischen Einteilung in Sicht-, Greif- und Bückzone sowie der markierten Regalmitte die Vermutung nahe, dass hier bei der Identifikation verkaufsstärkerer Zonen in horizontaler und vertikaler Richtung ein bestimmter Warenträgertyp mit bestimmten Abmaßen (Höhe und Breite) als Prototyp Pate stand.

Würde man diese Aussagen zur Regalwertigkeit addieren und die beiden oben gezeigten Regalbilder übereinanderlegen, folgt daraus, dass jedes Regal mit ähnlichen Abmaßen unabhängig von der darin platzierten Warengruppe und unabhängig von der Hauptlaufrichtung der Kunden in der Mitte und rechts davon zwischen der Bück- und Sichtzone das höchste akquisitorische Potenzial aufweisen müsste (vgl. die dunkel schraffierte Fläche in Abb. 2-8). Jedoch sind

55 Vgl. Engel 1975, S. 131 f.; o.V. 1979, S. F22; o.V. 1984a, S. 66; Höller 1988, S. 85.

56 Vgl. Bufe 1981, S. 114. Interessanterweise weist der Autor zwar auf davon abweichende Ergebnisse einer Studie hin, kommentiert diese aber nicht weiter.

Zweifel bezüglich der Gültigkeit dieser verallgemeinernden Aussagen angebracht. Zu Recht weist u.a. *Berekoven* darauf hin, dass z.B. die Abmaße des Regals und die jeweilige Regalbestückung Einfluss auf die Verteilung der Regalzonenwertigkeiten nehmen können.[57] *Zielke* betont darüber hinaus, dass sich ein Kunde nicht immer nur frontal in der Mitte des Regals befindet, sondern sich durch die Abteilung bewegt und schließt deshalb einen Zusammenhang zwischen der Wertigkeit des Artikelstandortes und der vorherrschenden Kundenlaufrichtung nicht aus.[58]

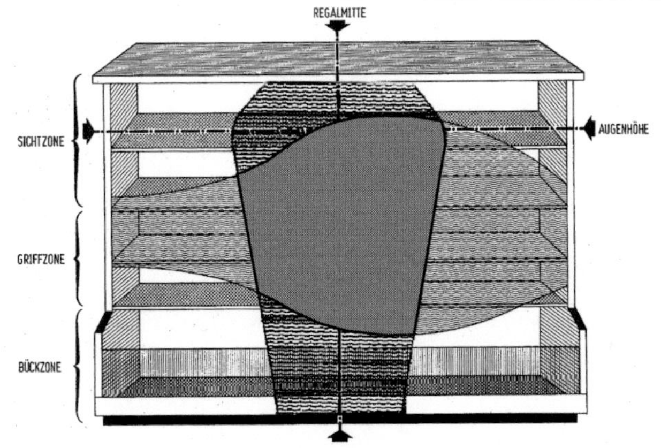

Abb. 2-8: Regalbereiche mit der höchsten Wertigkeit
(Quelle: In Anlehnung an Bufe 1981, S. 115, 117)

Unterstellt man trotz der geäußerten Bedenken bei der Artikelplatzierung unterschiedlich hohe Regalwertigkeiten, so kann die Anordnung der Produkte entweder wertigkeitsausgleichend oder wertigkeitsanpassend erfolgen.[59] Während bei einer **wertigkeitsausgleichenden** Platzierungsform hochwertige Artikel an niedrigwertigen Standorten im Regal positioniert werden, kombiniert die **wertigkeitsanpassende** Platzierung hochwertige Artikel mit hochwertigen Standorten im Warenträger.

57 Vgl. Berekoven 1995, S. 294.

58 Vgl. Zielke 1999, S. 37.

59 Vgl. Berekoven 1995, S. 294 f.

2.3.4 Artikelfront

Während sich die Festlegung der Artikelstandorte auf die qualitative Verteilung der Regalkapazität bezieht, spielt bei der Festlegung der Artikelfront die quantitative Aufteilung der zur Verfügung stehenden Regalfläche eine Rolle. Die Anzahl der Frontstücke bestimmt dabei die Artikelfront, die den vom Kunden sichtbaren Teil eines im Regal platzierten Artikels bezeichnet.[60] Der Begriff Facing meint hier die Anzahl der Artikel eines Produktes auf der **Artikelfrontfläche**. Diese Fläche ergibt sich bei frontaler Betrachtung aus der Multiplikation der Breite der nebeneinander stehenden Frontstücke (= Artikelfrontbreite) und der Höhe der Frontstücke.[61] Bei der Planung von Regalbelegungsplänen wird aus Vereinfachungsgründen häufig nur die Frontlänge (in cm oder in Facings) betrachtet. Die Fronthöhe, die auf Grund konstant bleibender Regalbodenabstände determiniert ist, wird zum Teil ausgeblendet.[62] Eine Vernachlässigung der Artikelfronthöhe bedeutet aber zwangsläufig, dass übereinander gestapelte Artikel nicht berücksichtigt würden. Aus diesem Grund operationalisiert *Zielke* die Regalfront im verhaltensbezogenen Sinne als Sichtfläche und meint damit die von den Kunden jeweils wahrgenommene Fläche einer Platzierungseinheit.[63] Bei diesem Ansatz tragen auch übereinander geschichtete Produkte dazu bei, die Sichtfläche zu vergrößern und somit die Wahrscheinlichkeit der schnelleren Wahrnehmung dieser Einheit zu erhöhen bzw. die Suchzeit zu verkürzen.[64]

---

[60] Vgl. Engel 1975, S. 125; Höller 1987, S. 11.

[61] Vgl. Günther/Mattmüller 1993, S. 80. Bei liegend präsentierter und von oben betrachteter Ware (z.B. in Tiefkühltruhen oder auf Tischen) bezieht sich die Artikelfront auf die Länge (bzw. Breite) und Tiefe im Warenträger, vgl. Höller 1987, S. 11.

[62] Vgl. Engel 1975, S. 126; Höller 1987, S. 11.

[63] Vgl. Zielke 2002, S. 143.

[64] Vgl. Zielke 2002, S. 144. Zur Beziehung zwischen Reizmuster bzw. Reizintensität und der Wahrnehmung vgl. z.B. Goldstein 2002, S. 15 ff.; Zimbardo/Gerring 2004, S. 169 ff.

2.4 Empirische Studien

Entsprechend den in Kap. 2.3 erläuterten Parametern, die es bei der Platzierung der Waren und bei der Gestaltung des Warenträgers zu berücksichtigen gilt, gibt es Untersuchungen, die entweder einzelne Elemente der Regalgestaltung analysieren oder das Regal als Ganzes in den Mittelpunkt der Betrachtung stellen. Die folgenden Ausführungen fokussieren sich auf Arbeiten, die sich mit der Blockbildung und der Festlegung der Regalstruktur (Kap. 2.4.1), mit dem Einfluss des Artikelstandortes von Produkten (Kap. 2.4.2) oder mit der Artikelfront (Kap. 2.4.3) auseinandersetzen und die Wirkungen der verschiedenen Regalgestaltungsparameter häufig, wenn auch nicht immer, auf den Absatz beziehen. Davon ausgeklammert bleibt der Aspekt der Platzierungsform.

2.4.1 Studien zur Blockbildung und Regalstruktur

Seit rund 20 Jahren beschäftigt sich die Literatur mit der Blockbildung und der Regalstruktur. Bevor nachfolgend einzelne Arbeiten skizziert werden, soll die Zusammenstellung der Studien in Abb. 2-9 die Bandbreite der Untersuchungsmethoden und der Forschungsdesigns verdeutlichen.

Autor(en)	Jahr	Inhalt der Untersuchung und Erhebungsmethode
Müller-Hagedorn/ Heidel	1986	Wirkungen von hersteller- und produktbezogenen Regalstrukturen zweier Warengruppen auf die Zufriedenheit der Kunden. Befragung von 291 Käufern zweier Einkaufsstätten zu fünf verschiedenen Beurteilungskriterien, anhand derer die Zufriedenheit mit Hilfe von 5-poligen Ratingskalen ermittelt wurde.
Kinateder	1989	Analyse der kognitiven Strukturen der Verbraucher für die Warengruppe Süßgebäck zur Ableitung einer kundenorientierten Regalgestaltung mit Hilfe eines Sortierexperimentes. Labortest mit 51 Probanden. Auswirkungen des Verhaltens der Kunden vor dem auf Basis der ermittelten Einteilungslogik veränderten Regals. Beobachtung und Befragung von 1047 Personen in einer Felduntersuchung.
Drèze/ Hoch/ Purk	1994	Auswirkungen einer geänderten Regalstruktur in vier Warengruppen auf das Kaufverhalten. Analyse der Abverkäufe in 60 Einkaufsstätten einer Supermarktkette.

Geister	1997	Gegenüberstellung von Kreuzblockplatzierungen und Produktgruppenblöcken vor dem Hintergrund ihrer Vorteilhaftigkeit bei der Suchzeit und der Übersichtlichkeit in mehreren Warengruppen. Suchlaufstudie und Befragung von 1600 Kunden zweier Einkaufsstätten.
Needel	1998	Vergleich der Ausgabebeträge pro Kunde in der Kategorie Tiefkühlkost bei verschiedenen Platzierungen. Messung der Abverkäufe, unbekannte Probandenanzahl.
Mollá/ Múgica/ Yagüe	1998	Analyse der kognitiven Struktur von Weinkäufern zur Ableitung einer kundenorientierten Sortimentsgliederung. Beurteilung der Ähnlichkeiten von Weinpaarungen anhand einer 11-stufigen Skala durch 100 Kunden eines Verbrauchermarktes.
Wittmann/ Lischke	1998	Bedeutung der Regalstruktur auf das Such- und Auswahlverhalten von Kunden in der Warengruppe fruchthaltiger Getränke. Befragung und Sortierexperiment, keine Angaben zur Probandenanzahl.
Zielke	2001	Analyse der kognitiven Struktur von Kunden in der Warengruppe Papier/Büro/Schreibwaren zur Ableitung von Sortimentsgliederungsvorschlägen. Sortierexperimente mit 30 Probanden nach empfundener Zusammengehörigkeit bzw. Ähnlichkeit (Ankerpunktverfahren) innerhalb einer und zwischen mehreren Warenuntergruppen.

Abb. 2-9: Übersicht von Studien zur Blockbildung und Regalstruktur

Müller-Hagedorn und *Heidel* überprüften den Einfluss unterschiedlicher Platzierungsformen auf die Zufriedenheit der Kunden.[65] Die Kundenzufriedenheit operationalisierten sie dabei mit den fünf Dimensionen „Möglichkeit zum Preisvergleich“, „Suchaufwand nach bestimmten Artikeln“, „Erinnerung an den Kauf bestimmter Artikel“, „Anregung zum Kauf“ sowie „Hinweise auf gemeinsame Verwendungsmöglichkeiten“. In zwei Einkaufsstätten baten sie insgesamt 291 Käufer der Warengruppen Saucen und Mayonnaisen oder Fisch- und Fertigsalate, mit Hilfe einer 5-stufigen Ratingskala für jede Dimension die gewünschte Abweichung zwischen dem empfundenen und dem idealen Zustand der Warenanordnung[66] anzugeben sowie deren Wichtigkeit[67] einzustufen. Die gewünschten Veränderungen und die Wichtigkeit verknüpften sie anschließend zu einem

[65] Müller-Hagedorn/Heidel 1986, S. 18 ff.

[66] Mit 1 = „keine Veränderung erwünscht“ bis 5 = „starke Veränderung gewünscht“.

[67] Mit 1 = „sehr unwichtig“ bis 5 = „sehr wichtig“.

Zufriedenheitsindex pro Dimension.[68] Im Ergebnis zeigten sich die Kunden bei der aggregierten Betrachtung beider Einkaufsstätten über alle Dimensionen hinweg mit der produktbezogenen Blockbildung tendenziell (aber nicht signifikant) zufriedener als mit der herstellerorientierten Warenanordnung. Signifikante Unterschiede ergaben die Vergleiche der Regalstrukturen in den einzelnen Dimensionen. In Bezug auf die Möglichkeit zu Preisvergleichen waren die Kunden mit der produktorientierten Gliederung der Warengruppe zufriedener, wohingegen sie sich bei der herstellerbezogenen Anordnung besser an den Kauf bestimmter Artikel erinnert fühlten.

Im Mittelpunkt einer Untersuchung von *Kinateder* stand die Frage, welchen Einfluss sowohl kognitive Strukturen als auch die Art der Warenplatzierung auf die Informationsverarbeitung und den Suchprozess von Kunden in einem Supermarkt haben.[69] Ihre Hypothese lautete: Wenn die Regalbelegung an die kognitiven Strukturen der Kunden angepasst ist, finden sich die Kunden besser zurecht und sind während ihres Einkaufs zufriedener. Dazu wurden in der zweigeteilten Studie zunächst im Rahmen eines Labortests 51 Personen[70] aufgefordert, 25 zufällig ausgewählte Süßgebäcke mit Hilfe des sog. hierarchischen Sortierens zu gruppieren.[71] Wie die Auswertungen des Sortierexperiments belegten, gaben die Probanden nicht die „Herstellerlogik" wieder, die ihnen aus ihrer Einkaufsstätte bekannt war. Als vorherrschendes Klassifizierungskriterium kristallisierte sich der „Geschmack" heraus (vgl. Abb. 2-10).

Die nachfolgende Felduntersuchung übertrug dieses Ergebnis so weit wie möglich auf die Regalordnung der Warengruppe Süßgebäck und platzierte die Produkte unter dem Gesichtspunkt „Geschmack" neu.

---

68 Durch multiplikative Verknüpfung der gewünschten Veränderung mit der Wichtigkeit nimmt der Index Werte zwischen 1 (es werden keine Veränderungen gewünscht, die Dimension wird als unwichtig eingestuft) und 25 (es werden starke Veränderungen gewünscht, wobei die Dimension als wichtig erachtet wird) an. Je kleiner der Wert ist, desto zufriedener ist der Kunde.

69 Vgl. Kinateder 1989, S. 86 ff.

70 Davon 34 Kunden des später untersuchten Supermarktes sowie 17 Studierende, vgl. Kinateder 1989, S. 88.

71 Bei der Methode des hierarchischen Sortierens wird die Testperson aufgefordert, eine vorgegebene Gruppe von Elementen nach dem Kriterium, das ihr am wichtigsten erscheint, in zwei Klassen aufzuteilen. Die beiden entstandenen Gruppen werden dann nach dem gleichen Prinzip wiederum in zwei Gruppen untergliedert. Diese Prozedur wird so oft wiederholt, bis jedes Element eine einzelne Gruppe darstellt.

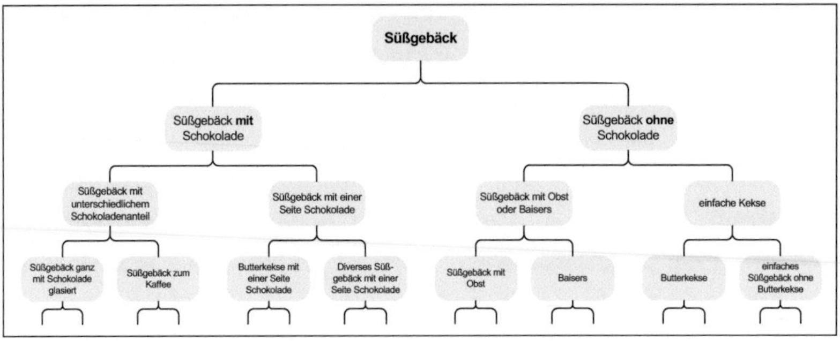

Abb. 2-10: Hierarchische Sortierung von Süßgebäck aus Kundensicht (Quelle: In Anlehnung an Kinateder 1989, S. 89)

Mit Hilfe der Beobachtung und Befragung wurden in sieben Laufstudien (einmal vor und sechsmal nach Veränderungen im Regal) 1047 aufs Geratewohl ausgewählte Kunden, von denen 300 Personen ein Süßgebäck oder mehrere Süßgebäcke kauften, erfasst.[72] Während bei den übrigen 747 Nichtkäufern nur demographische Daten und die Anzahl der berührten Artikel festgehalten wurden, waren bei den Käufern folgende Faktoren relevant: Aufenthaltsdauer vor dem Regal, begangener Weg, Anzahl der Stopps sowie Art und Anzahl der entnommenen und der tatsächlich gekauften Produkte. Hinsichtlich dieser Kennzahlen bestätigte die Studie den Einfluss der Regalneubelegung auf das Kundenverhalten vor dem Regal. Die Auswertung der Beobachtungsergebnisse dokumentiert die Reduzierung des zurückgelegten Wegs, der Anzahl der Stopps, der Verweildauer und der Anzahl der berührten Artikel. Die befragten Käufer gaben an, sich bei der Geschmackslogik besser zurechtgefunden zu haben und zufriedener gewesen zu sein. Allerdings wirkte sich die erhöhte Zufriedenheit nicht nachweisbar direkt auf den Absatz und Umsatz am Süßgebäckregal aus. Die Studie verdeutlicht, inwiefern bei Festlegung einer Regalstruktur die Berücksichtigung kognitiver Strukturen, die nicht immer konform mit der Herstellerordnung sein müssen, das Verhalten der Kunden beeinflussbar ist. Ob sich allerdings, wie von *Kinateder* vermutet, die in der Warengruppe Süßgebäck gewonnenen Erkenntnisse problemlos auf andere Warengruppen übertragen

[72] Zur Länge der untersuchten Regale, zur Anzahl der Einkaufsstätten und deren Betriebstyp finden sich in dem Beitrag keine Angaben.

lassen,[73] ist auf Grund unterschiedlicher Rahmenbedingungen und Erhebungsmethoden zu bezweifeln.

Drèze, *Hoch* und *Purk* analysierten in zahlreichen Experimenten, die sie in 60 Filialen einer Chicagoer Supermarktkette durchführten, die Umsatz- und Gewinnpotenziale verschiedener Warengruppen bei Veränderungen im Regalmanagement.[74] In Bezug auf die Regalstruktur variierten sie in vier Kategorien die Warenplatzierung und verglichen nach einer vierwöchigen Umgewöhnungsphase die Umsatz- und Gewinnveränderungen der Testmärkte mit den Entwicklungen in den jeweiligen Kontrollmärkten. Durch die Verlagerung von Weichspülern vom Rand der Warenträger in die Regalmitte zwischen Pulver- und Flüssigwaschmittel stellten sich Umsatzsteigerungen von Weichspülern und auch von Waschmitteln ein. Ebenfalls einen positiven Effekt auf den Umsatz zeigte sich bei der Gruppierung von Hygienepapieren nach Packungsgrößen. Negativ auf den Absatz hingegen wirkten sich die alphabetische Ordnung von Suppen nach ihren Geschmacksrichtungen sowie die Anordnung von Cerealien entsprechend der damit angesprochenen Zielgruppen aus.

Ziel einer von den Firmen *Dr. Oetker*, *Johnson & Johnson* und *Nestlé* in Auftrag gegebenen Studie war es, Aussagen zur Vorteilhaftigkeit der Kreuzblockplatzierung gegenüber dem klassischen Produktgruppenblock in den Warengruppen Backartikel, Backmischungen, Dessertpulver, lösliche Bohnenkaffee-Spezialitäten, Babypflege und Damenhygiene zu gewinnen.[75] Insgesamt wurden in zwei Verbrauchermärkten (Ost- und Westdeutschland) die Suchzeiten und die Suchlogiken bei den unterschiedlichen Regalstrukturen analysiert. Dabei lagen die Suchzeiten vor Warenträgern mit einer Kreuzblockplatzierung um bis zu 25% niedriger verglichen mit den nach Produktblöcken sortierten Regalen. Die befragten 1600 Kunden bewerteten darüber hinaus die Kreuzblöcke gegenüber den Produktblöcken deutlich besser und gaben an, dass die Kreuzblockplatzierung übersichtlicher sei sowie eine größere Sortimentskompetenz vermittle. Als

---

[73] Vgl. Kinateder 1989, S. 92.
[74] Vgl. Drèze/Hoch/Purk 1994, S. 301 ff.
[75] Vgl. Geister 1997, S. 50 ff.

entscheidende Suchkriterien nannten die Probanden das Verpackungsdesign, die Marke und die Regalebene.

Needel fasst eine von einem Hersteller in Auftrag gegebene Studie zusammen, bei der innerhalb der Warengruppe Tiefkühlkost die Ausgabebeträge der Kunden bei drei Gruppierungsvarianten verglichen wurden:[76] (1) Sortierung nach Zielgruppensegmenten (Packungen für Singlehaushalte bzw. Familien), (2) Platzierungen nach Markenblöcken und dann nach Zielgruppensegmenten sowie (3) ebenfalls Platzierungen nach Markenblöcken und dann nach Zielgruppensegmenten, wobei allerdings die stärksten Wettbewerbsprodukte möglichst weit entfernt von den Produkten des Herstellers in der gegenüberliegenden Ecke angeordnet waren. Den niedrigsten Ausgabebetrag pro Kunde ergab die Untergliederung nach Zielgruppensegmenten (Variante 1), deutlich höhere Beträge entfielen auf die Blockbildung nach Marken (Variante 3). Die höchsten Ausgabenbeträge für eine Marke wurden hingegen erzielt, wenn diese direkt neben ihrem stärksten, aber teureren Wettbewerber platziert war (Variante 2).

In der von *Mollá*, *Múgica* und *Yagüe* durchgeführten Untersuchung stand die Warengruppe Wein im Mittelpunkt.[77] Ziel war es, durch die Identifizierung der aus Konsumentensicht relevanten Unterscheidungskriterien für Wein Empfehlungen für die Sortimentsgliederung geben zu können. Um die Anzahl der durchzuführenden Paarvergleiche von Weinen, die sich in den Merkmalen Weintyp (z.B. Rosé), Herkunft (z.B. Rioja), Reifezeit und Preis unterschieden, zu reduzieren, wurden die 100 Weinkäufer umfassende Stichprobe zunächst in vier gleich große Gruppen aufgeteilt. Jeder Gruppe wurden elf verschiedene Weine präsentiert. Anhand einer Skala von null bis zehn sollte jeder Proband die Ähnlichkeit von allen 55 möglichen Weinflaschenpaarungen einschätzen. Das Ergebnis der Clusteranalysen identifizierte als erstes Sortierkriterium den Weintyp,[78] an zweiter Stelle stand bei den Kunden die Herkunft des Weines.

---

[76] Vgl. Needel 1998, S. 61 ff.

[77] Vgl. Mollá/Múgica/Yagüe 1998, S. 225 ff.

[78] Ausschlaggebend bei der Zusammenfassung nach Weintypen war jedoch die tatsächliche Farbe des Weines und nicht etwa der Aufdruck auf dem Flaschenetikett, da hellere Rotweine den Rosés zugeordnet wurden, vgl. Mollá/Múgica/Yagüe 1998, S. 235. Zum Thema Bezeichnungen auf Weinflaschenetiketten vgl. auch Köhr 2001, S. 34 f.

Wittmann und *Lischke* griffen eine von dem Konsumgüterhersteller *Procter & Gamble* initiierte Studie zur Bedeutung der Regalstruktur in der Kategorie fruchthaltige Getränke auf.[79] Zur Ermittlung einer Warenplatzierung, die den Kunden bei seiner Suche und seiner Produktauswahl am ehesten unterstützt, wurden neben Befragungen auch Sortierexperimente durchgeführt - nähere Informationen zum Untersuchungsdesign und zur Stichprobe fehlen. Bei dem sog. „Episodentest" wurden die Probanden gebeten, diejenigen Produkte einer breiten Palette zu gruppieren, die sie als zusammengehörig empfanden. Die Ergebnisse zeigten, dass der Marke bzw. dem Hersteller der Getränke bei der Sortierung aus Kundensicht die größte Bedeutung zukam. Wie aus Abb. 2-11 weiterhin ersichtlich ist, war fast jeder vierte Kunde offenbar nicht auf bestimmte Marken fixiert, sondern gab als erstes Gruppierungskriterium die Geschmacksrichtung an. Dementsprechend plädierten *Wittmann* und *Lischke* für eine Warenplatzierung in Kreuzblockform.

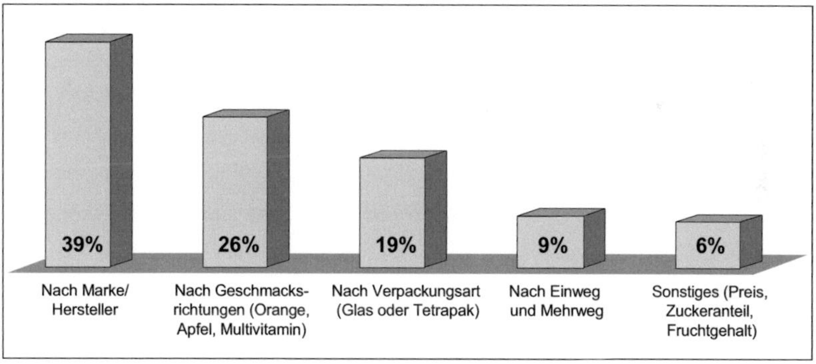

Abb. 2-11: Gruppierungskriterien aus Kundensicht in der Warengruppe fruchthaltige Getränke (Quelle: Wittmann/Lischke 1998, S. 62)

Ähnlich wie *Kinateder* formulierte *Zielke* Sortieraufgaben, um die kognitiven Strukturen von Konsumenten bei der Suche innerhalb der Warengruppe Papier/ Büro/Schreibwaren zu analysieren.[80] 30 Probanden präsentierte er in Einzelgesprächen jeweils acht Artikel, die die Probanden nach dem Ankerpunktver-

[79] Vgl. Wittmann/Lischke 1998, S. 62.
[80] Vgl. Zielke 2001, S. 106 ff.

fahren[81] nach Maßgabe der empfundenen Zusammengehörigkeit bzw. Ähnlichkeit sortieren mussten. Während bei der ersten Aufgabe die Artikel aus verschiedenen Produktgattungen (Bleistift, Füller, Schulheft, Kugelschreiber) stammten und verschiedene Designrichtungen (Disney, klassisch, modern) aufwiesen, standen bei dem zweiten Teil Kugelschreiber im Mittelpunkt, die sich bezüglich der Marke (Sigma, Herlitz, Faber-Castell, Parker) und des Designstils (klassisch, modern) unterschieden. Die Ergebnisse des ersten Experiments zeigten, dass die meisten Probanden (77%) die Produktgattung als vorrangiges Kriterium heranzog, nur jede vierte Person gruppierte die Artikel nach der Zugehörigkeit zu einer Produktlinie. Die Annahme, dass die Kunden innerhalb einer Produktgattung Artikel zuerst nach der Marke und dann nach dem Design gruppieren, konnte mit der zweiten Sortieraufgabe nicht bestätigt werden. Der größte Teil der Probanden verwendete den Designstil als Ordnungskriterium, die übrigen Personen orientierten sich an der Marke der Kugelschreiber und an der angenommenen preislichen Positionierung der Artikel. *Zielke* diskutierte seine Untersuchungsergebnisse kritisch und gab zu bedenken, dass die Ableitung von Regalstrukturen aus den so ermittelten Sortimentsgliederungen nicht ohne weiteres möglich ist, zumal er selbst die fehlende Repräsentativität der Stichprobe anführte.[82] Neben der gezielten Auswahl von Testartikeln, die u.U. die Zielgruppe nicht anspricht, ist auch die Diskrepanz zwischen Ähnlichkeitsurteilen und Platzierungswissen problematisch zu sehen. So könnte ein Proband z.B. zwei Artikel als sehr unähnlich klassifizieren, sie in einer Einkaufsstätte auf Grund seiner Platzierungserfahrung aber dennoch in räumlicher Nähe suchen. Ebenso ist es denkbar, dass das Platzierungswissen die kognitiven Strukturen und somit die geäußerten Sortierungskriterien der Testpersonen beeinflusst.

---

[81] Bei dieser Erhebungstechnik wird jeder Testartikel einmal als „Anker" angesehen, zu dem die übrigen Artikel im Hinblick auf ihre Zusammengehörigkeit in eine bestimmte Reihenfolge gebracht werden sollen, vgl. Zielke 2002, S. 107.

[82] Vgl. Zielke 2002, S. 112.

2.4.2 Studien zum Artikelstandort

Die verschiedenen Bereiche eines Warenträgers weisen sowohl in horizontaler als auch in vertikaler Richtung unterschiedliche Akquisitionspotenziale auf. Die in der Literatur dokumentierten Untersuchungen, die häufig auf vertikale Regalwertigkeiten abzielen, fasst Abb. 2-12 in wenigen Worten zusammen, bevor die einzelnen Studien detailliert erläutert werden.

Autor(en)	Jahr	Inhalt der Untersuchung und Erhebungsmethode
o.V.	1963	Auswirkungen von Regalplatzänderungen in vertikaler Richtung von unterschiedlichen Artikeln aus insgesamt 577 Warengruppen auf den jeweiligen Absatz. Messung der Mengenumsätze in sechs Filialbetrieben über einen Zeitraum von acht Wochen.
Frank/ Massy	1970	Zusammenhang zwischen unterschiedlichen Regalorten und dem Absatz von sieben Marken einer Warengruppe bei gleichzeitiger Variation der Packungsgröße. Messung der Abverkäufe in 30 Supermärkten über einen Zeitraum von 63 Wochen.
Wieland	1977	Einfluss der Regalbodenhöhe auf den Absatz von verschiedenen Lebensmittel-Artikeln bei vertikalen Umplatzierungen. Fehlende Angaben zum Untersuchungsdesign und zur Stichprobe.
o.V.	1984	Auswirkungen vertikaler Regalplatzveränderungen auf den Abverkauf. Fehlende Angaben zum Untersuchungsdesign und zur Stichprobe.
Müller-Hagedorn/ Heidel	1986	Auswirkungen einer Veränderung des Standortes von 46 Gewohnheits- und Impulsprodukten aus fünf Warenuntergruppen innerhalb des Warenträgers auf den jeweiligen Absatz. Messung der Abverkäufe in einer Einkaufsstätte vor und nach einer Umplatzierung.

Höller	1987	Einfluss einer wertigkeitsausgleichenden bzw. wertigkeitsanpassenden Artikelplatzierung auf den Absatz von 150 Artikeln in der Warengruppe Gemüsekonserven. Messung der Abverkäufe in einem Verbrauchermarkt in zwei Vierwochenzeiträumen.
Leven	1992	Absatzwirkungen unterschiedlicher Platzierungsvarianten von Zeitungen und Zeitschriften. Messung der wöchentlichen Absätze in 45 Einkaufsstätten über einen Zeitraum von sechs Monaten.
Drèze/ Hoch/ Purk	1994	Auswirkungen vertikaler und horizontaler Artikelstandorte auf deren Absatz. Analyse der Abverkäufe in 60 Einkaufsstätten einer Supermarktkette über einen längeren Zeitraum.

Abb. 2-12: Übersicht von Studien zur Auswirkung unterschiedlicher Artikelstandorte

Im Jahr 1962 veröffentlichte die Zeitschrift „Progressive Grocer" eine umfangreiche Untersuchung zu den Einkaufsgewohnheiten und Meinungen von Kunden in Supermärkten. In dieser sog. „Colonial Studie" - benannt nach einer zu diesem Zeitpunkt großen amerikanischen Lebensmittelfilialkette - wurden in sechs Standorten (mit einer durchschnittlichen Verkaufsfläche von 1460 m²) über einen Zeitraum von acht Wochen (November und Dezember) die Absätze und Umsätze von 577 Warengruppen (mit insgesamt mehr als 5800 Artikeln) erhoben.[83] Es wurden u.a. im Rahmen dieser Erhebung in zwei Einkaufsstätten Artikel mit unterschiedlichen Größen, Gängigkeiten und Variantenzahlen für zwei Wochen innerhalb des Warenträgers umplatziert und die Wirkungen dieser Maßnahme auf die jeweiligen Verkaufshäufigkeiten gemessen. Abb. 2-13 zeigt die durchschnittlichen prozentualen Absatzveränderungen auf Grund der vertikalen Umplatzierungsmaßnahmen.

Bei Produkten, die von einem tieferen in einen höher gelegenen Regalboden verlagert wurden, stieg die Absatzmenge. Mit 78% war die Absatzsteigerung der Produkte, die von der Bückzone in die Augenzone gehoben wurden, am größten. Negativ entwickelte sich der Absatz immer dann, wenn Artikel von ihrem ursprünglichen Platz auf eine tiefere Ebene verschoben wurden. Am

[83] Vgl. o.V. 1963, S. 5 f.

deutlichsten (-40%) wirkte sich dies auf Artikel aus, die von der unteren Griffzone (Hüftzone) in die bodennahe Bückzone umplatziert wurden.

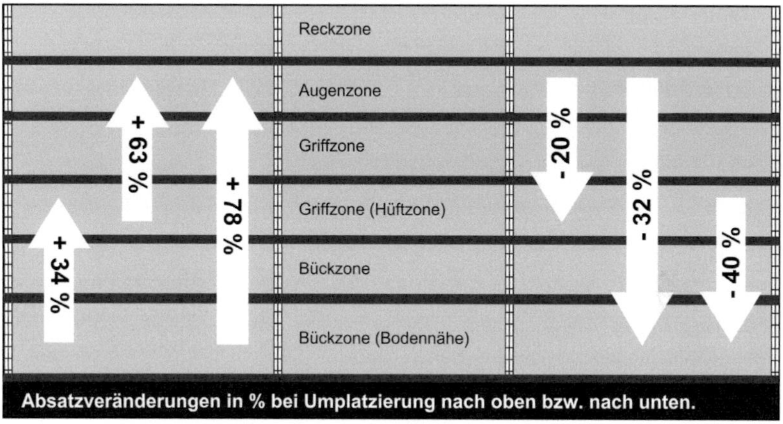

Abb. 2-13: Veränderungen im Absatz bei vertikaler Umplatzierung (Quelle: In Anlehnung an o.V. 1963, S. 96 f. und o.V. 1984b, S. 112)

Infolgedessen stellte sich bei dieser Studie der Regalbereich in Augenhöhe am verkaufswirksamsten dar.[84] Keine Berücksichtigung fand die über der Augenhöhe liegende Reckzone. Diese Ergebnisse sind in vielerlei Hinsicht kritisch zu sehen, da u.a. die Absatzveränderungen nicht zwingend auf die Veränderungen des Artikelstandortes zurückzuführen sind. Als Beispiel dafür lassen sich die Abverkäufe einer bestimmten Apfelmus-Sorte anführen, die bei der Verlagerung von der unteren Bückzone in Hüfthöhe nicht wie der Durchschnitt um 34%, sondern um gar 500% gesteigert wurden.[85] Naheliegende Faktoren wie Werbemaßnahmen oder saisonale Schwankungen könnten ebenfalls Gründe für diese massiven Veränderungen im Verkauf sein. Andere Effekte, wie z.B. die Umgewöhnung bei den Käufern, sind innerhalb des relativ kurzen Betrachtungszeitraums von zwei Monaten kaum quantifizierbar. Darüber hinaus fällt bei den vorliegenden Werten auf, dass die Veränderung des Artikelstandortes nach oben in die Augenzone einen stärkeren Einfluss auf den Absatz hat als die entgegengesetzte Verlagerung nach unten.

[84] Vgl. o.V. 1963, S. 95 ff.

[85] Vgl. o.V. 1963, S. 96.

Frank und *Massy* widmeten sich den Einflüssen des Artikelstandortes auf den Absatz.[86] Über einen Zeitraum von 63 Wochen betrachteten sie dazu in 30 Einkaufsstätten sieben häufig gekaufte Artikel einer Lebensmittelkategorie. Nicht jeder Markt führte jedoch jede der drei Verpackungsgrößen, in denen die Produkte grundsätzlich erhältlich waren.[87] Pro Markt wurden die wöchentlichen Abverkäufe sowie verkaufsunterstützende Promotionaktionen (z.B. Sonderpreise, Werbung durch den Händler, Hinweisschilder am Regal oder Zweitplatzierungen) für jeden Artikel und Verpackungsgröße festgehalten. Auf Grund uneinheitlicher Ergebnisse konnten *Frank* und *Massy* nur einen tendenziellen, nicht aber signifikanten Einfluss des vertikalen Artikelstandortes auf den Absatz erkennen.

Zu anderen Ergebnissen kommt *Wieland*, der zwei Untersuchungen zum Einfluss der Regalbodenhöhe auf den Umsatz beschreibt.[88] Die erste Studie, die im März 1971 in der amerikanischen Zeitschrift „Progressive Grocer" veröffentlicht wurde, überprüfte verschiedene Platzierungs- sowie Werbemaßnahmen und deren Effekte auf den Umsatz. Abb. 2-14 spiegelt die Umsatzveränderungen von verschiedenen Lebensmittel-Artikeln wider, die auf eine vertikale Umplatzierung innerhalb des Warenträgers zurückgeführt wurden. Grundsätzlich wirkte sich die Verlagerung eines Artikels von einem niedrigeren auf einen höher gelegenen Regalboden positiv aus, während eine tiefere Platzierung zu einem Umsatzrückgang führte.

---

[86] Vgl. Frank/Massy 1970, S. 59 ff.

[87] Die Artikel waren in kleinen, mittleren und großen Einheiten verpackt. Bei der Auswertung konnten die Daten der Produkte in großen Verpackungen mangels Masse nicht berücksichtigt werden, vgl. Frank/Massy 1970, S. 63.

[88] Vgl. Wieland 1977, S. 59.

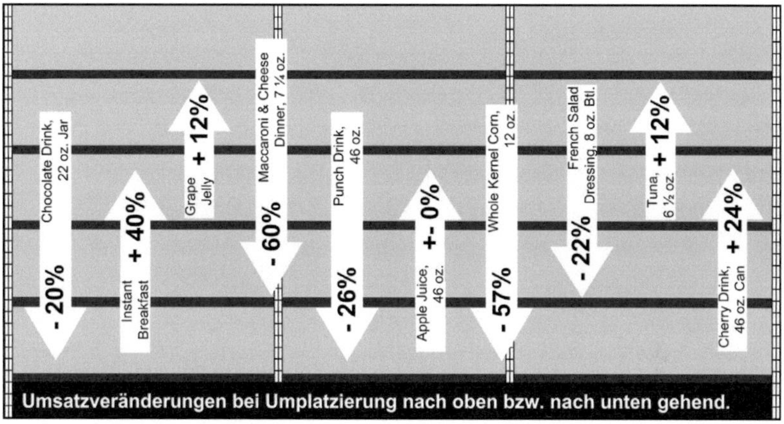

Abb. 2-14: Einfluss des Regalbodens auf den Umsatz
(Quelle: In Anlehnung an Progressive Grocer März 1971, zitiert nach Wieland 1977, S. 59)

Ebenfalls eine Bestätigung für die stärkere Verkaufswirkung der Sicht- und Griffzone eines Regals liefert die von *Wieland* erwähnte Studie des Französischen Instituts für Selbstbedienung, das die Auswirkungen der Platzierungshöhe eines Produktes auf dessen Umsatz mit Hilfe von Umsatzkoeffizienten für unterschiedliche Regalbödenhöhen analysierte. Fehlende Angaben zur Untersuchungsmethode, zu Rahmenbedingungen und zur Berechnung der Umsatzkoeffizienten erschweren eine entsprechende Würdigung der Arbeit. Dennoch verdeutlicht Abb. 2-15, dass Regalböden in einer Höhe zwischen 0,90 m und 1,50 m überdurchschnittlich hohe Umsätze aufwiesen, gefolgt von den Bück- und Reckzonen.

In einem im Jahr 1984 veröffentlichten Beitrag ordnete ein nicht benannter Autor den vertikalen Regalzonen in Abhängigkeit von den realisierten Abverkäufen unterschiedliche Wertigkeiten zu (vgl. Abb. 2-16).[89] Demzufolge gehen von den Regalböden in Sicht- und Griffhöhe die größten Absatzwirkungen aus, die untere Regalhälfte scheint eine untergeordnete Rolle zu spielen.

[89] Vgl. o.V. 1984b, S. 112 ff.

Regalbödenhöhe in m	Umsatzkoeffizient
1,90	0,2
1,70	0,2
1,50	1,3
1,30	1,5
1,10	1,3
0,90	1,1
0,80	1,0
0,70	0,9
0,50	0,7
0,25	0,5

Abb. 2-15: Zusammenhang zwischen der Regalbodenhöhe und dem Umsatz (Quelle: Wieland 1977, S. 59)

Vertikale Standortzonen	Höhe (in m) von ... bis ...	Regalwertigkeit (Abverkauf in %)
Reckzone	1,80 – 2,00	15
Augenzone	1,50 – 1,80	40
Griffzone	1,20 – 1,50	20
Griffzone (Hüftzone)	0,90 – 1,20	10
Bückzone	0,60 – 0,90	10
Bückzone (Bodennähe)	0,20 – 0,60	5

Abb. 2-16: Regalwertigkeiten von vertikalen Standortzonen in Abhängigkeit vom Abverkauf (Quelle: o.V. 1984b, S. 114)

Die Aussagekraft einer solch pauschalen Einteilung ist einerseits wegen fehlender Angaben zur Untersuchungsmethode und zu den Rahmenbedingungen kritisch zu hinterfragen. Übertrüge man andererseits diese Erkenntnisse auf bestimmte Warengruppen, wie z.B. Universalwaschmittel, dürften sich die großvolumigen und bis zu 10 kg schweren Packungen, die bevorzugt in Bodennähe im Warenträger platziert werden, um den Kunden das Entnehmen und Tragen zu erleichtern, grundsätzlich schlecht absetzen lassen.

Müller-Hagedorn und *Heidel* untersuchten die Wirkungen des Regalstandortes auf den Absatz von 46 Artikeln aus der Warengruppe Saucen und Mayonnaisen, die in fünf Untergruppen unterteilt wurde.[90] Auf Basis der Befragung von Konsumenten und Experten wurden die Artikel in Gewohnheitsprodukte (Ketchup- und Mayonnaise-Produkte) und in Impulsprodukte[91] (Spezialsaucen, Dressings und Relishes) unterschieden. Im Rahmen einer Vorher-Messung ermittelten die Forscher zu sechs verschiedenen Erhebungszeitpunkten die Abverkäufe bei gegebener Regalplatzierung. Anschließend verräumten sie die als Impulskaufprodukte identifizierten Artikel aus dem obersten Regalboden (Spezialsaucen und Relishes) bzw. aus dem unteren Teil des Regals (Dressings) zusammen in die Griffhöhe des Regals, wobei sie die Gewohnheitsprodukte in die Randzonen verlagerten. Die Facing-Anzahl der einzelnen Artikel blieb dabei unberührt. Bei der Nach-Messung konnten keine signifikanten Absatzveränderungen für einzelne Produkte festgestellt werden, die sich auf die Umplatzierungsmaßnahmen zurückführen ließen.

Höller analysierte den Einfluss des Artikelstandortes auf den jeweiligen Absatz unter dem Aspekt des Verhältnisses zwischen der Artikelwertigkeit und der Regalplatzwertigkeit.[92] Während er die Artikelwertigkeit anhand der zuvor erhobenen Expertenschätzungen und Kundenbefragungen (sowie einer Kombination beider) ermittelte,[93] wurden bei der Bestimmung der Standortwertigkeiten im Warenträger Expertenurteile und die Ergebnisse aus einem Scoringmodell herangezogen.[94] Untersuchungsobjekt war die Warengruppe Gemüsekonserven in einem ca. 1000 m² großen Verbrauchermarkt, die mit rund 150 Artikeln von 30 Herstellern in einem Warenträger mit fünf nebeneinanderliegenden

---

90 Vgl. Müller-Hagedorn/Heidel 1986, S. 53 ff.

91 Impulsprodukte zeichnen sich auf Grund der Befragungsergebnisse durch einen kurzen Planungshorizont, durch unvollständige Kenntnisse über Substitutionsmöglichkeiten und durch den unregelmäßigen Kauf aus, vgl. Müller-Hagedorn/Heidel 1986, S. 54.

92 Vgl. Höller 1987, S. 214 ff.

93 Vgl. Höller 1987, S. 165 ff.

94 Vgl. Höller 1987, S. 225 ff. Im Ergebnis wurde der Warenträgermitte (horizontal gesehen) eine hohe Standortwertigkeit zugesprochen. Das rechte Warenträgerdrittel wies hingegen eine mittlere, das linke eine niedrigere Wertigkeit auf. In vertikaler Hinsicht galt die Regalebene in Sichthöhe hochwertiger als die darunterliegenden Regalböden. Vgl. in diesem Zusammenhang Kap. 2.3.3 und die dort geäußerten Bedenken gegenüber solchen verallgemeinernden Aussagen.

Regalsegmenten auf sechs unterschiedlichen Bodenhöhen angeordnet war. Der ursprüngliche Regalbelegungsplan sah eine wertigkeitsausgleichende Platzierung vor, bei der hochwertige Marken an geringwertigen Orten im Regal eingeordnet sind. Nach der vierwöchigen Messung der Abverkäufe wurde die Warengruppe auf eine wertigkeitsanpassende Artikelplatzierung umgebaut, so dass anschließend hochwertige Artikel auf hochwertigen Regalböden bzw. geringwertige Artikel auf geringwertigen Regalböden zu finden waren. Erneut wurden über einen Zeitraum von vier Wochen die Abverkäufe der untersuchten Konserven protokolliert. Ein Vergleich der Verkaufszahlen aus beiden Erhebungszeiträumen ergab, dass der Absatz hochwertiger Artikel bei der wertigkeitsanpassenden Platzierung um 18% gestiegen war. Gleichzeitig sank indes der Absatz der geringwertigen Artikel um insgesamt 59%. Der Gesamtabsatz der Kategorie ging um rund 8% zurück, der Umsatz verringerte sich um 4%.

Leven verglich in der Kategorie Zeitungen und Zeitschriften die Absatzwirkungen mehrerer Präsentationsformen in insgesamt 45 Einzelhandelsbetrieben verschiedener Betriebsformen, von denen jeweils fünf Läden sehr ähnlich waren.[95] Neben der ursprünglichen Präsentationsform, bei der die Zeitungs- und Zeitschriftentitel in einem Schrägbodenregal weitgehend übereinandergeschoben (geschuppt) waren, so dass nur ein geringer Teil des Deckblattes sichtbar war und eine klare Abgrenzung der einzelnen Gruppen fehlte, wurden drei Varianten getestet: Variante 1 sah eine optische Strukturierung des Regalinhaltes vor, bei der die einzelnen Zeitungen und Zeitschriften vergleichbaren Inhalts sichtbarer zu Gruppen zusammengefasst und von benachbarten Objektgruppen abgegrenzt wurden. Die zweite Variante sah eine optische horizontale Aufteilung des Warenträgers in einzelne Säulen vor, bei der die Grenzen der Objektgruppen senkrecht über- und untereinander angeordnet wurden.

Während bei den Varianten 1 und 2 (wie auch bei der Normalanordnung) durch die horizontal übereinandergeschobenen Zeitschriften nur ca. 2 cm des linken

---

95 Vgl. Leven 1992, S. 20 ff. Diesem Store-Test ging eine Blickverlaufsstudie voraus, bei der den 37 Probanden insgesamt 18 Dias mit verschiedenen Regalausschnitten präsentiert wurden, um die Suchzeit, die Trefferquote und das strukturierte Suchverhalten bei drei grundsätzlich unterschiedlichen Regalvarianten vergleichen zu können, vgl. Leven 1992, S. 18 ff.

Randes erkennbar waren, sah die Variante 3 eine vertikale Schuppung der Zeitungen und Zeitschriften vor, bei der der im oberen Heftteil befindliche Name lesbar war. Über den Zeitraum eines halben Jahres wurde der wöchentliche Absatz von sog. A-Titeln gemessen. Diese waren in allen Einkaufsstätten erhältlich.[96] Die Ergebnisse der Längs- und Querschnittsanalysen zeigten, dass eine Veränderung der Zeitschriftenpräsentation in allen Fällen zu einer Absatz- und Umsatzsteigerung im Vergleich zur Ausgangssituation geführt hatte, weil durch die Umplatzierungsmaßnahmen neben einer vergrößerten Nachfrage auch eine Nachfrageverschiebung in Richtung höherpreisigen Zeitschriften zu beobachten war. Im direkten Vergleich der Präsentationsformen schnitt die Variante 1 hinsichtlich der Umsatzveränderungen am besten ab, gefolgt von der zweiten und dritten Platzierungsform *Leven* führte dies darauf zurück, dass sich die Kunden an die Varianten 2 und 3 erst gewöhnen mussten.

In einer umfangreich angelegten Untersuchung beschäftigten sich *Drèze*, *Hoch* und *Purk* u.a. mit den Auswirkungen von Artikelstandortveränderungen auf den Absatz.[97] Die Erhebung fand in insgesamt 60 Geschäften einer Supermarktkette statt, die entweder als Test- oder als Kontrollfilialen fungierten. Die Autoren berücksichtigten nach der Variation der Artikelstandorte einen vierwöchigen Zeitraum, damit sich die Kunden an das neue Regallayout gewöhnen konnten.[98] So rückten beispielsweise durch das Vertauschen der Regalstandorte von Zahnpasten und Zahnbürsten in der Warengruppe Oral Care die Zahnbürsten von dem ursprünglich obersten Regalboden auf eine Ebene in Augenhöhe, wohingegen die Zahnpasta statt in Augenhöhe auf dem obersten Regalboden einsortiert wurde. Der Vergleich der Abverkäufe ergab für die Zahnbürsten eine signifikante Umsatzsteigerung von 8%. Der Umsatzanstieg von 1% hingegen bei den Zahnpasten war eher gering. Aus weiteren Umplatzierungsmaßnahmen verschiedener Warengruppen (u.a. Schmerzmittel, Cerealien, Dosensuppen, Dosenthunfisch, Hygienepapier) innerhalb des Warenträgers konnten für hori-

96 Zu den sog. A-Titeln zählten bei der Untersuchung insgesamt 307 Titel, die rund 90% des Umsatzes ausmachten, vgl. Leven 1992, S. 20.

97 Vgl. Drèze/Hoch/Purk 1994, S. 301 ff.

98 Dieser Zeitabschnitt könnte ggfs. bei solchen Warengruppen zu kurz gewählt worden sein, in denen zwei Einkaufsakte in der Regel weiter als vier Wochen auseinander liegen (z.B. Schmerzmittel). In diesen Fällen ist eine Eingewöhnung nicht möglich.

zontale Veränderungen des Regalortes keine systematischen Effekte festgestellt werden. Eindeutiger waren die Ergebnisse bei vertikalen Produktverschiebungen, so dass die Autoren für die Regalböden in Augenhöhe das höchste Absatzpotenzial auswiesen.[99] Auf Grund empirisch ermittelter Nachfragefunktionen gingen *Drèze*, *Hoch* und *Purk* davon aus, dass eine Umplatzierung von der schlechtesten horizontalen Lage innerhalb des Warenträgers in den besten Bereich eine durchschnittliche Absatzsteigerung von 15% mit sich brachte, während eine entsprechende vertikale Umplatzierung vom schlechtesten zum besten Regalstandort den Absatz im Mittel um 39% positiv beeinflusste. Der kombinierte Effekt wurde mit durchschnittlichen 59% beziffert (vgl. Abb. 2-17).

Warengruppe	**Effekt durch horizontale Umplatzierung**	**Effekt durch vertikale Umplatzierung**	**Effekt durch horizontale und vertikale Umplatzierung**
Schmerzmittel	11%	19%	32%
Hygienepapier	52%	18%	79%
Fruchtsäfte	27%	41%	79%
Dosenthunfisch	3%	54%	59%
Dosensuppen	2%	28%	32%
Cerealien	5%	100%	112%
gekühlte Säfte	22%	69%	108%
Durchschnitt	15%	39%	59%

Lesebeispiel: Durch die vertikale Umplatzierung eines bestimmten Fruchtsaftes von dem schlechtesten zum besten Regalplatz steigt der Absatz um 41%.

Abb. 2-17: Wirkungen von Regalplatzänderungen einzelner Artikel auf deren Absatz (Quelle: Drèze/Hoch/Purk 1994, S. 319)

[99] Der angegebene Bereich zwischen 51 und 53 Inches entspricht einer Höhe von 1,30 m bis 1,35 m, vgl. Drèze/Hoch/Purk 1994, S. 317.

Wenig ratsam ist es, diese Ergebnisse unkritisch auf andere Produktgruppen zu übertragen. Beispielsweise ist davon auszugehen, dass nicht nur die Länge des entsprechenden Warenträgerabschnittes, sondern auch die jeweilige Warengruppe eine Rolle spielen.[100] So führten die Autoren den geringen Absatzeffekt bei der horizontalen Verlagerung von Dosensuppen beispielsweise auf das kurze Regal mit nur rund 2,5 m Länge zurück. Beim großen Umsatzeffekt aus der vertikalen Umplatzierung von Cerealien verwiesen sie auf den möglichen Einfluss von Kindern beim Einkauf.

2.4.3 Studien zur Artikelfront

Neben der Analyse der Wirkung von Artikelstandorten im Regal finden sich in der Literatur zahlreiche Arbeiten, die der Frage nachgehen, welche Wirkungen unterschiedliche Frontstücke, Frontstrecken und Frontflächen auf den Absatz haben. Ein Überblick dieser Untersuchungen, die insbesondere aus den 1960er und frühen 1970er stammen, findet sich bei *Zielke* (vgl. Abb. 2-18).[101]

Autor(en)	**Jahr**	**Inhalt und Ergebnisse der Untersuchung sowie Erhebungsmethode**
Harris	1958	Einfluss der Verteilung von Facings auf die Absatzanteile bei zwei Waschmitteln in drei Supermärkten. Ein Wirkungszusammenhang war nicht nachweisbar.
Cox	1964	Einfluss der Anzahl von Facings auf den Absatz bei vier Warengruppen (davon drei mit Impulscharakter) in sechs Einkaufsstätten. Nur für eine Warengruppe mit Impulscharakter ergab sich ein Wirkungszusammenhang.
Hubbard	1969	Einfluss des zur Verfügung gestellten Raum-/Facing-Anteils auf den Umsatz in der Kategorie Tee in 22 Einkaufsstätten. Die Erhöhung (Reduktion) des Raumanteils für Handelsmarken führte zu einem gestiegenen (reduzierten) Umsatzanteil im Vergleich zu den Herstellermarken.
Kotzan/ Evanson	1969	Zusammenhang zwischen der Anzahl von Facings von vier Drogerie-Artikeln und deren Absatz in drei Testmärkten. Für drei Produkte waren Platzierungseffekte nachweisbar.

[100] Vgl. Drèze/Hoch/Purk 1994, S. 318. Siehe hierzu auch Wells/Lo Sciuto 1966, S. 229 f.
[101] Vgl. Zielke 2002, S. 161 ff.

Bates	1970	Zusammenhang zwischen der sechsfach variierten Facinganzahl von 28 Artikeln und dem Absatz pro 1000 Kunden in sechs Supermärkten. Für vier Artikel ergab sich ein degressiv steigender, für zehn Artikel ein linearer Zusammenhang.
Cox	1970	Einfluss des Raumanteils von jeweils zwei Artikeln der Kategorien Salz und Kaffee-Milchpulver auf den Absatz in sechs Einkaufsstätten. Für den umsatzstärkeren Milchpulverartikel konnte ein Effekt nachgewiesen werden.[102]
Frank/ Massy	1970	Einfluss von Facings auf den Absatz von sieben Marken einer Warengruppe bei gleichzeitiger Variation der Packungsgröße in 30 Supermärkten über einen Zeitraum von 63 Wochen. In Einkaufsstätten, in denen sich ein Artikel in der Vergangenheit überdurchschnittlich gut verkaufte, konnte ein tendenziell positiver Zusammenhang zwischen der Facinganzahl und dem Absatz nachgewiesen werden.
Curhan	1972	Erklärung von in vier Geschäften beobachteten Raumelastizitäten von knapp 500 Artikeln durch verschiedene Artikelmerkmale. Bei Erhöhung der Facinganzahl zeigten sich höhere Elastizitäten als bei einer Reduktion der Facings.[103]
Curhan	1974	Untersuchung von 16 Artikeln aus dem Obst- und Gemüsesortiment, deren Raumzuteilung im Gegensatz zur üblichen Displaygröße mindestens verdoppelt wurde. Der Vergleich des Absatzes pro 1000 Kunden mit dem Durchschnittswochenabsatz wies Absatzsteigerungen zwischen 28% und 59% aus.
Anderson	1979	Zusammenhang zwischen dem Frontstückanteil (Share of Space) und dem Marktanteil innerhalb von Produktkategorien. Bei sieben Kategorien konnte eine logistische Wirkungsfunktion bestimmt werden.
Müller-Hagedorn/ Heidel	1986	Einfluss der Anzahl von Facings auf den Absatz pro 1000 Kunden von neun Artikeln aus den Warengruppen Mayonnaise, Ketchup und Saucen in zwei Märkten über zwei Perioden. Bei einem insgesamt niedrigen Absatz der untersuchten Artikel konnte kein signifikanter Wirkungszusammenhang festgestellt werden.

[102] Zur Kritik über das Untersuchungsdesign, vgl. Peterson/Cagley 1973, S. 103 f.

[103] Vgl. zur Diskussion über den Untersuchungssatz die Anmerkungen von Lynch (1974) und die Antwort von Curhan (1974a).

Heidel	1990	Einfluss der Anzahl von Facings in den Warengruppen Zahnpasten/Seifen, Kaffee und Spirituosen auf den Absatz in drei Warenhausfilialen über einen Zeitraum von drei Monaten. Die Ergebnisse waren nicht konsistent.
Drèze/ Hoch/ Purk	1994	Zusammenhang zwischen verschiedenen Platzierungseffekten (quantitative Flächenzuweisung, vertikale und horizontale Position im Regal etc.) und dem Absatz von Artikeln aus acht Kategorien in 60 Testmärkten. Die Ergebnisse bescheinigten der Frontfläche einen Einfluss auf den Absatz.
Desmet/ Renaudin	1998	Zusammenhang zwischen Frontstreckenanteil und Umsatz in 24 Kategorien in über 200 Geschäften eines Filialunternehmens. Obwohl die Effekte deutlich variierten, fielen die Elastizitäten bei Impulskategorien tendenziell höher aus.

Abb. 2-18: Übersicht von Studien zum Einfluss der Artikelfront (Quelle: In Anlehnung an Zielke 2002, S. 161 ff.)

Die in Abb. 2-18 wiedergegebenen Studien fallen im Ergebnis verschieden aus. Während einige Arbeiten einen Effekt der Artikelfront auf das Kaufverhalten belegen, konnten andere keinen signifikanten Zusammenhang nachweisen. Dieses uneinheitliche Bild verwundert in Anbetracht der unterschiedlichen Konzeptionalisierungen der Untersuchungen jedoch nicht.[104] Während einige Untersuchungsdesigns das gezielte Umplatzieren der Produkte vorsahen, konzentrierten sich andere Autoren auf die Auswertung vorgefundener Daten (z.B. beobachtete Platzierungsänderungen). Im Hinblick auf das Untersuchungsobjekt wurden überwiegend Einzelartikel analysiert, aber auch zu Handels- bzw. Herstellermarken zusammengefasste Einheiten oder ganze Warengruppen betrachtet. Im Rahmen der Operationalisierung der Regalkapazität wurden sowohl Frontstücke, Frontstückanteile als auch Frontflächen als unabhängige Variable gewählt. Allen Arbeiten gemein ist, dass der Absatz (z.T. pro 1000 Kunden) oder der Absatz- bzw. Umsatzanteil die abhängige Variable bilden.

[104] Vgl. hierzu auch die Ausführungen von Höller 1987, S. 44 ff. und von Zielke 2002, S. 165.

2.4.4 Kritische Würdigung der Studien

Die dargestellten empirischen Ergebnisse zu den Wirkungen der verschiedenen Parameter, die entweder die Regalstruktur, den Standort einzelner Artikel oder die Anzahl der Facings betreffen, basieren auf einer Vielzahl von Untersuchungen, die in Einkaufsstätten durchgeführt wurden. Bei der Beurteilung dieser Feldstudien ist daher kritisch anzumerken, dass in den Testmärkten bei der Erhebung eine Vielzahl von Störvariablen wirken, die nicht oder nur zum Teil kontrolliert werden können und somit die gemessenen Ergebnisse beeinflussen. Probleme können sich insbesondere aus den folgenden Aspekten ergeben:[105]

- Häufig erstrecken sich die Untersuchungen über einen relativ kurzen Zeitraum.
- Die Zahl der Einkaufsstätten, in denen die Daten erhoben werden, ist oft niedrig.
- Falls mehrere Testmärkte in die Erhebung einbezogen werden, sind diese nicht identisch. Sie unterscheiden sich grundsätzlich in bestimmten Punkten (z.B. Verkaufsfläche, Kundenstruktur etc.).
- Meist konzentrieren sich die Arbeiten ganz auf die Platzierungspolitik, so dass der Einfluss anderer absatzpolitischer Maßnahmen (z.B. Werbung, Sonderpreisaktionen) kaum oder gar nicht berücksichtigt wird.
- Die Messdaten können verfälscht werden, wenn für den Untersuchungszeitraum das Verkaufspersonal des teilnehmenden Einzelhändlers die jeweiligen Warengruppen besser als normal betreut.
- Die Vergleichbarkeit der Ergebnisse wird dadurch eingeschränkt, dass die Studien in verschiedenen Ländern, in verschiedenen Jahrzehnten und in verschiedenen Betriebstypen durchgeführt wurden.

[105] Vgl. Heidel/Müller-Hagedorn 1989, S. 25 f.

Zusammenfassend kann festgehalten werden, dass die aufgezeigten Ergebnisse der durchgeführten Studien in aller Regel auf der Analyse von Abverkaufsdaten (Absätze, Umsätze oder den daraus resultierenden Marktanteilen) basieren. Diese quantitativen Daten decken aber nur einen Teil des Kaufverhaltens eines Kunden ab - quasi das Ergebnis des Einkaufsvorganges. Die diesem Resultat vorangehenden Such- und Entscheidungsvorgänge, die z.B. vor dem Betreten der Einkaufsstätte oder am Regal selbst ablaufen, bleiben häufig unbeachtet. Darüber hinaus kann die unzureichende Berücksichtigung der Wirkung verschiedener Regalgestaltungsparameter auf qualitative Größen, wie z.B. der Wahrnehmung, bemängelt werden.

An dieser Stelle setzt die vorliegende Arbeit über die Videobeobachtung an. Mit Hilfe dieses qualitativen Marktforschungsinstrumentes, das ähnlich wie die Blickaufzeichnung in der Vergangenheit viel zu selten Anwendung fand, wenn es um die Erforschung des Kundenverhaltens in der Einkaufsstätte ging, sollen Such- und Entscheidungsprozesse von Käufern und (im Gegensatz zu vielen anderen Untersuchungen auch von) Nicht-Käufern vor den Regalen zweier Warengruppen mit unterschiedlichen Platzierungsformen analysiert werden.

Während sich die vorgenannten Studien vornehmlich den Zusammenhänge zwischen variierten Regalgestaltungsparametern und Warengruppenumsätzen widmeten, werden zu einem späteren Zeitpunkt berücksichtigt, die sich mit dem Such- und Entscheidungsverhalten von Kunden unmittelbar am Warenträger oder mit ihrer Wahrnehmung des untersuchten Regals beschäftigen.[106]

---

106 Vgl. Kap. 3.5.

3 Das Kundenverhalten am Point of Purchase

3.1 Zum Begriff Kundenverhalten

Ganz allgemein ist mit Konsumentenforschung die Forschungsrichtung gemeint, die sich mit dem Verhalten von Konsumenten auseinandersetzt.[107] In der Literatur wird der Begriff Konsumentenverhalten allerdings mit unterschiedlichen Definitionen benutzt.

Blackwell, *Miniard* und *Engel* fassen unter Konsumentenverhalten sowohl die menschlichen Aktivitäten, die sich direkt auf den Erwerb, den Gebrauch und die Beseitigung von Gütern und Dienstleistungen beziehen, als auch die Entscheidungsprozesse, die diesen Aktivitäten vorausgehen oder ihnen folgen, zusammen.[108] *Kroeber-Riel* hingegen versteht unter Konsumentenverhalten das beobachtbare und das nicht-beobachtbare Verhalten von Menschen beim Kauf und Konsum wirtschaftlicher Güter.[109] *Foscht* und *Swoboda* wiederum unterscheiden zwischen Käuferverhalten und Konsumentenverhalten, um dadurch den Unterschied zwischen Nachfragern von Industriegütern einerseits und Konsum- und Handelsgütern sowie Dienstleistungen andererseits zu verdeutlichen.[110]

In Anbetracht der Tatsache, dass insbesondere bei Gütern des täglichen Bedarfs die Personen, die die Einkaufsstätte aufsuchen und die Artikel kaufen, nicht immer identisch sind mit denen, die diese Artikel anschließend konsumieren, erscheint der Begriff Konsumentenverhalten zu weit gefasst. So betont z.B. *Trommsdorff*, dass der Begriff Konsument grundsätzlich eine Unterscheidung zwischen Entscheider, Zahler und Verbraucher bedingt, weil nicht immer alle drei Funktionen in einer Person vereinigt sind. Verteilen sich die Rollen auf mehrere Personen, treten zudem gegebenenfalls Vermischungen der drei

---

[107] Vgl. Kroeber-Riel/Weinberg 2003, S. 3.

[108] Vgl. Blackwell/Miniard/Engel 2001, S. 6 f.

[109] Vgl. Kroeber-Riel 1995, Sp. 1234. Im Gegensatz zu dieser engeren Sichtweise definiert er das Konsumentenverhalten i.w.S. als das Verhalten der „Letztverbraucher“ von materiellen und immateriellen Gütern.

[110] Vgl. Foscht/Swoboda 2004, S. 3.

Funktionen auf, wenn z.B. der Zahler bzw. der Verbraucher auf den Kaufakt des Entscheiders Einfluss nehmen.[111] Noch komplexer würde der Sachverhalt noch, wenn man diese Einteilung um weitere Funktionen wie z.B. „Suche nach Informationen" und „Einkaufen" verfeinert.

Unter Berücksichtigung der verschiedenen Sichtweisen sollen im Folgenden die Begriffe Kundenverhalten und Käuferverhalten Verwendung finden, wenn es um die Beschreibung dessen geht, wie sich Menschen in Einkaufsstätten bzw. in einzelnen Warengruppen verhalten, nach bestimmten Artikeln suchen und letztendlich eine Entscheidung über Kauf oder Nichtkauf fällen.[112]

3.2 Grundlagen der Umweltpsychologie

Als vergleichsweise junge Forschungsdisziplin setzt sich die Umweltpsychologie seit den 1960er Jahren mit der Fragestellung auseinander, ob und welchen Einfluss die physische Umwelt auf das Verhalten der in dieser Umwelt lebenden Menschen ausübt und wie die Umwelt im Hinblick auf das menschliche Verhalten zu gestalten ist.[113] Der Begriff der physischen Umwelt umfasst neben der natürlichen Umwelt (z.B. Landschaft, Klima) auch die durch den Menschen konstruierte Umwelt (z.B. Einrichtungsgegenstände, Einkaufsstätten). Darüber hinaus beschreibt die soziale Umwelt die Menschen und ihre Interaktionen sowie Tiere.[114] Trotz dieser begrifflichen Trennung gibt es immer nur eine Gesamtumwelt, die als ein System aus einer planmäßig einander angepassten Innen- und Außenumwelt angesehen werden kann. Jedes Subjekt und dessen Außenwelt bilden eine Einheit, so dass jedes Lebewesen seine eigene, spezifische Umwelt erlebt.[115]

Die Grundlagen der Umweltpsychologie legte dabei *Lewin*, der mit der formalen Darstellung V = f (P, U) das Verhalten (V) eines Menschen in Abhängigkeit von

---

[111] Vgl. Trommsdorff 2002, S. 17.
[112] Vgl. u.a. Kuß/Tomczak 2000, S. 7; Bänsch 2002, S. 1 f.; Schröder 2002, S. 28.
[113] Vgl. Graumann/Schneider 1988, S. 17; Gröppel-Klein 2004, S. 824 f.
[114] Vgl. Kroeber-Riel/Weinberg 2003, S. 419 ff.
[115] Vgl. Ittelson et al. 1977, S. 125; Veitch/Arkkelin 1995, S. 4; Hellbrück/Fischer 1999, S. 23 f.

dessen Persönlichkeitsmerkmalen (P) und den ihn umgebenden Umweltdeterminanten (U) zum Ausdruck brachte.[116]

Ein Zweig der umweltpsychologischen Forschung befasst sich mit der Verkaufsraumgestaltung und kennt grundsätzlich zwei verschiedene Ansätze, die sich darin unterscheiden, ob emotionale oder kognitive Prozesse von Interesse sind.[117] Auf Grund der Interaktionen zwischen Emotionen und Kognitionen - so sind beispielsweise Kognitionen unter Umständen bei der Entstehung von Emotionen beteiligt und Emotionen auch bei kognitiven Prozessen vorhanden[118] - erscheint eine rigorose Trennung zwischen emotionalen und kognitiven Theorien wenig sinnvoll.[119] Da der Einfluss von kognitiven und emotionalen Faktoren auf das Konsumentenverhalten unumstritten ist,[120] spricht die neuere Literatur zur Umweltpsychologie vielmehr von primär emotionalen bzw. primär kognitiven oder von emotional- bzw. kognitiv-orientierten Ansätzen, die in den nachfolgenden Abschnitten kurz skizziert werden.

3.2.1 Emotional-orientierte Ansätze der Umweltpsychologie

Der emotional-orientierte Forschungszweig beschäftigt sich unter anderem damit, wie Einkaufserlebnisse entstehen und welche Wirkung sie auf die Kunden haben. Ansatzpunkt ist dabei häufig das in Abb. 3-1 gezeigte Modell von *Mehrabian* und *Russell*, die damit das Annäherungs- bzw. Meidungsverhalten einer Person an eine ihr umgebende Umwelt erklären.[121]

Das Verhalten wird dabei bestimmt durch die drei übergeordneten Gefühlsdimensionen Lust, Erregung und Dominanz (und deren Gegensatzpaaren), die zugleich typische emotionale Eigenschaften von Personen beschreiben. Die

---

[116] Vgl. Lewin 1951, S. 25.

[117] Eine andere Einteilung findet sich u.a. bei *Diehl*, die neben den kognitiven (Hemisphären- und Imageryforschung; Wahrnehmungstheorie; Gestaltpsychologie) und emotionalen Ansätzen (umweltpsychologisches Modell nach *Mehrabian* und *Russell*) auch weitere Ansätze (Umweltstress und menschliches Verhalten; Alltagsästhetik und Umweltpräferenzen; Behavior-Setting-Analyse) aufzählt, vgl. Diehl 2000, S. 54.

[118] Vgl. Spies/Hesse 1986, S. 75.

[119] *Bost* weist z.B. darauf hin, dass eine unzureichende Orientierung (Kognition) auf Grund des Gefühls fehlender Sicherheit und Umweltkontrolle die Stimmung (Emotion) verschlechtern kann, vgl. Bost 1987, S. 16.

[120] Vgl. Shiv/Fedorikhin 1999, S. 278 f. und die dort angegebene Literatur.

[121] Vgl. Mehrabian/Russell 1974, S. 8; Russell/Snodgrass 1987, S. 245 ff.

Lust bzw. Unlust gibt die Richtung von Gefühlen an und ist ausschlaggebend dafür, ob die Umwelt als angenehm oder unangenehm empfunden wird. Die **Erregung** drückt die Stärke der emotionalen Reaktion aus und soll verdeutlichen, wie aktiv, aufgeregt, angeregt, überdreht, zappelig usw. sich eine Person fühlt. Die Dimension **Dominanz** bringt zum Ausdruck, ob sich eine Person gegenüber der Umwelt über- oder unterlegen fühlt, und könnte durch Begriffe wie einflussreich, unbehindert, überlegen oder wichtig verdeutlicht werden.[122]

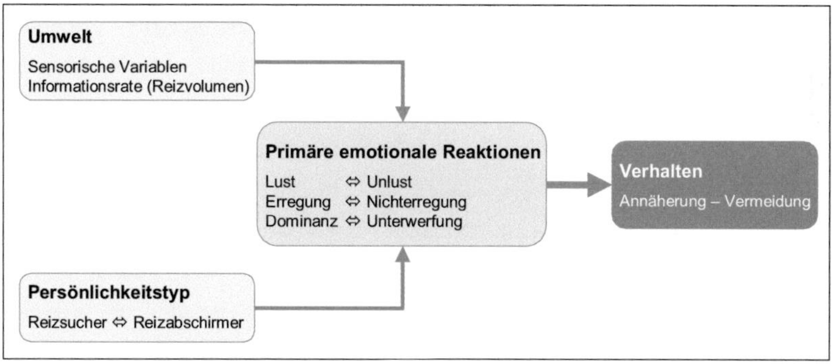

Abb. 3-1: Der emotionspsychologische Ansatz (Quelle: Mehrabian/Russell 1974, S. 8)[123]

Charakteristisch für die Umwelt einer Einkaufsstätte ist, dass verschiedene sensorische Variablen wie Farben, Lautstärken und Temperaturen gleichzeitig auftreten und auf die Kunden einwirken. Diese unterschiedlichen Reize ergeben zusammengefasst die sog. **Informationsrate**. Darunter versteht man die Menge von Informationen, die pro Zeiteinheit in der Umwelt enthalten sind oder von einem Menschen wahrgenommen werden.[124] Folglich beinhaltet die Informationsrate neben einer objektiven (tatsächlich vorhandenes Reizvolumen) auch eine subjektive (wahrgenommenes Reizvolumen) Komponente. Aus diesem Grund nimmt die Einstellung eines Kunden Einfluss auf das zu beobach-

[122] Vgl. Mehrabian/Russell 1974, S. 18 ff.; Mehrabian 1987, S. 24; Donovan/Rossiter 1982, S. 38; Gröppel 1991, S. 127.

[123] Eine leichte Modifikation dieses Modells findet sich bei *Tai* und *Fung*, die die von *Mehrabian* und *Russell* unterstellte Richtung der Wirkungszusammenhänge ergänzten, indem sie eine wechselseitige Beeinflussung der Komponenten untereinander nachweisen konnten, vgl. Tai/Fung 1997, S. 334 f.

[124] Vgl. Mehrabian 1987, S. 17.

tende Verhalten, denn die Reaktionen zweier Menschen auf objektiv gleiche Reize der Umwelt können unterschiedlich ausfallen. In der Regel wird hinsichtlich der Persönlichkeitstypen zwischen zwei Gruppen von Individuen differenziert: **Reizsucher** fühlen sich von starken und abwechslungsreichen Reizen, die ihnen die Umwelt bietet, eher und intensiver angesprochen als **Reizabschirmer**, die ein niedrigeres Reizniveau bevorzugen.[125]

Mit ihrer empirischen Arbeit haben *Donovan* und *Rossiter* das *Mehrabian-Russell*-Modell erstmals auf die Umwelt „Einkaufsstätte" übertragen.[126] Sie wiesen nach, dass das ausgelöste Vergnügen und die empfundene Erregung die Kunden zu einer längeren Verweildauer und zu einer höheren Ausgabebereitschaft anregten. Der positive, signifikante Einfluss der intervenierenden Variable „Vergnügen" auf die Verweildauer und die Anzahl ungeplanter Einkäufe bestätigte *Donovan* auch in einer zweiten Untersuchung.[127] Andere Arbeiten beschäftigten sich mit den Zusammenhängen zwischen einer durch atmosphärische Ladenreize verbesserten Konsumentenstimmung und der Verweildauer bzw. der Ausgabebereitschaft.[128]

Während in vielen Studien der Gefühlsdimension Dominanz eine nachrangige Beachtung zukommt oder diese zum Teil gar nicht erfasst wird,[129] konnte *Gröppel-Klein* eine Wirkung der am Point of Purchase ausgelösten Dominanz auf das Kundenverhalten feststellen.[130] Die Beurteilung einer Einkaufsstätte anhand des Preiswürdigkeitsimages fiel bei den Konsumenten besser aus, wenn sie sich in der Einkaufsstätte sicher und überlegen fühlten sowie den Eindruck hatten, der Situation gewachsen zu sein.[131]

---

[125] Vgl. Mehrabian 1987, S. 30 f.; Gröppel 1991, S. 126.

[126] Vgl. Donovan/Rossiter 1982, S. 34 ff.

[127] Vgl. Donovan et al. 1994, S. 287 ff.

[128] Vgl. Milliman 1982; Diller/Kusterer 1986; Bost 1987; Ridgway/Dawson/Bloch 1989; Dawson/Bloch/Ridgway 1990; Gröppel 1991; Swoboda 1997.

[129] So verzichteten *Russell* und *Pratt* bei der Modifikation des *Mehrabian-Russell*-Modells gänzlich auf die Gefühlsdimension „Dominanz/Unterwerfung" und entwickelten ausgehend von „Lust/Unlust" sowie „Erregung/Nichterregung" vier weitere emotionale „Stadien", die gewissermaßen dazwischen liegen, vgl. Russell/Pratt 1980, S. 312 ff.

[130] Vgl. Gröppel-Klein 1998, S. 211.

[131] Vgl. auch die Überblicke bei Esch/Meyer 1995, S. 291 f. und Gröppel-Klein/Baun 2001, S. 412 f.

3.2.2 Kognitiv-orientierte Ansätze der Umweltpsychologie

Die auf kognitive Prozesse ausgerichteten Umweltpsychologen untersuchen die „Geographie des Geistes"[132] und analysieren das Orientierungsverhalten von Menschen in ihrer Umwelt. Den Ausgangspunkt bildet hierbei die Annahme, dass jede Person von der räumlichen Anordnung eines bestimmten Umweltausschnittes ein inneres Vorstellungsbild hat, das mit dem Begriff der „kognitiven Karte" verdeutlicht werden soll.[133] Diese mentalen Repräsentationen von Umwelten helfen Menschen, sich in ihrer Umwelt zu bewegen und sich dieser anzupassen.[134]

Auf die Umwelt „Einkaufsstätte" übertragen bedeutet dies, dass jeder Kunde in Abhängigkeit von seiner Einkaufserfahrung ein mehr oder weniger konkretes Bild von der räumlichen Umwelt eines Verkaufsraumes hat. Lernprozesse beim wiederholten Besuchen von Läden lassen die innere Landkarte zunehmend konkreter und differenzierter werden.[135] Voraussetzung ist hierbei ein relativ konstantes Erscheinungsbild der Einkaufsstätte, das bei häufig anders angeordneten oder anders bestückten Warenträgern unter Umständen nicht gegeben wäre.

Die Fähigkeit des Kunden, sich in räumlichen Umgebungen zurechtzufinden, wird auch als „Wayfinding"[136] bezeichnet und stellt ein wichtiges Forschungsfeld für den Handel dar.[137] Den Aufbau kognitiver Karten von Einkaufsstätten erleichtern markante Orientierungspunkte. Solche „landmarks" innerhalb des Verkaufsraumes können z.B. Ein- und Ausgänge, Rolltreppen, Kassenzonen oder Gefriertruhen, aber auch langfristig eingerichtete Aktionsflächen sowie weitere

---

[132] Ittelson et al. 1977, S. 133; Gröppel-Klein 2004, S. 825.

[133] Synonyme Bezeichnungen sind z.B. cognitive maps, mental maps, mentale Kartographie, vgl. u.a. MacKay/Olshavsky/Sentell 1975, S. 19; Huff 1990, S. 13; Kitchin 1994; Hellbrück/Fischer 1999, S. 72.

[134] Vgl. Veitch/Arkkelin 1995, S. 96; Germelmann/Gröppel-Klein 2004, S. 108.

[135] Vgl. Downs/Stea 1977, S. 27; Russell/Ward 1982, S. 660. Das Ergebnis des Prozesses von Erwerb, Verarbeitung und Speicherung von Informationen wird auch als „cognitive" bzw. „mental mapping" bezeichnet, vgl. Grossbart/Rammohan 1980, S. 128; Downs/Stea 1982, S. 23 f.; Foxall/Hackett 1992, S. 313 f.

[136] Allen 1999, S. 47 ff.; Golledge 1999, S. 24.

[137] Vgl. Germelmann/Gröppel-Klein 2004, S. 108.

Bereiche sein, die die Aufmerksamkeit auf konkrete Waren lenken sollen.[138] Als weitere Orientierungshilfen sieht *Gröppel-Klein* die Art der Warenpräsentation und der allgemeinen Ladengestaltung (z.B. die eingesetzten Farben, die Art der Musik, die vorherrschenden Düfte, die verwendeten Bilder und Hinweisschilder etc.), die den Kunden Hinweise aus der Ladenumwelt liefern können.[139] So können Kunden, die über die Qualität des Sortiments und/oder des Services eines aufgesuchten Geschäftes nicht genau informiert sind oder sich darüber noch keine Meinung bilden konnten, vielleicht aus der Interpretation der vorgefundenen Ladenumwelt ihre Kaufentscheidung untermauern.[140]

Mit der Erforschung **kognitiver Landkarten von Einkaufsstätten** haben sich insbesondere *Sommer* und *Aitkens* sowie *Esch* und *Billen* beschäftigt.[141] Sie forderten Probanden auf, vorgegebene Produktgruppen in Lageplänen von Supermärkten einzuzeichnen. Trotz der Kritik an dieser Methode, dessen Messgenauigkeit und Aussagekraft durch die Zeichenfähigkeit der Testperson, ihres Erinnerungsvermögen sowie durch die Probleme der Übersetzbarkeit beeinflusst werden, belegen die Ergebnisse der Arbeiten, dass die Kunden vor allem die Standorte von solchen Produkten richtig angeben konnten, die sich in den Randlagen der Einkaufsstätten befanden. Für die Mittellagen der Geschäfte waren die Ortskenntnisse hingegen nur rudimentär ausgeprägt, da dort die Trefferquote wesentlich geringer war (vgl. Abb. 3-2).

Eine kognitive Karte muss sich nicht zwangsläufig ausschließlich auf die Anordnung ganzer Warengruppen innerhalb einer Einkaufsstätte beziehen, sondern kann auch für den Standort einzelner Artikel innerhalb eines Regals vorhanden sein. Das bedeutet, dass Kunden mit einer gewissen Erfahrung in einer Warengruppe über entsprechend ausgeprägtes Platzierungswissen verfügen, wo sie z.B. welche Marke oder wo sie Produkte eines Preisniveaus im Warenträger

---

[138] Vgl. Veitch/Arkkelin 1995, S. 90 ff.; Esch/Thelen 1996, S. 302. *Steiner* weist darauf hin, dass nicht nur auffällige Merkmale, sondern auch die dazwischen liegenden Laufrouten gelernt sowie repräsentiert werden und zur Verfestigung kognitiver Landkarten beitragen können, vgl. Steiner 1988, S. 110 f.

[139] Vgl. Gröppel-Klein 1998, S. 191 f. In diesem Zusammenhang findet man auch die Bezeichnung „environmental cues“, vgl. Gröppel-Klein 2004, S. 825.

[140] Vgl. Nisbett/Ross 1980, S. 18 ff.; Zeithaml 1982, S. 365 ff.; Zeithaml 1988, S. 9 f.; Bloom/ Reve 1990, S. 59 ff.

[141] Vgl. Sommer/Aitkens 1982; Esch/Billen 1996.

finden. Im Hinblick auf das Kaufverhalten und den zu beobachtenden Suchprozess spielt folglich neben der Regalwahrnehmung auch die Wissensrepräsentation eine Rolle.[142]

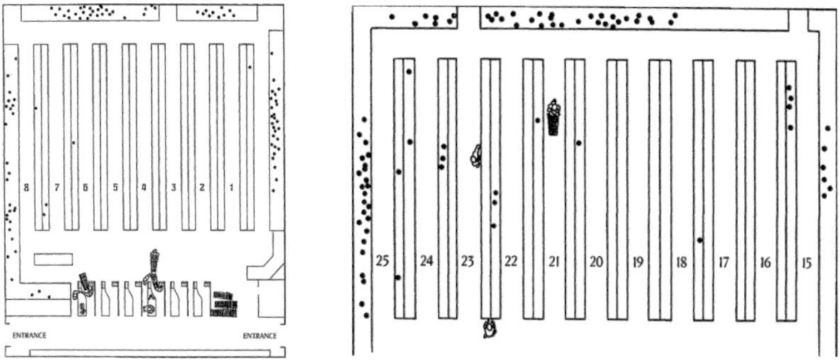

Abb. 3-2: Richtig zugeordnete Artikelplatzierungen (Punktmarkierungen) in einem kleinen (links) und einem großen Supermarkt (rechts, Lageplanausschnitt) (Quelle: Sommer/Aitkens 1982, S. 213 f.)

3.3 Arten des Kundenverhaltens

Die Art und Weise, wie sich Kunden in einer Einkaufsstätte bewegen und/oder mit bestimmten Kaufsituationen umgehen, beeinflussen verschiedene Determinanten, die es bei der Analyse des Kundenverhaltens zu berücksichtigen gilt. Neben eher allgemeinen Faktoren (Kap. 3.3.1), die sich auf den Prozess der Aufnahme und Verarbeitung von Informationen beziehen, sind auch Größen zu nennen, die sich - in Anbetracht des vorliegenden Forschungsfeldes - sowohl mit dem Such- und Orientierungsverhalten in der Ladenumwelt (Kap. 3.3.2) als auch mit der eigentlichen Entscheidungsfindung für den Kauf eines bestimmten Artikels (Kap. 3.3.3) beschäftigen.

---

[142] Vgl. Swoboda 1997, S. 321.

3.3.1 Informationsaufnahme und Informationsverarbeitung

Die Suche und die eigentliche Entscheidung zum Kauf eines Produktes werden begleitet von unterschiedlich langen Phasen für die Aufnahme und Verarbeitung von Informationen, die ihrerseits selbst wieder von bestimmten Größen determiniert werden.[143] So hängt die individuelle Kaufentscheidung einerseits von der Person, der Aufgabenstellung oder der jeweiligen Situation ab, um aus den gegebenen Alternativen eine Auswahl zu treffen.[144] Auf der anderen Seite spielen aber auch das Informationsangebot und dessen Darstellungsform am Point of Purchase eine entscheidende Rolle. So sind beispielsweise rund 80% der aufgenommenen Botschaften visueller Natur, da das Auge die wichtigsten und komplexesten Informationen wahrnimmt.[145] Zur Darstellung der dann ablaufenden kognitiven Vorgänge existieren eine Reihe von Modellen, die im Laufe der Zeit verändert und weiterentwickelt wurden.[146] Am häufigsten findet sich in der neueren Marketingliteratur das sog. Drei-Speicher-Modell, das die Prozesse der kognitiven Informationsverarbeitung einordnet und erklärt (vgl. Abb. 3-3).[147]

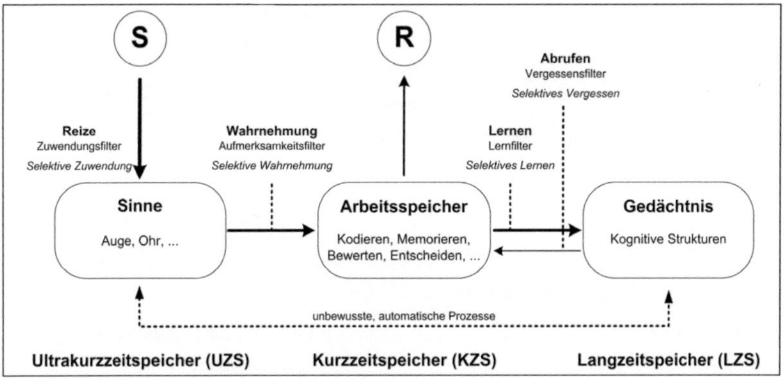

Abb. 3-3: Drei-Speicher-Modell
(Quelle: In Anlehnung an Trommsdorff 2002, S. 38)

---

[143] Vgl. Kuß 1987, S. 123 ff. und die dort angegebene Literatur.

[144] Vgl. Kuß 1987, S. 125, der zusätzlich darauf hinweist, dass u.U. auch finanzielle, zeitliche, räumliche, soziale etc. Umstände berücksichtigt werden müssen.

[145] Vgl. Behrens 1982, S. 16; Bernhard 1983, S. 105.

[146] Vgl. u.a. Leven 1991, S. 22 f., der einen Überblick über die verschiedenen Modellansätze gibt.

[147] Vgl. Kuß/Tomczak 2000, S. 25.

Die unüberschaubar große Menge vor allem optischer und akustischer Informationsmöglichkeiten gelangt - nach Überwindung des Zuwendungsfilters - zunächst in den Ultrakurzzeitspeicher (auch sensorischer Informationsspeicher oder ikonisches Gedächtnis genannt),[148] der sie für sehr kurze Zeit (< 1 Sek.) zwischenspeichert. Der Kurzzeitspeicher nimmt jedoch nur einen Teil der im sensorischen Speicher abgelegten Sinneseindrücke auf und verarbeitet diese weiter. Die Auswahl hängt von dem Aufmerksamkeitsniveau der Person sowie dem Aktivierungspotenzial der Stimuli ab. Das geschieht überwiegend unbewusst und unter Rückgriff auf das im Langzeitspeicher angesammelte Wissen.[149] Sofern dort die Information (z.B. eine bekannte Marke) enthalten ist, steigt die Wahrscheinlichkeit, dass der entsprechende Reiz wahrgenommen wird.[150] Diese selektive Wahrnehmung trägt durch den gefilterten Transfer der ankommenden Reize vom UZS in den KZS dafür Sorge, dass die Informationsverarbeitungskapazität des Arbeitsspeichers nicht überfordert wird.[151] Im KZS findet die Entschlüsselung, Kodierung und Interpretation der Stimuli zu kognitiv verfügbaren Informationseinheiten statt, die mit gegebenenfalls vorhandenen Informationen im LZS verknüpft und dort gespeichert werden.[152] Wie die Pfeile in Abb. 3-3 verdeutlichen, stellt der KZS das Bindeglied zwischen aktuellen Informationen aus der (Laden-) Umwelt und den vergangenen Erfahrungen dar, die ihrerseits verantwortlich sind für das Erkennen und Identifizieren neuer Reize.[153]

[148] Vgl. Hussy 1986, S. 175; Kroeber-Riel/Weinberg 2003, S. 226; Foscht/Swoboda 2004, S. 74.
[149] Vgl. Trommsdorff 2002, S. 38.
[150] Vgl. Foscht/Swoboda 2004, S. 75.
[151] Vgl. Kroeber-Riel/Weinberg 2003, S. 227 f.
[152] Vgl. Kuß 1987, S. 43; Kuß/Tomzcak 2000, S. 26 f.; Trommsdorff 2002, S. 240 ff.
[153] Vgl. Rock 1998, S. 105.

3.3.2 Such- und Orientierungsverhalten

Das Suchverhalten eines Kunden in der Einkaufsstätte meint zunächst ganz allgemein seine Bewegungsabläufe im Verkaufsraum oder in einzelnen Warengruppen und seine Kontaktaufnahme mit den Mitarbeitern des Einzelhändlers.[154] Wie erfolgreich seine Suche dabei verläuft, lässt sich mit den Größen Effektivität und Effizienz beschreiben. Während sich die Sucheffektivität auf die Trefferquote gesuchter Produkte bezieht, stellt die Sucheffizienz auf den Ressourceneinsatz (z.B. Zeit) für das Auffinden der jeweiligen Artikel ab. Aus dem psychologischen Soll-Ist-Vergleich zwischen seinen Erwartungen an die Orientierung und Suche im Laden sowie der subjektiv wahrgenommenen Leistungserfüllung durch die Verkaufsraumgestaltung entsteht beim Kunden Suchzufriedenheit oder Suchunzufriedenheit.[155] Abgesehen davon, dass das jeweils gesuchte Produkt tatsächlich im Regal vorrätig und auffindbar sein muss, wirkt der dazu notwendige Suchaufwand maßgeblich auf die Zufriedenheit beim Kunden. Dementsprechend kommt einer hohen Sucheffizienz, die aus einem geringen Suchaufwand resultiert, aus Sicht der Kunden eine wichtige Bedeutung zu.[156] In der Regel trifft diese Annahme aber nur auf sog. utilitaristische Einkaufsmotive zu, die auf eine schnelle und problemlose Versorgung mit Gütern ausgerichtet sind. Keine oder nur eine untergeordnete Rolle hingegen spielt eine hohe Sucheffizienz bei hedonistischen Einkaufsmotiven, da bei diesen Einkäufen vielmehr der Wunsch nach Unterhaltung und Stimulation durch die Ladenumwelt im Mittelpunkt der Kunden steht.[157] Voraussetzungen für einen geringen Suchaufwand in einer Warengruppe sind, dass die Artikelplatzierung in dem Warenträger den Suchprozess des Kunden unterstützt und dass sich dieser in der Abteilung zurechtfinden kann.[158]

---

[154] Vgl. Titus/Everett 1995, S. 112.

[155] Vgl. Oliver 1981, S. 27 f.; Esch/Thelen 1997, S. 309. Siehe in diesem Zusammenhang auch die Ausführungen von Homburg/Stock 2003, S. 19 ff., und die dort angegebenen Literaturquellen.

[156] Vgl. Zielke 2004, S. 383.

[157] Vgl. Babin/Darden/Griffin 1994, S. 645 ff.; Titus/Everett 1995, S. 112.

[158] Vgl. Zielke 2002, S. 65.

Die Orientierung erfolgt dabei nach *Esch* und *Billen* stets auf zwei Ebenen.[159] Neben der Nutzung der aktuellen Reize der **externen Umwelt** greift der Mensch bei seiner Suche auch auf bestehende **Gedächtnisstrukturen** zurück, die er durch frühere Erfahrungen erworben hat. Die Einkaufserfahrungen einer Person basieren erstens auf den Kenntnissen verschiedener Läden sowie ihrer speziellen Gestaltung, Warenpräsentation und Warenplatzierung und zweitens auf den wiederholten Besuchen sowie tatsächlich getätigten Kaufakten in denselben Einkaufsstätten, die zur Verfestigung bestehender Wissensstrukturen beitragen.

Wie Abb. 3-4 zeigt, bilden die zurückliegenden Einkaufserfahrungen, aber auch die Reize der aufgesuchten Einkaufsstätte mit der für sie typischen Ladengestaltung die Grundlage für den Aufbau bzw. die Vervollständigung von Schemata, Skripte und Cognitive Maps.

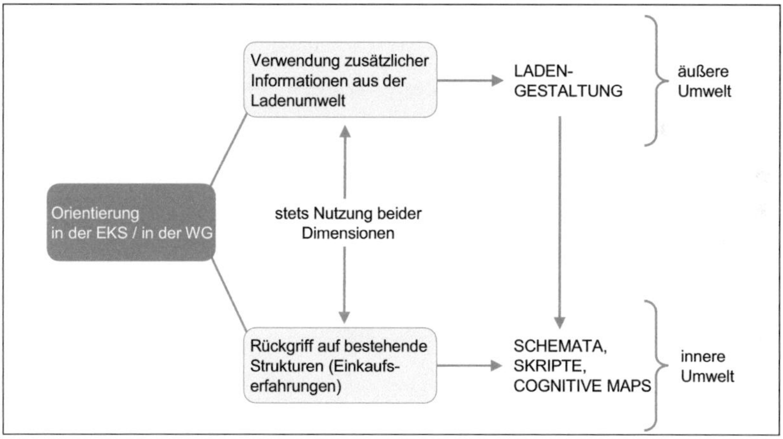

Abb. 3-4: Dimensionen der Orientierung (Quelle: Esch/Billen 1996, S. 323)

Schemata lassen sich ganz allgemein als Wissensstrukturen beschreiben, die die wichtigsten Merkmale eines Gegenstandbereiches (und deren Beziehungen untereinander) beinhalten, auf die sie sich beziehen.[160] Charakteristisch für Schemata ist, dass sie (1) komplexes Wissen in generischen (terminologischen)

[159] Vgl. Esch/Billen 1996, S. 322 ff.
[160] Vgl. Schwarz 1985, S. 273.

Strukturen repräsentieren, (2) Komplexität reduzieren, da sie von Details abstrahieren und situationsspezifisch angepasst werden können und (3) hierarchisch organisiert sind.[161] Für die Analyse des Such- und Orientierungsverhaltens von Menschen in Einkaufsstätten sind in erster Linie sog. Wahrnehmungs-, Produkt- und Verwendungsschemata von Bedeutung.

Wahrnehmungsschemata beschreiben feste, standardisierte Vorstellungen über Eigenschaften von Personen oder Gegenständen. Mit Hilfe dieser Vorstellungen können neu aufgenommene Informationen schneller eingeordnet und somit die Wahrnehmung vereinfacht werden.[162] Vorhandene Wahrnehmungsschemata erzeugen bei einer Person eine gewisse Erwartungshaltung und lenken damit die Aufmerksamkeit bewusst auf bestimmte Stimuli. Die Wahrnehmung der Umwelt wird folglich aktiv gesteuert.[163] Innerhalb dieser Art der Schemata differenziert man weiterhin zwischen kozeptgesteuerten Prozessen der Informationsverarbeitung, bei der Gegenstände oder Personen so gesehen werden, wie es der Akteur erwartet, und datengesteuerten Verarbeitungsvorgängen, die vorwiegend auf aktuellen, tatsächlichen Umweltreizen basieren.[164]

Produktschemata umfassen in Form komplexer Wissenseinheiten feste, standardisierte Vorstellungen über typische Eigenschaften von Produkten mit ihren jeweiligen Merkmalsausprägungen.[165] Solche Attribute können z.B. bei dem Produkt Schokolade die Sorte (Vollmilch, Zartbitter, weiße Schokolade etc.), die Verpackungsart und -größe (Tafel, Riegel, Einzelstücke etc.) oder verschiedene Marken (Milka, RitterSport, Feodora etc.) sein.

Mit den Verwendungsschemata sind die zwischen den unterschiedlichen Schemata bestehenden Verbindungen gemeint. Dabei werden Produkte sowohl mit anderen Produkten (z.B. Pralinen, Weingummi, Gebäck) als auch mit bestimmten Verwendungszusammenhängen (z.B. Kindersüßigkeiten, Geschenke, Saison, Verwöhnen) assoziiert.[166]

---

[161] Vgl. Knauff 1997, S. 157; Kroeber-Riel/Weinberg 2003, S. 233.
[162] Vgl. Grunert 1990, S. 61 ff.
[163] Vgl. Lindsay/Norman 1981, S. 6 ff.
[164] Vgl. Lindsay/Norman 1981, S. 202 ff.; Schwarz 1985, S. 277 ff.
[165] Vgl. Fiske/Linville 1980, S. 543 ff.; Alba/Hasher 1983, S. 212; Waldmann 1990, S. 17 ff.
[166] Vgl. Esch/Thelen 1997, S. 305; o.V. 1999, S. 42 f.

Ein **Skript**, das auch als Ereignisschemata bezeichnet wird,[167] ist eine Art Drehbuch, das die Abfolge von Ereignissen in gewohnten Alltagssituationen beinhaltet.[168] Ein typisches Einkaufsskript beschreibt daher den zeitlich geordneten Ablauf eines Einkaufs - beginnend von der Parkplatzsuche, über das Auslösen eines Einkaufswagens, das Betreten und Durchlaufen des Ladens sowie das Kaufen der gewünschten Produkte bis hin zum Passieren der Kassenzone.[169] Aus der Sicht eines bestimmten Akteurs verbindet ein Skript also einzelne Szenen zu einem integrierten Ablauf und liefert ihm Informationen über ein der Situation angepasstes Verhalten. Skripte stellen eine ökonomische Form der Speicherung von Informationen dar, weil Standardereignisse einfach durch einen Hinweis auf das relevante Skript im Gedächtnis hinterlegt werden können. Erweiterungen oder Veränderungen erfahren solche Skripts immer dann, wenn Ereignisse auftreten, die im bisherigen Ablaufplan nicht vorgesehen waren.[170]

Cognitive Maps hingegen bezeichnen die individuellen, inneren Vorstellungsbilder von Menschen über die räumliche Anordnung eines bestimmten Umweltausschnittes, wie beispielsweise die Reihenfolge und Anordnung verschiedener Warengruppen im Verkaufsraum.[171] Darüber hinaus kann zumindest bei einem Kunden mit Warengruppenerfahrung davon ausgegangen werden, dass dessen kognitive Karte auch das Wissen darüber enthält, wo (links, rechts, oben, unten, Mitte) die Produkte im Regal platziert sind.

---

[167] Vgl. Mandler 1984, S. 75; Kroeber-Riel/Weinberg 2003, S. 234.

[168] Vgl. Abelson 1981, S. 716 ff.; Schwarz 1985, S. 274 ff.; Waldmann 1990, S. 17 ff. Zur Verhaltenssteuerung durch Schemata und Skripte vgl. Wessells 1984, S. 327 ff.; Markus/ Zajonc 1985, S. 142 ff.

[169] Vgl. Esch/Thelen 1997, S. 305.

[170] Vgl. Schwarz 1985, S. 275 f. Zu den Veränderungen und Erweiterungen von Schemata, vgl. auch die Beispiele bei Kroeber-Riel/Weinberg 2003, S. 342 ff.

[171] Vgl. Kap. 3.2.2.

3.3.3 Entscheidungsverhalten

Eine Entscheidung stellt allgemein die Lösung eines Auswahlproblems dar, das auf der Beurteilung möglicher Handlungen basiert. Dabei bildet die Kaufentscheidung eine Untergruppe menschlicher Entscheidungen, bei der für gewöhnlich ein Artikel unter mehreren Alternativen ausgewählt wird, die grundsätzlich alle den gleichen Verwendungszweck erfüllen können.[172] Während bei der engen Auslegung des Begriffes Kaufentscheidung nur das Zustandekommen des Entschlusses (z.B. eine bestimmte Marke zu kaufen) von Interesse ist, fasst man unter der Entscheidung i.w.S. den gesamten Prozess, d.h. von der Produktwahrnehmung bis hin zum Produktkauf, zusammen.[173] Auf letzteres beziehen sich die in der Literatur zu findenden Differenzierungen von Kaufentscheidungen.

Als einer der ersten Forscher definierte *Katona* im Rahmen einer verhaltenswissenschaftlichen Arbeit zum Käuferverhalten um 1960 zwei Arten von Kaufentscheidungen.[174] Während **echte** Kaufentscheidungen nur gelegentlich getroffen werden (müssen), weil eine neue, ungewohnte Situation eine andere Art der Problemlösung erfordert, stellt das **habituelle** Verhalten das übliche und alltägliche, auf Routine basierende Verhalten dar.

Engel, *Kollat* und *Blackwell*[175] sowie *Howard* und *Shet*[176] ergänzten diese Einteilung um einen dritten Typus und ordneten zwischen der echten und der habitualisierten Form von Entscheidungen die **vereinfachte** bzw. die **limitierte** Entscheidung an. Hier besteht die Möglichkeit, auf Erfahrungen mit ähnlichen Situationen und bereits vorhandenen Entscheidungskriterien zurückzugreifen.[177]

---

[172] Vgl. z.B. Lürssen 1988, S. 19.
[173] Vgl. Weinberg 1981, S. 11.
[174] Vgl. Katona 1960, S. 57.
[175] Vgl. Engel/Kollat/Blackwell 1968, S. 352.
[176] Vgl. Howard/Shet 1969, S. 27.
[177] Siehe auch Schulz 1972, S. 70 ff.; Hoepfner 1976, S. 65 ff.; Weinberg 1977, S. 17.

Diese Typologie wurde anschließend um die Variante der **impulsiven** Kaufentscheidungen erweitert,[178] die sich durch eine starke Reizsituation und durch emotionale Einflüsse beim Kunden auszeichnen.[179]

Zur Beschreibung und Differenzierung dieser verschiedenen Kaufentscheidungstypen werden häufig affektive, kognitive und reaktive Prozesse als Unterscheidungsmerkmale herangezogen.[180] So findet sich u.a. bei *Scheuch* die in Abb. 3-5 wiedergegebene Charakterisierung der Kaufentscheidungsarten hinsichtlich des kognitiven und emotionalen Involvements sowie der benutzten Informationsmenge und der Geschwindigkeit der Entscheidung.[181]

Allerdings muss darauf hingewiesen werden, dass es sich bei diesen Kaufprozesstypen um idealtypische Formen handelt, deren Grenzen in der Regel nicht eindeutig sind und eine Einordnung eines Kaufaktes in dieses Schema in Abhängigkeit von der jeweiligen Situation erschweren.[182]

	kognitives Involvement	emotionales Involvement	benutzte Informationsmenge	Geschwindigkeit der Entscheidung
Extensive Kaufentscheidung	ausgeprägt	ausgeprägt	groß	langsam
Limitierte Kaufentscheidung	ausgeprägt	nicht ausgeprägt	mittel	mittel
Habitualisierte Kaufentscheidung	nicht ausgeprägt	nicht ausgeprägt	klein	schnell
Impulsive Kaufentscheidung	nicht ausgeprägt	ausgeprägt	klein	schnell

Abb. 3-5: Beschreibung von Kaufentscheidungstypen (Quelle: Scheuch 2001, S. 102)

[178] Vgl. Kroeber-Riel 1980, S. 310 ff.; Weinberg/Gottwald 1982, S. 43 f. und die dort angegebene Literatur. Eine frühere Studie über den ungeplanten Kauf von Produkten findet sich bei Kollat/Willett 1967, S. 21 f. Siehe auch die Zusammenstellung bei Cobb/Hoyer 1986, S. 387 f.

[179] Eine detaillierte Übersicht über diese und weitere Typologien von Kaufentscheidungen findet sich u.a. bei Scheuch 2001, S. 101 ff. und bei Baun 2003, S. 10 ff.

[180] Vgl. z.B. Weinberg 1981, S. 13; Kroeber-Riel/Weinberg 2003, S. 370.

[181] In der Literatur finden sich darüber hinaus Ansätze, die die ungeplanten Käufe weiter differenzieren in sog. „reiner Impulskauf", „suggestiver Impulskauf", „erinnerungsgesteuerter Impulskauf" und „geplanter Impulskauf", wobei jeweils der Grad der kognitiven Kontrolle unterschiedlich hoch ausfällt, vgl. Kroeber-Riel/Weinberg 2003, S. 410 f. Eine weitere Differenzierung zwischen hohem und niedrigem Involvement nimmt *Gerhard* vor, vgl. Gerhard 1995, S. 95 ff.

[182] Vgl. Scheuch 2001, S. 103.

Da die genannten Kriterien zugleich weder als unabhängig voneinander noch als eine vollständige Auflistung zu verstehen sind und das konkrete Entscheidungsverhalten eines Kunden in der Einkaufsstätte zusätzlich von weiteren Bedingungen abhängig sein kann,[183] reduzieren z.B. *Kuß* und *Tomczak* ihre Typologie von Kaufentscheidungen auf deren Ausmaß an kognitiver Steuerung (vgl. Abb. 3-6).[184]

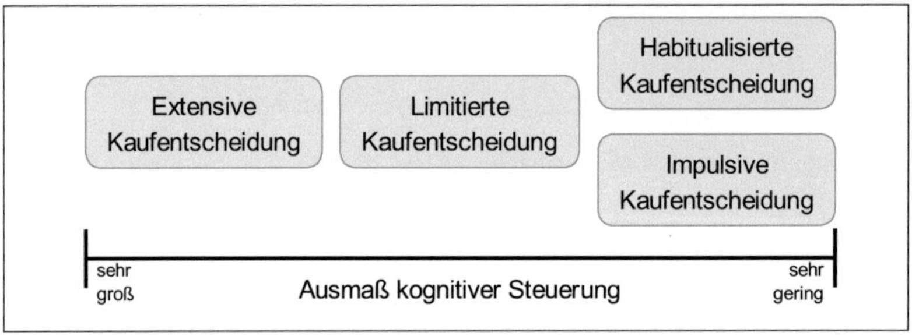

Abb. 3-6: Ausmaß kognitiver Steuerung bei unterschiedlichen Kaufentscheidungstypen (Quelle: Kuß/Tomczak 2000, S. 97)

Für die weiteren Ausführungen in der Arbeit und zur Einordnung der im empirischen Teil betrachteten Warengruppen soll eine Konzentration auf Kaufprozesse mit (1) hoher kognitiver Steuerung und (2) geringer kognitiver Steuerung genügen:

(1) Entscheidungen mit hoher kognitiver Steuerung

Kaufentscheidungen mit stärkerer kognitiver Steuerung lassen sich durch umfassende und zum großen Teil bewusst ablaufende Prozesse der Problemlösung charakterisieren. Ausgehend von der Problemerkennung, dass ein bestimmter Bedarf nach einem Produkt besteht, finden dann die (eng miteinander verbundenen) Informationsaufnahme und Informationsverarbeitung statt. Bei *Bettman* findet sich u.a. der Hinweis, dass es für die Verarbeitung von Informationen bei Kaufentscheidungen grundsätzlich zwei unterschiedliche Strategien gibt, die auch als Mischformen denkbar sind. Einerseits kann ein Kunde erst

---

[183] *Weinberg* nennt als beispielhafte Einflussgrößen das zu wählende Produkt, die ökonomische Realisierbarkeit, die Kaufsituation und die persönliche Prädisposition des Kunden, vgl. Weinberg 1981, S. 13.

[184] Vgl. Kuß/Tomczak 2000, S. 96 ff. Siehe auch Weinberg 1981, S. 12 f.

alle Eigenschaften des relevanten Artikels inspizieren (deshalb auch brand processing oder **produktvergleichende** Vorgehensweise genannt), bevor das nächste Produkt in gleicher Weise untersucht wird. Auf der anderen Seite können Informationen in der Weise verarbeitet werden, indem nach einander die verschiedenen Produkte jeweils anhand eines Merkmals betrachtet werden, dann spricht man von der attribute processing oder **eigenschaftsvergleichender** Vorgehensweise.[185] Zur Informationsaufnahme können sowohl externe Quellen (Werbung, Verkäufer, Freunde, Testberichte usw.) genutzt als auch auf im Gedächtnis gespeicherte Informationen zurückgegriffen werden. Darüber hinaus kann die externe Aufnahme von Informationen sowohl passiv (im Sinne eines zufälligen Kontaktes mit einer Werbebotschaft) als auch aktiv (durch eine gezielte, mit psychischen und physischen Anstrengungen verbundenen Suche) erfolgen.[186] Anschließend geht es bei der Informationsverarbeitung um die Bewertung und um den Vergleich der in die engere Auswahl gezogenen Alternativen mittels der gesammelten Informationen. Ein erkanntes Informationsdefizit führt dabei so lange zur erneuten Suche nach Informationen, die in das Bewertungssystem eingefügt werden, bis der Kunde sich in der Lage fühlt, Präferenzen zu entwickeln und eine Kaufentscheidung zu treffen.[187]

(2) Entscheidungen mit geringer kognitiver Steuerung

Bei den Kaufentscheidungen, die nur einer schwachen kognitiven Steuerung bedürfen, hat der Kauf eines Produktes für den Kunden keine besondere Bedeutung, so dass der Problemlösungsaufwand relativ gering ausfällt.[188] Mit diesen Entscheidungen geht ein gewohnheitsmäßiges (= habitualisiertes) und unreflektiertes Verhalten einher, bei dem nicht nur wiederholt in gleichartigen Produktgruppen eingekauft wird, sondern der Kunde typischerweise auch ein routiniertes Verhalten an den Tag legt. Zwar ist das Ausmaß der kognitiven Steuerung bei sog. impulsiven Kaufentscheidungen ebenfalls gering, allerdings sind diese auch nicht von Gewohnheit und Routine gekennzeichnet.

---

185 Vgl. Bettman 1979, S. 173 f.

186 Vgl. Cohen 1981, S. 304 ff.; Kuß 1987, S. 46; Kroeber-Riel/Weinberg 2003, S. 246.

187 Vgl. Kuß/Tomczak 2000, S. 98 f.

188 Häufig werden dazu aus Vereinfachungsgründen Gewohnheitsentscheidungen und Impulskäufe gezählt, obwohl bei letzteren der Aspekt der Reizsteuerung nicht berücksichtigt wird, vgl. Kuß/Tomczak 2000, S. 99; Kroeber-Riel/Weinberg 2003, S. 369.

3.4 Methoden zur Erfassung und Kennzahlen zur Beschreibung des Kundenverhaltens

Ein Ziel der Marktforschung[189] ist es, durch die systematische Sammlung, Aufbereitung und Interpretation von Daten über das Verhalten von Kunden Aussagen über Ursache-Wirkungs-Beziehungen zu gewinnen.[190] Für die Analyse des Kundenverhaltens stehen prinzipiell zahlreiche Untersuchungsverfahren zur Verfügung, die sich in quantitative und qualitative Methoden differenzieren lassen. Während sich die **quantitative** Marktforschung auf die Sammlung und Analyse von Daten aus statistisch großen Stichproben konzentriert, um durch Datenreduktion einen Informationsgewinn zu erreichen, beschäftigt sich der **qualitative** Zweig allgemein mit der Erhebung und Auswertung menschlicher Verhaltensweisen und Äußerungen. Im Mittelpunkt steht hierbei der Versuch, Zusammenhänge psychologischer und soziologischer Natur zu beschreiben, zu erkennen und zu verstehen.[191] Häufig ist bei der qualitativen Marktforschung der Kenntnisstand über das Untersuchungsobjekt relativ gering, so dass das Forschungsziel im Vorwege nicht genau formuliert und der Informationsbedarf nicht spezifiziert werden kann.

Hinsichtlich der Art des methodischen Vorgehens bei der Informationsgewinnung wird grundsätzlich zwischen der Befragung und der Beobachtung unterschieden. Das Experiment, das ebenfalls in diesem Zusammenhang häufig erwähnt wird, stellt keine eigenständige dritte Methode dar, da es erhebungstechnisch auf der Basis einer Versuchsanordnung sowohl in Form der Befragung als auch der Beobachtung durchgeführt werden kann.[192]

---

189 Zur begrifflichen Differenzierung zwischen Markt-, Marketing- und Absatzmarktforschung vgl. Schröder 2005, S. 124.

190 Vgl. Böhler 2004, S. 19.

191 Vgl. Kepper 1996, S. 17 f.

192 Vgl. z.B. Salcher 1995, S. 22 f.; Berekoven/Eckert/Ellenrieder 2004, S. 156.

Für die Darstellung der verschiedenen Erhebungsverfahren, die zur Analyse des Such- und Entscheidungsverhaltens von Kunden in Frage kommen, sollen in den nächsten Abschnitten ausgewählte Instrumente erläutert werden, die sich unterteilen lassen in **verbale** (Kap. 3.4.1) und in **non-verbale** (Kap. 3.4.2) Erfassungsmethoden.[193]

3.4.1 Verbale Erfassungsmethoden

Verbale Verfahren stützen sich auf mündliche oder schriftliche Aussagen von Personen. Diese Äußerungen lassen sich zum einen mit Hilfe von Einzelinterviews (Kap. 3.4.1.1), Gruppendiskussionen (Kap. 3.4.1.2) und durch sog. verbale Protokolle (Kap. 3.4.1.3) gewinnen, die im Folgenden kurz erläutert werden.

3.4.1.1 Einzelinterviews

Ein häufig in der Marktforschung angewendetes Instrument ist die Befragung ausgewählter Personen zu bestimmten Sachverhalten. Abhängig von der Zahl der Untersuchungsthemen, dem Adressatenkreis und der Erhebungsmethode (vgl. Abb. 3-7) lassen sich die folgenden Befragungsarten voneinander abgrenzen.[194]

Kriterien	Ausprägungen
Zahl der Untersuchungsthemen	Ein-Themen-Befragung / Mehr-Themen-Befragung
Form der Datenerhebung	schriftlich / telefonisch / (persönlich-) mündlich
Adressatenkreis	Experten / Händler / Verbraucher
Art der Frageformulierung	direkt / indirekt
Befragungsstrategie	standardisiert / nicht-standardisiert

Abb. 3-7: Elemente der Befragung
(Quelle: In Anlehnung an Hüttner/Schwarting 2002, S. 68)

[193] Vgl. Jeck-Schlottmann 1987, S. 52 ff.; Hüttner/Schwarting 2002, S. 158.

[194] Vgl. im Weiteren u.a. Hammann/Erichson 2000, S. 96 ff.; Hüttner/Schwarting 2002, S. 68 ff.; Böhler 2004, S. 85 ff.

Während bei der Spezialbefragung nur ein **Thema** Gegenstand der Erhebung ist, stehen bei der Omnibusbefragung (auch Mehr-Themen-Umfrage genannt) verschiedene Themenkreise im Fokus, die in der Regel auf das Vorhandensein mehrerer Auftraggeber zurückgeführt werden.

Nach dem Modus der **Datenerhebung** sind grundsätzlich die schriftliche, telefonische und die (persönlich-) mündliche Form denkbar, die jeweils unterschiedliche Stärken und Schwächen bei ihrer Durchführung aufweisen. Als Beispiele sei hier u.a. auf den Umfang des Fragebogens, auf die Übermittlung komplexer Informationen sowie die Verwendung von Vorlagen bzw. deren Darbietung, auf den Interviewereinfluss und die Kosten hingewiesen.[195] Zum Teil werden in diesem Zusammenhang noch computergestützte Verfahren erwähnt,[196] die allerdings strenggenommen keine eigenständige Erhebungsform darstellen, weil die zum Einsatz kommende Software die Arbeit des Befragers „lediglich“ erleichtert.

Als **Adressatenkreis** stehen normalerweise die Verbraucher im Mittelpunkt der Befragung. Für den Bereich der Konsumgüterindustrie und des Einzelhandels sind das die Käufer und Konsumenten.[197] Der Befragung von Experten und Händlern über das Verbraucherverhalten kommt indes nur bei speziellen Fragestellungen wie z.B. bei der Delphi-Methode[198] oder im sog. Einzelhandels-Panel[199] eine Bedeutung zu.

Die **Befragungstaktik** bezieht sich auf die Art der Fragestellung und differenziert zwischen der direkten und der indirekten Befragung.[200] Während bei der ersten Variante die Verbraucher unmittelbar zu einzelnen Sachverhalten interviewt werden, beschreibt die indirekte Befragungsform das Vorgehen, das

---

[195] Vgl. hierzu bspw. die Ausführungen bei Salcher 1995, S. 12 ff.; Kamenz 2001, S. 82 ff. sowie die tabellarische Übersicht bei Hüttner/Schwarting 2002, S. 77.

[196] Vgl. Hüttner/Schwarting 2002, S. 68.

[197] Zur begrifflichen Differenzierung zwischen Käufern und Konsumenten vgl. auch die Darstellung in Kap. 3.1. Eine Ausnahme können von Investitionsgüterherstellern beauftragte Erhebungen darstellen, bei denen die unmittelbaren Abnehmer und/oder die mittelbaren Verbraucher befragt werden, vgl. Hüttner/Schwarting 2002, S. 70.

[198] Vgl. Kepper 1996, S. 87 ff.; Nieschlag/Dichtl/Hörschgen 2002, S. 160; Atteslander 2003, S. 157 f.

[199] Vgl. Ebbers 2003, S. 145 ff.; Berekoven/Eckert/Ellenrieder 2004, S. 140 ff.; Böhler 2004, S. 71 f.

[200] Vgl. Hammann/Erichson 2000, S. 101 f.; Atteslander 2003, S. 165 ff.

durch entsprechende Formulierungen und Gestaltungen der Fragen gewährleisten soll, die Auskunftspersonen nicht bloßzustellen und keine durch Prestige- bzw. Statusdenken verzerrten Antworten zu liefern.[201] Hierbei ist auch die Art der Operationalisierung von Variablen zu berücksichtigen.

Hinsichtlich der gewählten **Strategien** spricht man von einer standardisierten Befragung, wenn die Formulierungen und die Reihenfolge der Fragen zuvor genau festgelegt wurden. Die nicht-standardisierten Befragungen unterteilen sich in Abhängigkeit von der Variationsfreiheit des Interviewers weiter in strukturierte und unstrukturierte Formen, wobei im letzteren Fall lediglich das Untersuchungsthema, nicht aber die Einzelfragen vorgegeben werden.[202]

Um das Such- und Entscheidungsverhalten von Kunden in Einkaufsstätten zu erfassen, liegt es nahe, die Befragung schriftlich sowie in einer standardisierten Form durchzuführen und das Interview überwiegend auf den gerade abgeschlossenen Kaufvorgang zu beziehen.

3.4.1.2 Gruppendiskussion

Kennzeichnend für eine Gruppendiskussion (auch Fokusgruppen-Gespräch genannt)[203] ist das von einem geschulten Moderator geleitete Gespräch in einer Kleingruppe.[204] Zwischen sechs und zehn Teilnehmer, die sich normalerweise in bestimmten, bei der Auswahl der Personen zu berücksichtigenden Merkmalen ähneln,[205] werden in mehreren Runden vom Diskussionsleiter zu verschiedenen Themenbereichen befragt und gebeten, ihre jeweiligen Meinungen und Erfahrungen frei zu äußern.[206] Ein Themenbereich, der regelmäßig Gegenstand einer solchen Gesprächsrunde ist, ist das Such- und Entscheidungsverhalten von Kunden in einer bestimmten Warengruppe. Dabei diskutieren die

---

[201] Vgl. Blair et al. 1977, S. 316 ff.; Böhler 2004, S. 89.

[202] Vgl. Berekoven/Eckert/Ellenrieder 2004, S. 101; Böhler 2004, S. 86 ff.

[203] Vgl. Kepper 1996, S. 64 f.; Morgan 1997, S. 5 f.

[204] Vgl. zur Vorgehensweise Dammer/Szymkowiak 1998 sowie Raab/Unger/Unger 2004, S. 33 ff.

[205] Die Homogenität der Gruppe zielt auf eine ausgewogene Zusammensetzung der Befragten ab und richtet sich z.B. nach soziodemographischen (Alter, Geschlecht, Bildung, Einkommen etc.) und psychographischen (Lebensstil, Wissenstand etc.) Kriterien, vgl. Salcher 1995, S. 46 ff.

[206] Vgl. Kepper 2000, S. 172 ff.

Teilnehmer, anhand welcher regal- oder produktspezifischen Merkmale sie sich in einer Einkaufsstätte orientieren oder welche Aspekte bei der Entscheidungsfindung für den Kauf eines Produktes eine Rolle für sie spielen. Die Antwortmuster geben Aufschluss, über welche Erfahrungen die Personen verfügen und welche Ansprüche sie an die Platzierung der Produkte einer Warengruppe stellen.[207]

Problematisch an dieser Methode ist, dass sich die Aussagen der Teilnehmer in der Regel nicht auf einen aktuellen, erst kurz zurückliegenden Einkauf in einem bestimmten Laden beziehen, sondern unter Umständen auf mehrere Kaufakte beruhen können, die zum einen länger zurückliegen und zum anderen nicht immer eindeutig einer Einkaufsstätte zugeordnet werden können.[208] Aber auch die Zusammensetzung der Fokusgruppe und das Verhalten der Teilnehmer können die Ergebnisse beeinflussen, wenn dominante „Meinungsführer“ die Diskussionsbereitschaft der anderen hemmen bzw. deren Sichtweisen verdrängen oder sog. „Schweiger“ dazu neigen, sich kaum an dem Gespräch zu beteiligen und sich eher auf die Rolle des passiven Zuhörers zu beschränken.[209]

3.4.1.3 Protokollanalyse

Bei der „Methode des lauten Denkens“ - wie die Protokollanalyse außerdem heißt - haben die Probanden die Aufgabe, alles laut auszusprechen, was ihnen z.B. beim Gang durch eine Einkaufsstätte, beim Betreten einer bestimmten Warengruppe oder bei der Entscheidungsfindung am Regal für den Kauf eines Produktes durch den Kopf geht.[210] Eine begleitende Person zeichnet unterdessen alle Äußerungen für die Auswertung auf.

Als nachteilig wird angesehen, dass die Auskunftsperson zum einen zu einer „Überrationalisierung“ neigen kann, die zu einer Veränderung des Verhaltens führen kann, zumal der Entscheidungsfindungsprozess regelmäßig durch das

---

207 Vgl. zu weiteren Nutzungsmöglichkeiten auch Kepper 2000, S. 179 ff.

208 Zu den Kritikpunkten einer solchen retrospektiven Befragung vgl. z.B. Cobb/Hoyer 1985, S. 162.

209 Vgl. Kepper 2000, S. 174.

210 Vgl. Payne/Ragsdale 1978, S. 571 ff.; Cobb/Hoyer 1985, S. 163 ff.; Kroeber-Riel/Weinberg 2003, S. 284.

Artikulieren der Gedanken verlangsamt wird und der Zwang zum lauten Denken ein überlegteres und planvolleres Vorgehen bewirken könnte.[211] Zum anderen können bei der Mitteilung emotionaler Gedanken Verbalisierungsschwierigkeiten auftreten, die die Validität der Ergebnisse in Frage stellen. Darüber hinaus können sich auch bei der Auswertung der Protokolle Schwierigkeiten ergeben, da insbesondere bei unstrukturierten Protokollen[212] ein Interpretationsspielraum nicht von der Hand zu weisen ist.[213] Trotz der genannten Kritikpunkte wird die Methode des lauten Denkens häufig zur Analyse des Such- und Entscheidungsverhaltens am PoP eingesetzt.[214]

3.4.2 Non-verbale Erfassungsmethoden

Non-verbale Verfahren finden regelmäßig dann Anwendung, wenn es um die Erfassung von Verhaltensweisen geht, die die Probanden unzureichend oder gar nicht sprachlich formulieren können.[215]

Als Informationsquellen für das Kundenverhalten in Einkäufsstätten können zunächst Scannerdaten (Kap. 3.4.2.1) und der Einsatz der Radio Frequeny Identification (kurz: RFID) Technologie (Kap. 3.4.2.2) dienen, die ursprünglich für die Optimierung logistischer Abläufe entwickelt wurden.

Weitere Möglichkeiten stellen die Informations-Display-Matrix (Kap. 3.4.2.3) und die Blickaufzeichnung (Kap. 3.4.2.4) dar, bei denen die Daten während der Lösung eines Problems erhoben werden. Aus diesem Grunde werden diese Instrumente - ebenso wie die in Kap. 3.4.1.3 erwähnte Protokollanalyse - häufig

---

[211] Vgl. Ericsson/Simon 1980, S. 234 f.; Kaas/Hofacker 1983, S. 83; Russo/Johnson/Stephens 1989, S. 759 ff.

[212] Die Gedankenprotokolle lassen sich grundsätzlich danach differenzieren, ob sie erstens im Feld oder im Labor durchgeführt werden und zweitens strukturiert, gestützt oder unstrukturiert erfolgen, vgl. Bleicker 1983, S. 86 ff.; Kaas/Hofacker 1983, S. 82.

[213] Vgl. Bleicker 1983, S. 91 f.; Kaas/Hofacker 1983, S. 82 ff. Zu den Auswertungsmöglichkeiten von Protokolldaten in Form von sog. „Entscheidungsnetzen" vgl. Bettman 1970, S. 371 ff.; Kuß 1987, S. 112 ff. sowie Zielke 2002, S. 109 ff. und die dort angegebene Literatur.

[214] Vgl. Payne/Ragsdale 1978, S. 572 ff.; Jeck-Schlottmann 1987, S. 54; Titus/Everett 1996, S. 267 ff.

[215] Vgl. Kroeber-Riel/Weinberg 2003, S. 33. Einen weiteren Überblick über non-verbale Erfassungsmethoden, die z.B. auf die Beobachtung körperlicher Kommunikationssignale (Gesichts- und Körpersprache) setzen, gibt *Weinberg*, vgl. Weinberg 1986, S. 27 ff.

auch unter dem Begriff Prozessverfolgungstechniken zusammengefasst.[216] Die Reihenfolge der von der Versuchsperson zur Lösung herangezogenen Elemente (z.B. Produkteigenschaften) soll Auskunft über dessen Such- und Entscheidungsprozess geben.[217]

Eine in der Marktforschung häufig angewendete Messmethode ist die persönliche Beobachtung (Kap. 3.4.2.5). Auf Grund des technischen Fortschrittes ist in der Praxis aber immer häufiger auch die Videobeobachtung (Kap. 3.4.2.6) vorzufinden.

3.4.2.1 Scannerdaten

Scannerdaten werden mittels eines im Kassenterminal eingebauten Gerätes erhoben, das die individuellen Artikelnummern, die als Strich- oder Zahlencodes auf den Produktverpackungen angebracht sind, optisch elektronisch erfasst.[218] Im Vergleich zu anderen Erhebungsformen stellt die Erfassung von Scannerdaten keinen zusätzlichen Aufwand dar, da sie gleichsam als Nebenprodukt des Kassiersystems und eines geschlossenen Warenwirtschaftssystems abfällt.[219] Bei den Strich- und Zifferncodes handelt es sich um eindeutige Indentifikationsmerkmale eines Artikels, so dass in Verbindung mit dem bestehenden Warenwirtschaftssystem sowohl Artikelbezeichnungen und Preise von dort abgerufen als auch in diesem Veränderungen in den Bestandsmengen verbucht werden können.[220] Darüber hinaus liefern die Scannerdaten bei Verkauf eines bestimmten Artikels Informationen über den Zeitpunkt und den Ort bzw. das Geschäft des Kaufes, Preise und Mengen von Konkurrenzprodukten, die Käuferzahl von

---

216 Vgl. Bettman 1979, S. 195 ff.; Bleicker 1983, S. 67 ff.; Weinberg/Schulte-Frankenfeld 1983, S. 64; Bauer 1989, S. 171 ff. Im Gegensatz dazu ist für die sog. retrospektiven Verfahren kennzeichnend, dass die Daten (z.B. durch Befragung) erst nach dem eigentlichen Kaufakt, der u.U. eine längere Zeit zurückliegen kann, erhoben werden, vgl. z.B. Ericsson/Simon 1980, S. 220 oder Phillips/Bradshaw 1991, S. 20. Zu den Kritikpunkten vgl. Cobb/Hoyer 1985, S. 162.

217 Vgl. Jacoby 1975, S. 203 ff.; Kaas/Hofacker 1983, S. 76; Weinberg/Schulte-Frankenfeld 1983, S. 64; Zielke 2004, S. 388 f.

218 Vgl. Treis/Ganswindt 1984, S. 7; Kamenz 2001, S. 80.

219 Vgl. Huppert 1984, S. 19 f. In diesem Zusammenhang bezeichnen *Heidel* und *Müller-Hagedorn* die Erhebung von Scannerdaten auch als „maschinengestützte Beobachtung", vgl. Heidel/Müller-Hagedorn 1989, S. 22.

220 Vgl. Kucher 1985, S. 10. Einen Überblick über verschiedene Artikel-Nummer-Systeme wie z.B. dem amerikanischen „UPC", dem deutschen „ban" und dessen Nachfolger „EAN" gibt Simmet 1990, S. 38.

diesem Produkt sowie den Warenkorb per Einkauf.[221] Aus diesem Grund leisten diese Daten nicht nur einen Beitrag bei der Bewertung des Sortiments[222] und bei der Schätzung von Verbundkaufwahrscheinlichkeiten,[223] sondern dienen den Händlern und Herstellern als Kontrollmöglichkeit für die Auswirkungen von Veränderungen in der Artikelpräsentation, z.B. im Zuge einer Zweitplatzierung oder einer Warengruppenumgestaltung, wenn es um den reinen Mehr- oder Minderabsatz geht.[224] Eine umfassende Sortimentsgestaltung hingegen ist allein durch Scannerdaten nicht möglich.[225] Nachteilig ist ferner, dass durch die Datenerhebung an der Kasse das vorhergehende Einkaufsverhalten der Käufer und Nicht-Käufer nicht beobachtbar ist.[226]

3.4.2.2 Radio Frequency Identification

Die gerade in jüngster Zeit intensiv diskutierte RFID Technologie stellt ebenfalls eine non-verbale Erhebungsmethode für das Kundenverhalten dar. Bei RFID, das als Nachfolger des Strichcodes gilt,[227] erfolgt der Datenaustausch zwischen dem sog. „tag" und dem Lesegerät über magnetische und elektromagnetische Felder.[228] Die tags (auch elektronische Etiketten oder Transponder genannt), die aus einem Mikrochip, einer Antenne, einem Träger oder Gehäuse und - sofern es sich um aktive Module handelt - aus einer Energiequelle bestehen,[229] übermitteln die auf ihnen gespeicherten Informationen[230] kontaktlos an die je-

---

221 Vgl. Kamenz 2001, S. 81.

222 Z.B. in Form von Renner/Penner-Listen, die anhand von Kriterien wie Absatz, Umsatz oder Umschlagsgeschwindigkeit für jede Warengruppe Rankings der jeweils besten bzw. schlechtesten Artikel beinhalten, vgl. Simmet 1990, S. 38; Schröder 2002, S. 85 f.

223 Vgl. Böcker 1974, S. 62; Michels 1995, S. 37 ff. Zu den Richtungen von Verbundbeziehungen siehe Merkle 1981, S. 34 ff.; Barth/Hartmann/Schröder 2002, S. 185 ff.

224 Vgl. die Ausführungen in Kap. 2.4.

225 Vgl. Heidel 1990, S. 138.

226 Vgl. Kuß 2004, S. 118.

227 Vgl. Garber 2005, S. 31.

228 Ein unmittelbarer „Sichtkontakt" zwischen dem elektronischen Etikett und der lesenden Einheit ist nicht erforderlich. Zu Reichweiten und Übertragungsfrequenzen vgl. Erben 2005, S. 24 ff.

229 Vgl. Garber 2005, S. 31. Zu den verschiedenen Bauformen sowie zur Differenzierung zwischen aktiven und passiven RFID-tags vgl. Finkenzeller 2004, S. 41 ff.

230 Dazu zählen z.B. weltweit eindeutige Seriennummern, Gewicht- und Mindesthaltbarkeits-Informationen, Angaben zur Herstellung, Umgebungstemperaturen, in denen sich das Produkt entlang der Wertkette befand, u.v.a.m.

weiligen Empfangseinheiten, die von dort an das übergeordnete System (z.B. Warenwirtschaftssystem auf einem Server) übergeben werden (vgl. Abb. 3-8).

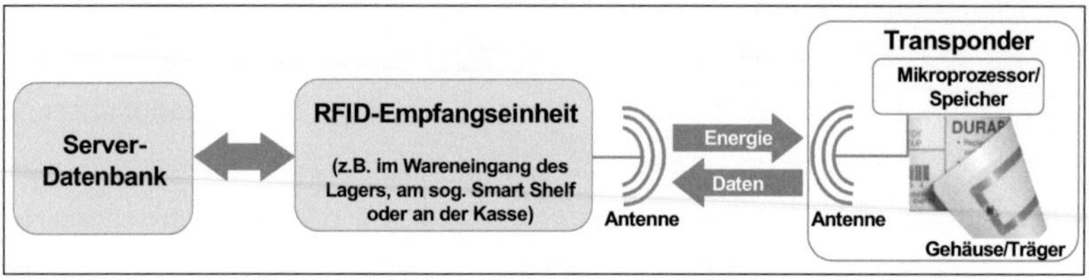

Abb. 3-8: Schematische Darstellung der Datenübertragung von einem RFID-tag

Neben vielfältigen Einsatzmöglichkeiten in der Supply Chain[231] können mit RFID-tags gekennzeichnete Produkte, die in einem „intelligenten Regal" platziert sind, Informationen über das Verhalten von Kunden am Warenträger liefern. Bei einem sog. Smart Shelf ist jedes Regalsegment mit einer eigenen Antenne ausgerüstet und bildet somit eine eigene Detektionsfläche.[232]

Durch das Protokollieren der Entnahme und des Zurücklegens nach Zeitpunkt und Ort lassen sich u.a. folgende Fragen beantworten:

- Wann werden welche Artikel entnommen?
- Welche Artikel werden zwar häufig aus dem Regal entnommen, aber ebenso häufig wieder zurückgelegt?
- Wie lange werden diese entnommen, bis sie schließlich wieder zurückgelegt werden?
- Welche Artikel werden gar nicht entnommen?
- In welcher Reihenfolge werden Artikel entnommen?

[231] Vgl. z.B. Fleisch/Tellkamp/Thiessen 2004, S. 28; Schwindt 2004, S. 54; Kanzok 2005.
[232] Vgl. Erben 2005, S. 35 ff.; Kanzok 2005.

Darüber hinaus können Art und Umfang der Nutzung von Zusatzinformationen, die ein am Regal angebrachter Monitor auf Wunsch ausgeben kann, wenn das vom Kunden entnommene Produkt in dessen Nähe gehalten wird, möglicherweise Aufschluss über das Entscheidungsverhalten geben. Ferner lassen sich mit Hilfe von Einkaufswagen und Einkaufskörben, die mit RFID-tags ausgestattet sind, die Wege durch den Laden oder durch einzelne Abteilungen transparent machen, um stärker und schwächer frequentierte Bereiche zu identifizieren. Somit sind die Wirkungen von Sonder- und Zweitplatzierungen auf das Such- und Entscheidungsverhalten bestimmbar, da auf Grund einer eindeutigen Kennzeichnung jedes einzelnen Produktes spätestens an der Kasse nachvollziehbar ist, von welcher Platzierungseinheit es stammt.

Problematisch an dieser Erhebungsmethode ist, dass sie einen Kontakt des Kunden mit der Ware (Entnahme aus dem Regal) bzw. das „Mitnehmen" des Einkaufswagens durch die ganze Einkaufsstätte voraussetzt. Der Prozess des Suchens, bei dem die Produkte der jeweiligen Warengruppe nicht aus dem Regal entnommen, sondern lediglich betrachtet werden, und bei dem währenddessen der Einkaufswagen u.U. mehrere Gänge entfernt steht, lässt sich mit Hilfe des RFID nicht abbilden.

3.4.2.3 Informations-Display-Matrix

Das im Gegensatz zur Protokollanalyse auf die Durchführung im Labor beschränkte Verfahren der Informations-Display-Matrix (IDM) untersucht die Auswahl entscheidungsrelevanter Informationen, die den Testpersonen in Form einer Matrix zur Verfügung gestellt werden. In der Regel beinhaltet eine solche Matrix in den Spalten verschiedene Marken einer Produktkategorie (Produktalternativen) und in den Zeilen diejenigen Kriterien, die zur Beurteilung einer Produktalternative herangezogen werden können (Informationsdimensionen).[233] Alle Zellen dieser Matrix, die also für jede Marke die korrekte Ausprägung der jeweiligen Informationsdimension beinhaltet, sind für die Versuchsperson zunächst verdeckt. Aus der Reihenfolge und der Häufigkeit, mit der der Proband sich durch Umdrehen von Karten oder Tafeln bestimmte Informationen zugäng-

233 Vgl. Jacoby 1975, S. 208 ff.; Payne 1976, S. 370 ff.; Jacoby/Chestnut/Fisher 1978, S. 534 ff.

lich macht, lassen sich Rückschlüsse auf den Informationsverarbeitungs- und Entscheidungsprozess ziehen.[234] Auf diese Art lässt sich z.B. ermitteln, ob die Testperson ihre Kaufentscheidung eher unter markengeprägten oder unter merkmalsgeprägten Gesichtspunkten trifft oder ob der Entscheidungsfindungsprozess gemischt strukturiert ist.[235]

Fraglich bei dieser Methode ist, ob und inwieweit das anhand einer relativ abstrakten Matrix analysierte Entscheidungsverhalten auf reale Situationen, wie das Kundenverhalten am Regal, übertragen werden kann. Dies würde voraussetzen, dass ein Warenträger mit den darin befindlichen Produkten realitätstreu (d.h. mit allen relevanten Produktalternativen und Produktattributen) durch ein IDM abgebildet werden könnte, was bezweifelt werden muss.[236] Hinzu kommt, dass ein Kunde in einer stationären Einkaufsstätte mit der gesamten Warengruppe, d.h. mit allen Produktinformationen, auf einmal konfrontiert wird, so dass mehrere unterschiedliche Informationen simultan aufgenommen werden können. Im Gegensatz dazu erscheint die übersichtliche, strukturierte und u.U. „vollständige" Informationsdarbietung in Matrizenform realitätsfern. Der „zufällige" Informationserwerb, wie er am Point of Purchase grundsätzlich möglich ist, ist mit der IDM-Methode nicht messbar.[237] Ferner sind die bereits bei der Protokollanalyse erwähnten Validitätsprobleme auf Grund einer Überrationalisierung des Entscheidungsverhaltens auch für die Informations-Display-Matrix als Fehlerquelle zu nennen.[238] Verdeutlichen lässt sich dieser Aspekt, wollte man mit Hilfe des IDM-Verfahrens versuchen, Kaufentscheidungen mit geringer kognitiven Steuerung (Gewohnheits- oder Impulskäufe) zu untersuchen, die der Proband folglich nur schwerlich rational beschreiben kann.[239]

Eng mit dem IDM-Verfahren verbunden ist die Site-Covering Maskierungsmethode (SCM), die auf einem Computer-Monitor einen bestimmten Inhalt (z.B.

---

[234] Vgl. Lürssen 1988, S. 44 ff.

[235] Vgl. Bettman/Jacoby 1976, S. 318 f.; Bleicker 1983, S. 75 f.; Weinberg/Schulte-Frankenfeld 1983, S. 65 f.

[236] Vgl. Bleicker 1983, S. 72 f.; Zielke 2002, S. 113.

[237] Vgl. Bleicker 1983, S. 75 f.

[238] Vgl. Kaas/Hofacker 1983, S. 77; Weinberg/Schulte-Frankenfeld 1983, S. 73; Lürssen 1988, S. 43 ff.

[239] Vgl. Bleicker 1983, S. 76 f.

eine Webseite) in zuvor definierten Flächen (sog. Areas of Interest) einteilt und mit halbtransparenten, „virtuellen" Kärtchen so bedeckt, dass die dahinter liegenden Informationen nur schemenhaft erkennbar sind.[240] Durch das Anklicken mit der Maus wird jeweils eine Fläche freigelegt; der zuvor aufgedeckte Bereich wird wieder unleserlich. Die Reihenfolge und die Betrachtungsdauer der einzelnen Felder lassen Rückschlüsse auf das Suchverhalten zu.[241] Auf Grund der begrenzten zweidimensionalen Darstellungsmöglichkeiten scheint diese Methode lediglich für die Analyse des Such- und Orientierungsverhaltens von Probanden auf Internetseiten geeignet zu sein. Die realistische Abbildung einer Warengruppe in einer realen Einkaufsstätte ist hingegen nicht möglich.

3.4.2.4 Blickaufzeichnung

Mit dem Instrument der Blickregistrierung werden die Augenbewegungen von Probanden aufgezeichnet, um aus dem Verlauf der Fixationen und Saccaden Rückschlüsse auf die kognitiven Prozesse der Informationsaufnahme und der Informationsverarbeitung zu ziehen.[242] *Von Keitz-Krewel* spricht in dem Zusammenhang von einer mikroskopisch orientierten Betrachtungsweise.[243]

Ursprünglich kam diese Methode in der Werbeforschung zur Analyse der Wirkung von Werbemitteln und zur optimalen Platzierung von Bild- und Textelementen zum Einsatz.[244] Sie ermöglicht aber auch die Untersuchung des Such- und Orientierungsverhaltens von Kunden vor Regalen.[245]

Unter den zahlreichen apparativen Techniken[246] der Blickregistrierung findet vornehmlich die Cornea-Reflex-Methode Verwendung, die die Fähigkeit der

---

240 Vgl. Wilhelm/Yom/Beger 2002, S. 46 ff.

241 Vgl. Seifert/Eyferth 1999, S. 74 ff.

242 Vgl. Groner 1988, S. 301 ff.; Leven 1991, S. 14.

243 Vgl. von Keitz-Krewel 1994, S. 48 f. Im Gegensatz dazu nimmt die Video-Beobachtung eine makroskopische Position ein.

244 Vgl. u.a. Gutjahr 1965; Spiegel 1970; Witt 1977; Bernhard 1978; Treistman/Gregg 1979; Leven 1983; Pieters/Rosbergen/Wedel 1999. Weitere Anwendungsfelder außerhalb des Marketing findet die Blickaufzeichnung z.B. in Untersuchungen zur Ergonomie am Arbeitsplatz, siehe u.a. bei Zwerina 1992; Göbel 1999; Niewöhner 2002.

245 Vgl. z.B. Berghaus 2005.

246 Übersichten und Erläuterungen zu den verschiedenen Techniken und Methoden finden sich z.B. bei Young/Sheena 1975, S. 401 ff.; Mikasch/Haak 1986, S. 16 ff.; Rötting 1999, S. 23 ff.; Rötting 2001, S. 42 ff.

Hornhaut (= Cornea) nutzt, einfallendes Licht zu reflektieren.[247] Systeme, die die Reflektionen der durch eine bestimmte Lichtquelle beleuchteten Cornea des Auges aufzeichnen und auswerten, basieren häufig auf sog. Headmounted-Eyetracking-Devices, bei der die Versuchsperson einen speziellen Helm mit Video-Kameras und IR-Strahler trägt (vgl. Abb. 3-9).

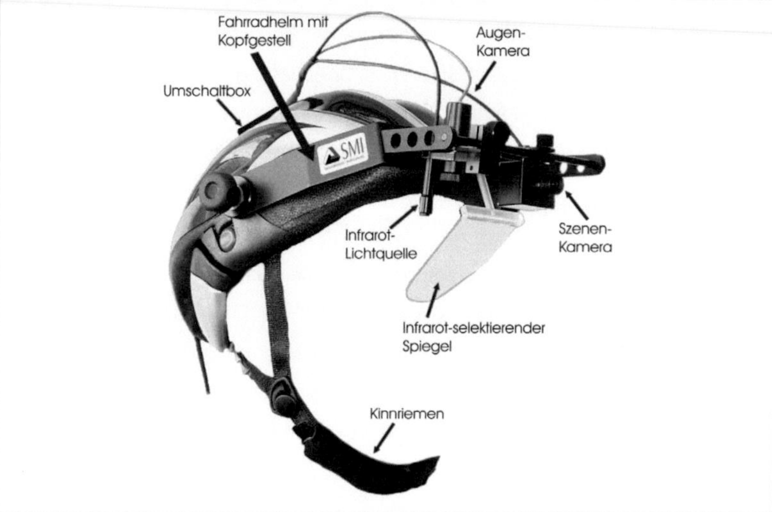

Abb. 3-9: Das Headmounted-Eyetracking-Device HED-II der Firma SMI

Mit Hilfe des Eyetrackings können unbewusste Prozesse, die bei der Lösung visueller Aufgaben ablaufen, verdeutlicht und Informationen über kognitive Vorgänge von Kunden gewonnen werden.[248]

Typische Fragestellungen für den Einsatz der Blickregistrierung zur Untersuchung von Warengruppen lauten:[249]

- Welche Regalbereiche nehmen Kunden war, welche übersehen sie?
- Wie lange und wie häufig werden welche Regalzonen betrachtet?

---

[247] Der Corneareflex entsteht durch die stärkere Krümmung der Hornhaut im Verhältnis zum Augapfel. Bewegt sich das Auge, verändert sich der Ausfallwinkel dieser Reflexion, so dass der Reflex in Richtung der Augenbewegung mitwandert, vgl. Bernhard 1983, S. 109 ff.; Leven 1991, S. 118 ff.

[248] Vgl. Russo 1978, S. 569. *Kroeber-Riel* und *Weinberg* nennen die Blickaufzeichnung gar den „Königsweg" der kognitiven Forschung, vgl. Kroeber-Riel/Weinberg 2003, S. 267.

[249] Vgl. Schröder/Berghaus/Zimmermann 2005, S. 32.

- Lassen sich aus den Blickverläufen der Kunden bestimmte Muster erkennen?
- Inwieweit lässt sich die Aufmerksamkeitswirkung dem Regalplatz oder dem Artikel zuschreiben?

Allerdings ist diese Methode mit einigen Problemen verbunden. Dazu zählen:[250]

- Da eine biotische Untersuchungssituation nicht möglich ist, sind Verzerrungen durch Beobachtungseffekte nicht völlig auszuschließen.
- Konstruktions- und funktionsbedingt schließen helmbasierte Eyetracking-Systeme Probanden mit bestimmten Merkmalen aus. Brillen, Kontaktlinsen oder geschminkte Augenwimpern erzeugen z.T. zusätzliche Reflektionen. Auch das Erfordernis, bei der Kalibrierung notwendige Punkte für einen kurzen Moment exakt fixieren zu können, schränkt die Versuchspersonenauswahl ein.
- In der Regel erfolgt die Transkription der aufgezeichneten Blickbewegungsdaten manuell, da eine automatische Auswertung auf Grund der uneingeschränkten Körper- und Kopfbewegungsfreiheit nicht durchführbar ist. *Schroiff* sieht dadurch die Auswertungsobjektivität gefährdet.[251]

3.4.2.5 Persönliche Beobachtung

Unter Beobachtung versteht man die zielorientierte, planmäßige Erfassung von sinnlich wahrnehmbaren Tatbeständen zum Zeitpunkt ihres Auftretens. Gegenstand von Beobachtungen können sowohl Eigenschaften und Verhaltensweisen von einzelnen Personen (z.B. der zurückgelegte Weg in einer Einkaufsstätte) oder von Personengruppen (z.B. der Entscheidungsfindungsprozess in einer Gruppe) sein.[252] Abgesehen von dem Sonderfall der Selbstbeobachtung, bei

---

[250] Vgl. Schröder/Berghaus/Zimmermann 2005, S. 41.

[251] Vgl. Schroiff 1983, S. 17.

[252] Vgl. Kuß 2004, S. 114. Weitere Beispiele für Gegenstände der Beobachtung in der Marktforschung finden sich u.a. bei Zikmund 1997, S. 251.

der die Auskunftsperson ihr Handeln selbst beschreiben muss, erfolgt die Beobachtung durch unabhängige Dritte (= Fremdbeobachtung).[253]

Bei der persönlichen Beobachtung des Kaufverhaltens geht es um das konkrete Auswahl- und Entscheidungsverhalten von Kunden am Point of Purchase.[254] Der entscheidende Vorteil bei diesen Verfahren liegt in der gegebenen Realitätsnähe in der Einkaufsstätte, die aber im Gegenzug dazu führt, dass nicht alle auf den Kunden einwirkende Einflussfaktoren kontrollierbar sind. Bei der eigentlichen Kaufverhaltensbeobachtung unterscheidet *Salcher* quantitative und qualitative Aspekte, die diese Erhebungsmethode abdecken.[255]

Quantitativ kann man grundsätzlich ermitteln,

- wie viele Personen insgesamt am Warenträger vorbeigehen,
- wie viele davon vor dem relevanten Regalabschnitt stehenbleiben,
- wie viele davon ein bestimmtes Produkt näher betrachten,
- wie viele diesen Artikel aus dem Regal entnehmen und inspizieren,
- wie viele ggfs. das Verkaufspersonal um Auskünfte bitten und
- wie viele Kunden das Produkt entweder zurücklegen oder kaufen.

In **qualitativer** Hinsicht liefert diese Form der Beobachtung Auskünfte über

- die Spontanität der Zuwendung,
- die begleitende Mimik und Gestik (sofern erkennbar),
- den Umgang mit dem Artikel (entnehmen, begutachten, in den Korb legen)
- die Ausführlichkeit der Zuwendung und Beschäftigung mit dem Produkt.

Um einige oder gar alle Aspekte festzuhalten, notiert eine unauffällig gekleidete Person[256] das Verhalten von einzelnen, z.B. am Eingang ausgewählten Kunden auf einem entsprechenden Bogen, weshalb das Verfahren auch paper&pencil-Methode genannt wird - selbst wenn elektronische Hilfsmittel wie Handhelds

---

[253] Vgl. Martin/Wawrinowski 2003, S. 30 f.; Berekoven/Eckert/Ellenrieder 2004, S. 151.

[254] Vgl. Salcher 1995, S. 108 ff.

[255] Vgl. Salcher 1995, S. 110.

[256] In der Literatur wird häufig empfohlen, sich als Beobachter wie ein Mitarbeiter der Einkaufsstätte zu kleiden, um den Grund für seine längere Anwesenheit in einzelnen Warengruppen zu verheimlichen, vgl. z.B. Wells/Lo Sciuto 1966, S. 227 f.; Hoyer 1984, S. 825; Salcher 1995, S. 109. Andererseits kann das Outfit die suchenden Kunden u.U. dazu animieren, den Beobachter nach bestimmten Standorten von gewünschten Produkten zu fragen, so dass dieser von seiner Aufgabe abgelenkt wird, vgl. Eggert 1961, S. 6.

zum Einsatz kommen.[257] In der Regel handelt es sich dabei um einen Lageplan der Einkaufsstätte oder der Warengruppe, in dem die Positionen der Warenträger eingezeichnet sind. Im Rahmen von sog. Kundenlaufstudien[258] stehen der von den Kunden zurückgelegte Weg durch den Laden und sein Verhalten (z.B. unterschiedliche Verweildauern in einzelnen Warengruppen, Entnahme von Produkten, Gespräche mit dem Verkaufspersonal, Reaktion auf Sonder- und Zweitplatzierungen außerhalb des üblichen Warengruppenstandortes etc.) im Mittelpunkt des Interesses.[259] Auf Grund der Konzentration auf einzelne Probanden, denen die wenigen Beobachter je nach Aufgabenstellung unterschiedlich lange beim Gang durch den Laden nachlaufen,[260] kann diese Erhebungsmethode kein gleichzeitiges Bild über das gesamte Geschehen in der Einkaufsstätte bzw. in der Warengruppe wiedergeben.[261]

3.4.2.6 Videobeobachtung

Als Vorläufer der Videobeobachtung in Einkaufsstätten kann der aus heutiger Sicht nicht mehr zeitgemäßer Vorschlag von *Phillips* und *Bradshaw* gelten, die gesamte Verkaufsfläche bei der sog. **„time-lapse photography“** mit einer Vielzahl installierter Kameras in gleichmäßigen kurzen Zeitabständen zu fotografieren.[262] Bei dieser Methode werden im Gegensatz zur manuellen Erfassung des Aufenthaltortes einzelner Personen gleichzeitig alle Kunden in der untersuchten Einkaufsstätte aufgezeichnet. Durch das paarweise Vergleichen der Einzelbilder lassen sich einerseits die Wege der Kunden durch die Einkaufsstätte nachvollziehen. Andererseits erscheint diese Form der Beobachtung auch zur Identifizierung von stark frequentierten und weniger häufig aufgesuchten Bereichen oder für Vorher-Nachher-Vergleiche bei größeren Umbauaktionen des Ladens

---

[257] Einen Kundenbeobachtungsbogen in klassischer Papierform findet man z.B. bei Baumgartner 1981, S. 196 oder in einfacher Form bei Diller/Beba 1988, S. 114.

[258] Z.T. werden in der Literatur auch die Bezeichnungen Kundenstromanalysen oder Verhaltenskartierung verwendet, vgl. Baumgartner 1981, S. 195.

[259] Vgl. Engel 1975, S. 95; Silberer/Engelhardt/Volland 2004, S. 85 ff.

[260] Im Gegensatz zu den „mobilen Kundenlaufstudien“, bei denen die Beobachter den Kunden hinterhergehen, werden die Beobachtungen bei „stationären Kundenlaufstudien“ von festen Standorten vorgenommen, vgl. Herold 1988, S. 50.

[261] Vgl. Phillips/Bradshaw 1991, S. 20.

[262] Vgl. Phillips/Bradshaw 1991, S. 20 f. Die Autoren nennen bspw. eine Zeitspanne von einer Minute zwischen zwei Bildern.

geeignet zu sein.[263] Selbst wenn der Umfang des Datenmaterials im Vergleich zur permanenten Videoaufzeichnung geringer ausfällt, ist diese Sonderform der apparativen Beobachtung für eine detailliertere Analyse des Kundenverhaltens kaum anwendbar, da kürzere Verweildauern in engeren Zonen nicht erfasst werden können.

Daher liegt es nahe, das Kundenverhalten lückenlos auf Video aufzuzeichnen. Vor allem in größeren Einzelhandelsstandorten sind im Deckenbereich vielfach Überwachungskameras angebracht, deren aufgezeichnete Daten u.U. für die Marktforschung genutzt werden könnten. Anderenfalls ist der temporäre Einsatz von versteckt aufgebauten Videokameras zur Kundenbeobachtung denkbar.[264] Besonders gut für den mobilen Einsatz geeignet sind moderne digitale Aufzeichnungssysteme, bei denen die Daten der Videokameras direkt auf die Festplatte eines kompakten Rechner aufgezeichnet werden.

Die Einsatzmöglichkeiten für eine videogestützte Kundenbeobachtungsstudie im stationären Einzelhandel sind vielfältig. Für Fragen der Warenpräsentation lassen sich grundsätzlich zwei Anwendungsfelder skizzieren:

- Sonder- und Zweitplatzierungsformen:

  Bei Videoaufzeichnungen von einer Zweitplatzierung ist in der Regel von Interesse, wie viele Personen an einer solchen vorbeigehen, ohne von ihr Notiz zu nehmen, und wie viele Kunden Sicht- oder Greifkontakt haben. Auch das Geschlecht und das geschätzte Alter der Personen sowie deren Aufenthaltsdauer und die Zahl der Abbrecher bei der Beschäftigung mit Promotion-Platzierungen werden ermittelt.[265] Daraus geht hervor, welcher Kundenanteil kauft (und welcher nicht) und welche zusätzlichen Promotion-Elemente, wie z.B. Dekoration, Preisausschreiben betrachtet und aktiv genutzt werden.[266] Je nach Untersuchungsdesign können auch die Wirkung verschiedener Displayformen und deren Platzierung auf der Verkaufsfläche

---

[263] Vgl. Phillips/Bradshaw 1991, S. 22.

[264] Vgl. Salcher 1995, S. 109; Dodd/Clarke/Kirkup 1998, S. 314 ff.; Kirkup/Carrigan 2000, S. 470 ff.; Kurcina 2000, S. 16.

[265] Zu Sales-Promotions vgl. Teutner 2002, S. 5 ff.

[266] Vgl. zum Thema Promotion-Monitoring Wittmann 2003, S. 160 ff.

im Fokus einer Studie stehen. Denkbar ist der Einsatz der Videobeobachtung in diesem Zusammenhang ferner bei der Untersuchung des Kundenverhaltens im Kassenbereich, um eine Entscheidungsgrundlage zu liefern, ob aufwändig gestaltete und für den Hersteller teuere Displays in diesen „Wartezonen" installiert werden sollen. Als Beispiel seien hier an die gekühlten Tonnen und Säulen für alkoholfreie Getränke oder die hochwertige Automaten für Kaugummi genannt, bei denen sich eine Investition erst bei einer bestimmten Anzahl von Zugriffen pro 100 Käufern lohnt.

- Warenplatzierung im Regal:

  Auch der reguläre Standort von Artikeln im Warenträger kann im Mittelpunkt einer Beobachtungsstudie stehen. Neben eher allgemeineren Fragestellungen, die sich auf das grundsätzliche Verhalten von Kunden in dem natürlichen Umfeld einer Warengruppe beschränken, eignet sich die nicht-teilnehmende Beobachtung außerdem für die Analyse von Kundenreaktionen auf sog. Out-of-Stock-Situationen.[267] Darüber hinaus interessieren sich z.B. Category Manager auch für die Wirkungen, die verschiedene Platzierungsformen (Produkt-, Marken- oder Kreuzblock) auf die Such- und Entscheidungsprozesse von Käufern nehmen.

Um vor allem für diesen letzten Fall das vielschichtige Verhalten von Kunden systematisch darstellen zu können, bedarf es einer Reihe von Kennzahlen, die im Folgenden formal entwickelt und kurz erläutert werden.

[267] Out-of-Stock bezeichnet die Situation, in der ein Artikel zwar beim Händler gelistet ist, sich aber nicht im Bestand, genauer gesagt im Regal, befindet (= objektive Präsenzlücke). Im Gegensatz zu dieser engen Sichtweise meint die subjektiv vom Kunden wahrgenommene („gefühlte") Präsenzlücke den Fall, dass er das gewünschte Produkt nicht findet und daher nicht wissen kann, ob es tatsächlich nicht vorrätig ist, vgl. z.B. Schary/Christopher 1979, S. 61 ff.; Campo/Gijsbrechts/Nisol 2003, S. 284 f. Übersichten zu Arbeiten, die sich mit dem Kundenreaktionsverhalten auf Out-of-Stock-Situationen beschäftigen, finden sich u.a. bei Verbeke/Farris/Thurik 1998, S. 1008 ff.; Fitzsimons 2000, S. 250 ff.; Sloot/Verhoef/Franses 2005, S. 16 ff.

3.4.3 Kennzahlen für die Kundenbeobachtung

3.4.3.1 Kennzahlen zur Kundenstruktur im Gang

Zunächst lassen sich die beobachteten Personen, die sich in der Warengruppe aufhalten, hinsichtlich ihres Verhaltens in drei verschiedene Gruppen einteilen:[268]

- $i^g \in \{1,...,L\}$ **Nicht-interessierte Nicht-Käufer**, L = Anzahl aller Personen, die sich im Erhebungszeitraum in dem Gang, nicht aber vor dem beobachteten Regal aufhalten und sich folglich auch nicht mit der darin befindlichen Ware beschäftigen, d.h. entweder laufen sie ohne eines erkennbaren Blickes auf das relevante Regal durch den Gang oder sie konzentrieren sich ausschließlich auf die diesem Regal gegenüberliegende Gangseite.

- $i^b \in \{1,...,M\}$ **Interessierte Nicht-Käufer**, M = Anzahl aller Kunden, die im Erhebungszeitraum das untersuchte Regal anschauen, aber kein Produkt mitnehmen, d.h. sie legen eventuell zur Begutachtung entnommene Produkte vor dem Verlassen des Ganges wieder zurück.

- $i^k \in \{1,...,N\}$ **Käufer**, N = Anzahl aller Kunden, die im Erhebungszeitraum aus dem Regal Produkte entnehmen und den Gang mit diesen verlassen.

Zur Analyse des Kundenverhaltens in Abhängigkeit von der Warengruppe erscheint es zweckmäßig, nur die Personengruppen zur Grundgesamtheit zu

[268] Unberücksichtigt bleiben u.a. das Personal des Händlers sowie Außendienstmitarbeiter von Herstellern.

zählen, die sich tatsächlich mit den angebotenen Produkten der untersuchten Warengruppe beschäftigen: **Interessierte Nicht-Käufer** und **Käufer**:

$\sum_{i=1}^{M} i^b$ und $\sum_{i=1}^{N} i^k$ Grundgesamtheit der Kunden vor einem Regal.

Erstreckt sich der Erhebungszeitraum über einen gesamten Wochentag oder gar über mehrere Wochentage, erlauben es die wochentags- bzw. uhrzeitabhängigen Unterteilungen der beobachteten Kundengruppen, differenzierte Aussagen über die Kundenstrukturen im Zeitablauf zu treffen. Denkbar sind hier bspw. tageszeitabhängige Vergleiche der Verhältnisse zwischen den jeweiligen Käufer- und Nicht-Käufer-Gruppen zur Identifizierung von Zeiträumen mit z.B. hoher Frequenz im Gang, aber dennoch insgesamt geringem Käuferinteresse an der Warengruppe. Es geht folglich um die Frage, ob es Zeitintervalle gibt, in denen sich vorwiegend Käufer vor dem Regal aufhalten oder in denen der Anteil der Nicht-Käufer größer ist:

$\sum_{i=1}^{M_t} i_\theta^b \gtrless \sum_{i=1}^{N_t} i_\theta^k$ Vergleich der beiden Kundengruppen interessierte Nicht-Käufer und Käufer innerhalb des Zeitintervalls θ.

Ferner können im Rahmen der Kundenstrukturanalyse auch eine geschlechtsspezifische Differenzierung der Beobachteten oder die Unterscheidung zwischen Einzelkunden und Kundengruppen (und ihre Zusammensetzung) von Interesse sein.[269]

3.4.3.2 Kennzahlen zur Laufrichtung

Unter der Voraussetzung, dass sich das zu analysierende Regal nicht in einem Gang befindet, der als eine Art Sackgasse den Kundenstrom determiniert, gibt die Analyse der Laufrichtung Hinweise darauf, ob die Kunden überwiegend von einer Seite kommend an das Regal herantreten und somit zuerst mit Produkten konfrontiert werden, die sich in den ersten Regalsegmenten befinden.

---

[269] Auf die Einführung von weiteren Indizes zur Abbildung dieser Fälle wird an dieser Stelle verzichtet.

Zur formalen Darstellung der Richtung, aus der die interessierten Nicht-Käufer und Käufer den Gang betreten und ihn wieder verlassen, sollen die Variablen T_i und U_i dienen, die entweder den Wert 0 oder 1 annehmen können.

$$T_i = \begin{cases} 1\text{: Kunde betritt das Regal von rechts} \\ 0\text{: Kunde betritt das Regal von links} \end{cases}$$

$$U_i = \begin{cases} 1\text{: Kunde verlässt das Regal nach rechts} \\ 0\text{: Kunde verlässt das Regal nach links} \end{cases}$$

Der prozentuale Anteil der Käufer, der von rechts an das Regal herantritt, ist somit:[270]

$$t_R^k = \frac{\sum_{i=1}^{N} T_i^k}{N} \bullet 100\% \qquad (1a)$$

Dementsprechend gilt für den Anteil der von links an das Regal herantretenden Käufer:

$$t_L^k = \frac{\sum_{i=1}^{N} (1 - T_i^k)}{N} \bullet 100\% \qquad (1b)$$

Die Kennzahlen in (2a) und (2b) geben die Verteilung der Käufer an, die das Regal nach rechts bzw. nach links verlassen:

$$u_R^k = \frac{\sum_{i=1}^{N} U_i^k}{N} \bullet 100\% \qquad (2a)$$

bzw.

[270] Für interessierte Nicht-Käufer können die folgenden Kennziffern analog mit dem Index b gebildet werden.

$$u_L^k = \frac{\sum_{i=1}^{N}(1-U_i^k)}{N} \bullet 100\% \qquad (2b)$$

Die Kennziffer tu_G^k zeigt den Anteil der Käufer an, die den Gang als eine Art Wendepunkt benutzen, weil sie ihn in die gleiche Richtung wieder verlassen wie sie ihn betreten haben:

$$tu_G^k = \sum_{i=1}^{N} \frac{T_i^k U_i^k + (1-T_i^k)(1-U_i^k)}{N} \bullet 100\% \qquad (3)$$

mit

$\sum_{i=1}^{N} T_i^k U_i^k$	Anzahl der Käufer, die von rechts kommen **und** nach rechts gehen.
$\sum_{i=1}^{N}(1-T_i^k)(1-U_i^k)$	Anzahl der Käufer, die von links kommen **und** nach links gehen.

Anzumerken ist an dieser Stelle, dass die Aussagekraft bei isolierter Betrachtung der Kennzahlen zur Laufrichtung begrenzt ist. Der Standort des Regals innerhalb einer Einkaufsstätte sowie ladenbaugestalterische Maßnahmen, die eine Lenkung des Kundenstroms zum Ziel haben können,[271] sollten daher Berücksichtigung finden.

Ebenfalls zu den Laufrichtungskennzahlen zählt die Kennziffer q^k, die die durchschnittliche Anzahl der Kehrtwendungen der Käufer während ihres Aufenthalts vor dem Regal wiedergibt. Gemeint sind damit die zwischen dem Betreten und dem Verlassen des Ganges zu beobachtenden Laufrichtungsänderungen von Kunden, die zu Regalsegmenten zurückkehren, die sie bereits passiert haben. Gegebenenfalls lassen sich aus der Häufigkeit und aus den zeitlichen Abständen der Kehrtwendungen Rückschlüsse auf das Orientierungsverhalten der beobachteten Personen schließen.

---

[271] Vgl. Kap. 2.2.

$$q^k = \frac{\sum_{i=1}^{N} Q_i^k}{N} \tag{4}$$

mit

$Q_i^k \in \{0, ..., W\}$ Anzahl der Kehrtwendungen des Käufers i^k vor dem Regal zwischen dem Betreten und dem Verlassen des Ganges, wobei W die jeweils maximal beobachtete Anzahl von Laufrichtungsänderungen für jeden Käufer darstellt.

3.4.3.3 Kennzahlen zur Verweildauer

Die Dauer zwischen dem Zeitpunkt, in dem ein Kunde den Gang betritt und sich dem beobachteten Regalbereich zuwendet, und dem Moment, in dem er diesen wieder verlässt, heißt Verweildauer. Die Verweildauer umfasst die Zeitspanne, in der sich die Person vor dem Regal aufhält, Produkte betrachtet, entnimmt und diese in den Einkaufswagen legt.

Die Kennzahl vdr^k beschreibt, wie lange sich die Käufer im Durchschnitt vor dem untersuchten Regal aufhalten.

$$vdr^k = \frac{\sum_{i=1}^{N} VDR_i^k}{N} \tag{5}$$

mit

VDR_i^k Verweildauer des Käufers i^k vor dem Regal.

Erstreckt sich die untersuchte Warengruppe über ein längeres Regal, erlaubt die Unterteilung der Verweildauer von Käufern vor dem Regal in kleinere

Einheiten, z.B. in einzelne Regalsegmente,[272] eine detailliertere Analyse. Aus auswertungstechnischen Gründen bietet sich im Rahmen einer Videobeobachtung insbesondere der Regalboden, der i.d.R. 1,25 m breit ist, als Maßeinheit an.

Die Kennzahl vds_x^k gibt an, wie lange sich die Käufer im Durchschnitt vor dem Regalsegment x aufhalten.

$$vds_x^k = \frac{\sum_{i=1}^{N} VDS_{x,i}^k}{N} \quad (6)$$

mit

$VDS_{x,i}^k$	Verweildauer des Käufers i^k vor dem Regalsegment x.
$x \in \{1,\dots,R\}$	Regalsegment, R = Anzahl aller nebeneinander liegenden Regalsegmente, aus denen der beobachtete Warenträger besteht.

Mit $vdsr_x^k$ ist das Verhältnis zwischen der Dauer, die sich die Kunden durchschnittlich vor dem Regalsegment x aufhalten, und der gesamten durchschnittlichen Verweildauer vor dem Regal gemeint.

$$vdsr_x^k = \frac{vds_x^k}{vdr^k} \quad (7)$$

---

272 Der Begriff „Regalsegment“ beschreibt in der vorliegenden Arbeit die kleinste Auswertungseinheit. Dabei werden übereinander liegende Regalböden zusammengefasst und nicht weiter differenziert. In anderen Veröffentlichungen des Lehrstuhls für Marketing & Handel der Universität Duisburg-Essen, in denen die Videobeobachtung und die Blickaufzeichnung behandelt werden, findet sich hierfür jedoch der Begriff „Regalelement“, da bei der Blickaufzeichnung jeweils der einzelne Regalboden analysiert wurde und demzufolge als dann kleinste Auswertungseinheit mit dem Begriff „Regalsegment“ belegt wurde, vgl. Schröder/Möller/Zimmermann 2007a und Schröder/Möller/Zimmermann 2007b.

3.4.3.4 Kennzahlen zur Produktentnahme

Um im Rahmen der Analyse des Entscheidungsfindungsprozesses Fragen nach der Anzahl von Produktkontakten bis zum Kauf oder ähnliches beantworten zu können, erscheint es naheliegend, die zu beobachtenden Entnahmen von Artikeln mittels Kennziffern zu beschreiben. Da nicht alle Kunden nur die Produkte aus dem Regal greifen, die sie anschließend auch tatsächlich kaufen, sondern ebenso Artikel in die Hand nehmen, die sie nach einer näheren Begutachtung wieder in den Warenträger zurücklegen, ist zwischen der **Entnahme**, dem **Zurücklegen** und dem **Kaufen** eines Produktes zu differenzieren.

Die Kennzahl pe^k gibt an, wie viele Produkte die Käufer im Durchschnitt aus dem untersuchten Regal entnehmen.

$$pe^k = \frac{\sum_{i=1}^{N} \sum_{e=1}^{E} PE_{e,i}^k}{N} \tag{8}$$

mit

$\sum_{e=1}^{E} PE_{e,i}^k$	Summe aller Produktentnahmen des Käufers i^k.
$e \in \{1, ..., E\}$	Anzahl der Entnahmen des Käufers i^k, wobei E die jeweils maximale Anzahl beobachteter Entnahmen pro Kunde verdeutlicht.

Die Kennzahl pz^k gibt an, wie viele der entnommenen Produkte die Käufer im Durchschnitt wieder in das untersuchte Regal zurücklegen.

$$pz^k = \frac{\sum_{i=1}^{N} \sum_{z=1}^{Z} PZ_{z,i}^k}{N} \tag{9}$$

mit

$\sum_{z=1}^{Z} PZ_{z,i}^{k}$	Summe der vom Käufer i^k zurückgelegten Produkte.
$z \in \{1, ..., Z\}$	Anzahl der vom Käufer i^k zurückgelegten Produkte, wobei Z die jeweils maximale Anzahl der zurückgelegten Produkte pro Kunde verdeutlicht.

Die Kennzahl pk^k sagt aus, wie viele der entnommenen Produkte die Käufer im Durchschnitt aus dem untersuchten Regal kaufen.

Es gilt:

$$pk^k = pe^k - pz^k \tag{10}$$

bzw.

$$pk^k = \frac{\sum_{i=1}^{N} \sum_{y=1}^{Y} PK_{y,i}^{k}}{N} \tag{11}$$

mit

$\sum_{y=1}^{Y} PK_{y,i}^{k}$	Summe der vom Käufer i^k gekauften Produkte.
$y \in \{1, ..., Y\}$	Anzahl der gekauften Produkte des Käufers i^k, wobei Y das jeweils letzte gekaufte Produkte jedes Kunden darstellt.

Der Vergleich von pe^k und pk^k kann u.U. erste Anzeichen für mögliche Entscheidungsschwierigkeiten beim Käufer liefern. So könnte eine hohe Entnahmezahl bei gleichzeitig geringer Kaufmenge im Sinne von

$$pe^k >> pk^k$$

darauf hinweisen, dass die beobachteten Käufer beispielsweise mit der Warengruppe weniger vertraut sind und deshalb erst eine Vielzahl von Artikeln näher inspizieren müssen, bevor sie sich für ein Produkt entscheiden. Gleichzeitig können eine niedrige durchschittliche Anzahl von zurückgelegten Artikeln in Verbindung mit einer kurzen Verweildauer vor dem Regal Indizien für einen überwiegend routinemäßigen Kauf darstellen.

Wie bereits in Kap. 3.4.3.1 definiert, zeichnet sich ein interessierter Nicht-Käufer i^b dadurch aus, dass er alle ggfs. entnommenen Produkte vor dem Verlassen des Ganges zurückgelegt hat.

Eine regalspezifische Differenzierung der Produktentnahmen gibt weiterhin Auskunft darüber, aus welchen Regalsegmenten die Käufer zwar viele Artikel entnehmen, aber vergleichsweise wenig kaufen. Zu diesem Zwecke können die oben genannten Kennzahlen durch den Index x $(x \in \{1, ..., R\})$ für die einzelnen Regalsegmente des betrachteten Warenträgers erweitert werden.

Zur Beurteilung des Orientierungsverhalten wird ferner die Kennziffer $zepe^k$ eingeführt, die die durchschnittliche Zeit zwischen dem Betreten der Warengruppe bis zur ersten Entnahme eines Produktes durch einen Käufer angibt.

$$zepe^k = \frac{\sum_{i=1}^{N} ZEPE_i^k}{N} \tag{12}$$

mit

$ZEPE_i^k$ Zeit bis zur ersten Produktentnahme durch den Käufer i^k.

3.4.3.5 Kennzahlen zur Produkt- und zur Regalbeschäftigungsdauer

Wie bereits angedeutet, lässt sich die Zeit, die ein Kunde vor dem Regal bzw. vor einzelnen Regalsegmenten verweilt, weiter differenzieren. Der Kunde kann sich einerseits mit dem Regal, d.h. mit den darin befindlichen Produkten oder mit den am Regal angebrachten Informationen wie Regalbeschriftungen, Regalbodentrennern oder Preisschildern beschäftigen. Andererseits kann er seine Konzentration auch auf einzelne bereits aus dem Regal entnommene Artikel lenken. Während es sich im ersten Fall um **regalbezogene** Zeitspannen handelt, die der Suche sowie der Orientierung am Regal zugeordnet werden können, beziehen sich die **produktbezogenen** Zeiten auf die gezielte Suche nach Produktinformationen sowie auf die Konkretisierung und Abwicklung des Kaufvorganges, indem das Produkt z.B. im Einkaufswagen verstaut wird.

Die gesamte Produktbeschäftigungsdauer $BDPE_i^k$ errechnet sich aus der Summe der Zeiten, die sich der Käufer i^k mit jedem entnommenen Produkt beschäftigt.

$$BDPE_i^k = \sum_{e=1}^{E} BDPE_{e,i}^k \qquad (13)$$

mit

$BDPE_{e,i}^k$ Beschäftigungsdauer des Käufers i^k mit dem entnommenen Produkt e.

Aus der Differenzbetrachtung zwischen der Regalverweildauer und der Produktbeschäftigungsdauer ergibt sich die Regalbeschäftigungsdauer BDR_i^k, also die Zeit, die sich der Käufer i^k mit dem Warenträger und den darin platzierten Artikeln befasst.

$$BDR_i^k = VDR_i^k - BDPE_i^k \qquad (14)$$

Grundsätzlich kann die Regalverweildauer neben der Regalbeschäftigungsdauer und der Produktbeschäftigungsdauer noch weitere Zeitintervalle beinhalten, in denen sich der beobachtete Käufer z.B. im Gespräch mit anderen Personen (Personal, Begleiter etc.) befindet. Diese sollen aber im weiteren Verlauf nicht näher betrachtet werden.

Für die durchschnittliche Regalbeschäftigungsdauer bdr^k aller Käufer gilt analog:

$$bdr^k = vdr^k - bdpe^k \qquad (15)$$

mit

$bdpe^k = \frac{\sum_{i=1}^{N}\sum_{e=1}^{E} BDPE^k_{e,i}}{N}$	Durchschnittliche Beschäftigungsdauer mit allen entnommenen Produkten über alle Käufer hinweg.

Die Kennzahl $BDS^k_{x,i}$ beschreibt die Regalsegmentbeschäftigungsdauer des Käufers i^k mit dem Regalsegment x:

$$BDS^k_{x,i} = VDS^k_{x,i} - BDPE^k_{x,i} \tag{16}$$

und bds^k_x die durchschnittliche Beschäftigungsdauer aller Käufer mit dem Regalsegment x:

$$bds^k_x = vds^k_x - bdpe^k_x \tag{17}$$

mit

$bdpe^k_x = \frac{\sum_{i=1}^{N}\sum_{e=1}^{E} BDPE^k_{e,i,x}}{N}$	Durchschnittliche Beschäftigungsdauer aller Käufer mit allen aus dem Regalsegment x entnommenen Produkten.

und

$bdpe^k_x = 0$	Sofern aus dem Regalsegment x kein Produkt entnommen wurde.

3.4.3.6 Zusammenfassende Übersicht

Zur Verdeutlichung der oben entwickelten Kennzahlen dient einerseits die Abb. 3-10, die exemplarisch einige Größen an einem Warenträger mit fünf Regalsegmenten zeigt. Hierbei bleibt der Kunde vor dem dritten Segment stehen, betrachtet die dort befindlichen Produkten und entnimmt einen Artikel (1), mit dem er sich näher beschäftigt, um z.B. den Aufdruck auf der Verpackung zu lesen (2). Im Anschluss daran kauft er das Produkt (3), alternativ könnte er es aber auch zurücklegen (3'). Auf der anderen Seite listet die Abb. 3-11 die wesentlichen Kennzahlen noch einmal überblickartig auf.

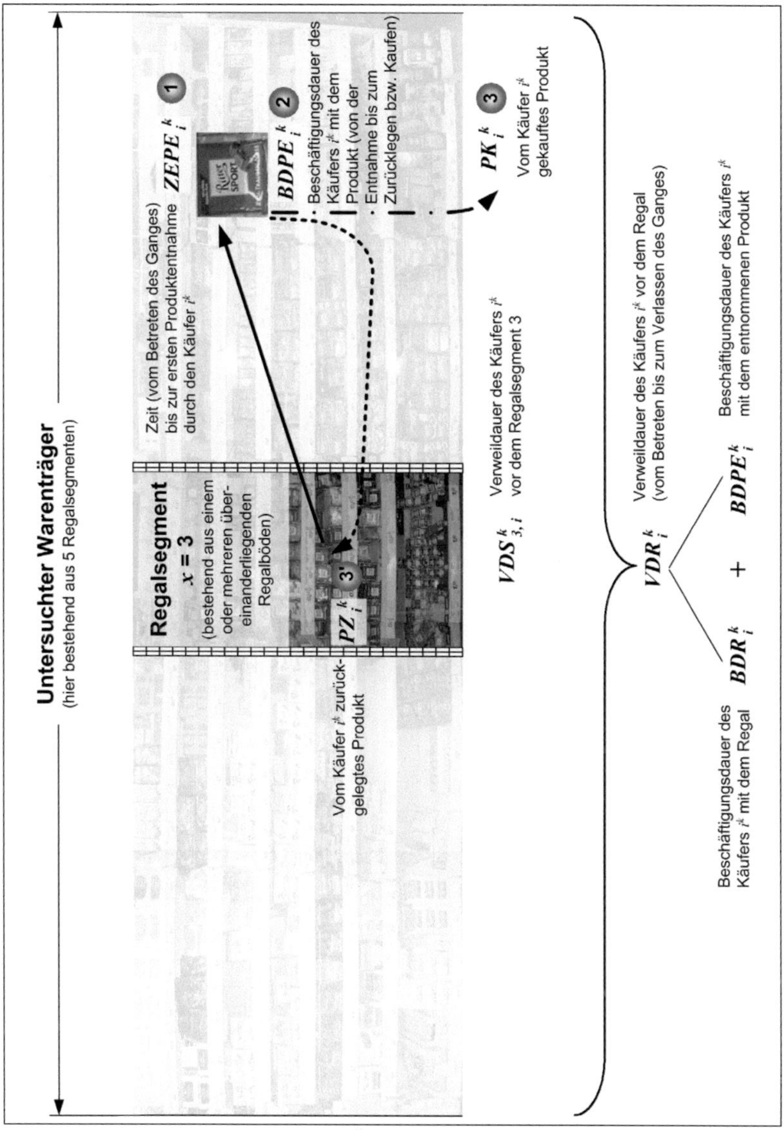

Abb. 3-10: Zusammenfassende Darstellung wichtiger Kennzahlen am Beispiel eines Tafelschokoladen-Regals

i^g	Nicht-interessierte Nicht-Käufer
i^b	Interessierte Nicht-Käufer
i^k	Käufer
VDR_i^k	Verweildauer des Käufers i^k vor dem Regal.
vdr^k	Durchschnittliche Verweildauer aller Käufer vor dem Regal
$VDS_{x,i}^k$	Verweildauer des Käufers i^k vor dem Regalsegment x.
vds_x^k	Durchschnittliche Verweildauer aller Käufer vor dem Regalsegment x.
pe^k	Durchschnittliche Anzahl (von Käufern) entnommener Produkte
pz^k	Durchschnittliche Anzahl (von Käufern) zurückgelegter Produkte
pk^k	Durchschnittliche Anzahl der gekauften Produkte
$ZEPE_i^k$	Zeit bis zur ersten Produktentnahme durch den Käufer i^k
$zepe^k$	Durchschnittliche Zeit bis zur ersten Produktentnahme aller Käufer
$BDPE_{e,i}^k$	Beschäftigungsdauer des Käufers i^k mit dem entnommenen Produkt e.
$bdpe^k$	Durchschnittliche Beschäftigungsdauer mit allen entnommenen Produkten über alle Käufer hinweg.
bdr^k	Durchschnittliche Regalbeschäftigungsdauer aller Käufer

Abb. 3-11: Tabellarische Übersicht wichtiger Kennzahlen

Während die bisher entwickelten Kennziffern ausschließlich Informationen berücksichtigen, die aus dem beobachtbaren Kundenverhalten resultieren, ließen sich darüber hinaus diese Daten auch mit anderen Größen verknüpfen, wie beispielsweise dem Rohertrag, der sich aus der Differenz zwischen Umsatz und den Wareneinstandskosten bestimmt.[273]

$$RE^k = \sum_{x=1}^{R} RE_{x,i}^k \tag{18}$$

[273] Vgl. Berghaus 2003, S. 190 f.

mit

$RE^{k}_{x,i}$ Rohertrag für das Regalsegment x, den Käufer i^{k} durch den Kauf eines oder mehrerer darin befindlicher Produkte erbringt.

Auf dieser Basis lässt sich dann z.B. errechnen, welchen Rohertrag ein Käufer i^{k} in der untersuchten Warengruppe im Verhältnis zu seiner Verweildauer vor dem Regal erzielt.

$$\frac{RE^{k}_{i}}{VDR^{k}_{i}} \qquad (19)$$

Analog dazu setzt die Rohertrags-Regalsegmentbeschäftigungsdauer-Relation den Rohertrag für das Segment x ins Verhältnis zur gesamten Beschäftigungsdauer mit diesem Bereich.

$$\frac{RE^{k}_{x}}{BDS^{k}_{x}} \qquad (20)$$

Diese sonstigen Kennzahlen dienen lediglich der exemplarischen Darstellung. In ähnlicher Weise ließen sich in Verbindungen mit den Daten aus dem Warenwirtschaftssystem oder ähnlichem zahlreiche weitere Größen entwickeln, die allerdings für die weiteren Ausführungen keine Bedeutung haben sollen.

3.5 Empirische Erkenntnisse zum Kundenverhalten am Point of Purchase

Die in Kap. 2.4 vorgestellten Arbeiten untersuchten die Zusammenhänge zwischen variierten Regalgestaltungsparametern und Warengruppenumsätzen. Durch die Berücksichtigung von Kaufakten stand folglich der Point of Sale, also der Verkaufspunkt im Sinne der Scannerkasse, im Vordergrund.[274] Im Gegensatz dazu greift dieser Abschnitt Studien auf, die sich mit dem Verhalten von Kunden in Warengruppen bzw. vor Regalen beschäftigen. Im Fokus stehen dabei sowohl das Such- und Entscheidungsverhalten von Kunden unmittelbar am Warenträger als auch deren Wahrnehmung des untersuchten Regals. Allen Studien ist gemein, dass sie zur Analyse des Kundenverhaltens das Instrument der Beobachtung in Form der persönlichen bzw. apparativen Videobeobachtung oder in Form der apparativen Blickaufzeichnung (gegebenenfalls kombiniert mit der Befragung) einsetzen.

Zu den ersten veröffentlichten Aufsätzen zum Kundenverhalten am PoP gehören die Untersuchungen von *Wells* und *Lo Sciuto*, die über einen längeren Zeitraum insgesamt 1500 Personen von Studierenden beobachten ließen.[275] In mehreren Supermärkten notierten diese handschriftlich und möglichst detailliert das Verhalten von Kunden, die sich in den Gängen mit Cerealien, Süßigkeiten oder Reinigungsmitteln aufhielten. Die Autoren stellten u.a. fest, dass die Entscheidung für den Kauf eines Produktes nicht immer nur von einer Person getroffen, sondern häufig von begleitenden Menschen, insbesondere von Kindern, beeinflusst wurde. Ferner zeigten die Ergebnisse, dass die meisten Kunden mit konkreten Kaufabsichten die Warengruppen Cerealien und Reinigungsmittel aufsuchten, wohingegen 44% der beobachteten Kunden das Süßigkeitenregal zwar betrachteten, aber kein Produkt kauften.[276]

---

[274] Vgl. Nieschlag/Dichtl/Hörschgen 2002, S. 458.

[275] Vgl. Wells/Lo Sciuto 1966, S. 227 ff.

[276] Vgl. Wells/Lo Sciuto 1966, S. 231.

Becker beschäftigte sich in seiner Arbeit mit dem Kundenverhalten beim Kauf von vorverpackten Rinderschmorbraten, die in einer Kühlwanne für Fleisch angeboten wurden.[277] Die Erhebungsphase erstreckte sich über eine Woche, wobei in der ersten Wochenhälfte (Donnerstag bis Samstag) das Fleisch als preisreduzierte Ware im Angebot war und durch Plakate an der Schaufensterfront sowie durch Deckenhänger beworben wurde. Für die übrigen Tage (Montag bis Mittwoch) fand der Verkauf zum Normalpreis statt.[278] In 12 Filialen (mit durchschnittlichen Verkaufsflächen von ca. 500 m²) eines Lebensmittelfilialisten wurden 996 Kunden beobachtet, die entweder Schmorbraten kauften oder sich dafür interessierten, diesen aber nicht kauften.[279] Die zusätzliche Befragung der Kunden zielte auf deren Erinnerungs- und Wiedererkennungswerte bezüglich der Ladenwerbemittel ab. Im Hinblick auf das Kundenverhalten am Point of Purchase zeigte sich, dass die Kunden, die am Warenträger unter Produktzuwendung stehen blieben, im Mittel 53 Sekunden verweilten. In dieser Zeit hielt die überwiegende Mehrheit (93%) der Personen durchschnittlich drei entnommene Produkte prüfend in der Hand und verglich diese untereinander oder stellte Preisvergleiche an, 65% der Kunden kauften auch eine Packung. Kaum ein Käufer trat gezielt an die Kühlwanne und entnahm schnell einen Artikel, den er dann mitnahm.[280] Ein Kritikpunkt in dieser Untersuchung ist in der Tatsache zu sehen, dass in den meisten Einkaufsstätten jeweils nur ein Beobachter eingesetzt wurde, der neben der eingehenden Protokollierung des beobachteten Verhaltens auch mit der Befragung der Kunden beschäftigt war. In den Fällen, in denen eine weitere Person eingesetzt und mit wenigen und einfachen Beobachtungen betraut wurde, wichen die Angaben zur Anzahl der Kunden, die sich mit den Artikeln beschäftigten, diese entnahmen oder gar kauften, deutlich voneinander ab.[281]

---

[277] Vgl. Becker 1973, S. 184 ff.

[278] Der Autor räumte selbst ein, bei der Festlegung der Erhebungstage übersehen zu haben, Schmorbraten als sogenannten Wochenendartikel einzustufen, da üblicherweise 78%, auf Grund der Preisaktion sogar 85%, der Schmorbratenumsätze auf die Tage Donnerstag, Freitag und Samstag entfielen, vgl. Becker 1973, S. 188.

[279] Die Kunden wurden aufs Geratewohl ausgewählt, da jeweils die Person nach der Protokollierung des vorherigen Erhebungsbogens beobachtet wurde, die als nächste an die Kühltruhe herantrat.

[280] Vgl. Becker 1973, S. 197 f.

[281] Vgl. Becker 1973, S. 198 ff.

Mit dem Entscheidungsprozess von Kunden beim Kauf von Waschmitteln befasste sich *Hoyer*.[282] Das Untersuchungsdesign sah in drei Filialen einer Lebensmittelkette die direkte Beobachtung von 120 Kunden bei ihrer Suche in einer sog. low-involvement Warengruppe vor, ohne jedoch zu erläutern, wie das Involvement der Kategorie gemessen wurde.[283] Darüber hinaus wurden die Kunden zu ihrem Kaufvorgang befragt. Die Auswertung der Beobachtungsdaten ergab, dass eher selten ein Produkt näher betrachtet wurde, was hinterher nicht genommen wurde. 72% aller Käufer begutachteten nur den Artikel, den sie auch kauften, so dass Vergleiche zwischen verschiedenen Marken oder zwischen unterschiedlichen Packungsgrößen die Ausnahme waren. Die durchschnittliche Zeit bis zur Produktentnahme lag bei 13 Sekunden, wobei allerdings die Angaben über die Regallänge und die Artikelanzahl fehlen.

In einer weiteren Arbeit analysierte *Hoyer* gemeinsam mit *Cobb* die Warengruppen Kaffee und Hygienepapiere.[284] Dazu beobachteten sie insgesamt 542 Kunden dreier Einkaufsstätten und befragten auch den Großteil (96%) davon unmittelbar nach Verlassen des Ganges.[285] Wie schon bei der ersten Studie benötigten die beobachteten Kunden mit durchschnittlichen 17 bzw. 12 Sekunden relativ wenig Zeit, um die Produktauswahl bei Kaffee bzw. Papiertaschentüchern zu treffen. Die durchschnittliche Anzahl der Produktentnahmen waren mit 1,4 respektive 1,7 Artikeln pro Kunde auf einem ähnlich niedrigen Niveau.

D'Astous, *Bensouda* und *Guindon* griffen den Forschungsansatz von *Hoyer* auf, bezogen diese aber auf die Warengruppe Schmerzmittel, bei der (im Gegensatz zu den oben analysierten Produkten) ein stärkeres Involvement bei den Kunden und eine geringere Kaufhäufigkeit unterstellt wurde.[286] Die Kategorie zeichnete sich in der für die Erhebung ausgewählten Drogerie durch eine Vielzahl von Marken, unterschiedlichen Bestandteilen sowie Verpackungsgrößen und Verpackungsformen aus. Die Auswertung der Beobachtungsprotokolle von 98 Käu-

---

[282] Vgl. Hoyer 1984, S. 824 ff.

[283] Vgl. Hoyer 1984, S. 824.

[284] Vgl. Cobb/Hoyer 1985, S. 170 ff.

[285] Jeder zweite Kunde schickte ferner noch einen vorgegebenen, selbst ausgefüllten Fragebogen zurück, vgl. Cobb/Hoyer 1985, S. 171.

[286] Vgl. D'Astous/Bensouda/Guindon 1989, S. 434 ff.

fern ergab eine mittlere Verweildauer vor dem Regal von etwa 47 Sekunden. Auch die Zeit bis zur Entnahme des später gekauften Produktes lag mit 21 Sekunden deutlich über den von *Hoyer* ermittelten Werten.[287]

Mit der Wahrnehmung von Artikeln in einem Warenträger beschäftigte sich *Leven*, der mittels einer Blickregistrierungskamera im Rahmen einer Feldstudie die Augenbewegungen dreier Kundinnen bei der Suche nach vorgegebenen Artikeln aufzeichnete.[288] Das aus fünf Regalböden bestehende Kühlregal für Joghurt- und Dessert-Produkte wies auf den Böden 1, 3 und 4 eine hohe vertikale Regalplatzwertigkeit auf, da der unterste und der in Augenhöhe befindliche Bereich im Vergleich zum übrigen Regal am häufigsten fixiert wurden. Im Hinblick auf die **horizontale Regalplatzwertigkeit** zeigten die Probandinnen einen leichten Trend zur Mitte. Dem Regalteil, der auf Grund der Laufrichtung am entferntesten lag, schenkten sie weniger Aufmerksamkeit. Die Informationsaufnahme begann (abhängig von der Laufrichtung) am Regalanfang, jedoch auf unterschiedlichen Regalböden.

Auch *Russo* und *Leclerc* setzten zur Analyse des Suchverhaltens das Instrument der Blickregistrierung ein.[289] Vor einem im Labor aufgebauten möglichst realistischen Warenträger mit unbekannter Produktplatzierung sollten 47 Hausfrauen in den Warengruppen Apfelmus, Ketchup und Erdnussbutter jeweils einen zuvor zu benennenden Artikel suchen. Auf Basis der 138 verwertbaren Videoclips schlossen die Autoren auf eine Dreiteilung des Betrachtungsverlaufes. Nach einer ersten Phase der Orientierung folgt die Phase der Analyse und Exploration des Warenangebotes und geht dann über in die dritte Phase, die als Überprüfung bzw. Verifizierung gedeutet wurde.[290]

Eine ähnliche Fragestellung verfolgte die Feldstudie des Lehrstuhls Marketing und Handel der Universität Duisburg-Essen, deren Ziel die Messung der Wahr-

---

[287] Vgl. D'Astous/Bensouda/Guindon 1989, S. 435.

[288] Vgl. Leven 1984a, S. F16; Leven 1984b, S. F24 ff. Da die Studie von *Leven* als Demonstration der Blickaufzeichnungs-Methode konzipiert war und sich auf eine sehr geringe Stichprobe stützte, erhoben die Ergebnisse keinen Anspruch auf Repräsentativität oder Allgemeingültigkeit, vgl. Leven 1984a, S. F16.

[289] Vgl. Russo/Leclerc 1994, S. 275 ff.

[290] Vgl. Russo/Leclerc 1994, S. 277 ff.

nehmung von Kunden vor Regalen mit Frischkäseprodukten war.[291] In drei Einkaufsstätten eines SB-Warenhaus-Filialisten wurden insgesamt 51 Kunden bei ihrem Einkauf mit Hilfe einer drahtlosen Eye-Tracking-Einheit beobachtet und anschließend u.a. über ihre Einkaufserfahrungen, den Anlass für den Kauf von Frischkäse und über den Sucherfolg befragt. Während in allen Einkaufsstätten die Hauptlaufrichtung der Kunden (gegen den Uhrzeigersinn) und die Abmaße der Regale (drei Regalmodule à 1,25 m Breite) identisch waren, unterschieden sich die Erhebungsorte in ihren Regal- und Platzierungsformen. Während die Einkaufsstätte 1 den Frischkäse in einem freistehenden Regal präsentierte, waren die Einkaufsstätten 2 und 3 mit Wandregalen ausgestattet, wobei in der Einkaufsstätte 2 das Regal über Eck angeordnet war. Sowohl in der ersten als auch in der dritten Einkaufsstätte verteilten sich die Waren auf fünf Regalböden, wobei die untere Ebene um ca. 20 cm in Form einer Wanne nach vorne verlängert war. Für die zweite Einkaufsstätte traf dies nur für das rechte Regaldrittel zu. Im mittleren und linken Drittel fehlte der zweite Regalboden, um die Frischkäseprodukte auf Paletten platzieren zu können. Die Analyse der relativen Fixationsdauern für jeden einzelnen Regalboden ergab eine uneinheitliche Verteilung von aufmerksamkeitsstarken (Hot Zones) und aufmerksamkeitsschwachen (Cold Zones) Bereichen innerhalb des Frischkäse-Warenträgers.[292] Da in den Hot Zones überwiegend starke Artikel, die durch prägnante Marken, Verpackungen und Formen sowie durch eine hohe Bekanntheit für eine hohe (Wieder-) Erkennung und Attraktivität sorgen, platziert waren, folgern *Schröder*, *Berghaus* und *Zimmermann* daraus, dass sich die Artikel mit hoher Attraktivität von der Regalplatzwertigkeit emanzipieren können.[293] Darüber hinaus ermittelte die Studie für alle drei Einkaufsstätten eine annähernd gleiche durchschnittliche Betrachtungsdauer von knapp 30 Sekunden, die die Probanden bei ihrer Suche nach den gewünschten Produkten benötigten. Abb. 3-12 zeigt die horizontalen relativen Fixationsdauern, die sich durch die Addition der Regalböden einer Spalte ergeben.

---

[291] Vgl. Schröder/Berghaus/Zimmermann 2005, S. 31 ff.

[292] Hot Zones zeichnen sich durch eine im Verhältnis zu den restlichen Regalbereichen längere Betrachtungsdauer aus. Cold Zones beschreiben Regalsegmente, denen hingegen relativ wenig Aufmerksamkeit geschenkt wird.

[293] Vgl. Schröder/Berghaus/Zimmermann 2005, S. 41.

Trotz der gleichen Laufrichtung von rechts nach links wurde nur in EKS 1 dem ersten Regalsegment die größte Aufmerksamkeit geschenkt. In EKS 2 und EKS 3 widmeten sich die Käufer eher dem mittleren und linken Regalabschnitt.

	Segment 3	Segment 2	Segment 1	∅ Betrachtungs-dauer
EKS 1 (n = 20)	7,46%	29,09%	35,14%	29,8 Sek.
EKS 2 (n = 20)	22,66%	21,11%	16,00%	28,4 Sek.
EKS 3 (n = 11)	14,83%	19,90%	7,38%	27,8 Sek.
◄——— Kundenlaufrichtung				

Abb. 3-12: Horizontale relative Fixationsdauern in den drei Einkaufsstätten (Quelle: Schröder/Berghaus/Zimmermann 2005, S. 35 f.)

Der vertikale Vergleich der relativen Fixationensdauern der Regalböden zeigte, dass die Kunden in EKS 1 dem ersten Regalboden (untere Bückzone) die meiste Aufmerksamkeit schenkten, gefolgt von der Griff- und der oberen Bückzone. Der oberste Regalboden (Reckzone) allerdings wies deutlich kürzere relative Fixationsdauern auf. Im Vergleich dazu lagen die Werte aller Regalböden in EKS 3 eng beieinander, während in EKS 2 die Sicht- und Griffzone dominierten (vgl. Abb. 3-13).

	EKS 1 (n = 20)	**EKS 2** (n = 20)	**EKS 3** (n = 11)
5. Regalboden (Reckzone)	6,86%	10,29%	8,43%
4. Regalboden (Sichtzone)	14,18%	15,94%	8,46%
3. Regalboden (Griffzone)	17,11%	18,74%	8,60%
2. Regalboden (obere Bückzone)	15,36%	7,72%	9,17%
1. Regalboden (untere Bückzone)	18,18%	7,08%	7,45%

Abb. 3-13: Vertikale relative Fixationsdauern in den drei Einkaufsstätten (Quelle: Schröder/Berghaus/Zimmermann 2005, S. 37)

Mit dem gleichen Blickaufzeichnungssystem untersuchte *Berghaus* in einem Labortest die Wahrnehmung von Regalen in der Warengruppe Süßgebäck. In einem separat stehenden Warenträger (5 Regalsegmente à 1,25 m mit jeweils 5 Böden) wurden 120 Artikel zunächst zu Produktblöcken zusammengefasst und platziert. In diesem Regal sollten 27 Probanden drei häufig von ihnen gekaufte Artikel suchen, die sie zuvor benennen mussten. Im Anschluss daran wurde die Platzierungsform variiert und die Produkte nach Herstellerblöcken angeordnet. Daraufhin wurden dieselben Probanden gebeten, dieselben Produkte wie am Vortag in dem nun geänderten Regal zu suchen.[294] Auf Grund der unterschiedlichen Verteilungen von Hot Zones und Cold Zones auf der Basis der relativen Fixationsdauern bei der ersten und zweiten Platzierungsform zeigten sich bestimmte Regalbereiche wie die horizontale Mitte, die rechte Seite sowie die Augenhöhe und die Griffzone nicht per se aufmerksamkeitsstärker als andere Regalteile. Vielmehr konnte die Verschiebung einer Hot Zone häufig auf die Standortverschiebung eines bestimmten Produktes zurückgeführt werden, so dass die Aufmerksamkeit möglicherweise eher durch die Artikelwertigkeiten als durch die Regalplatzwertigkeiten gesteuert wurde (vgl. Abb. 3-14).

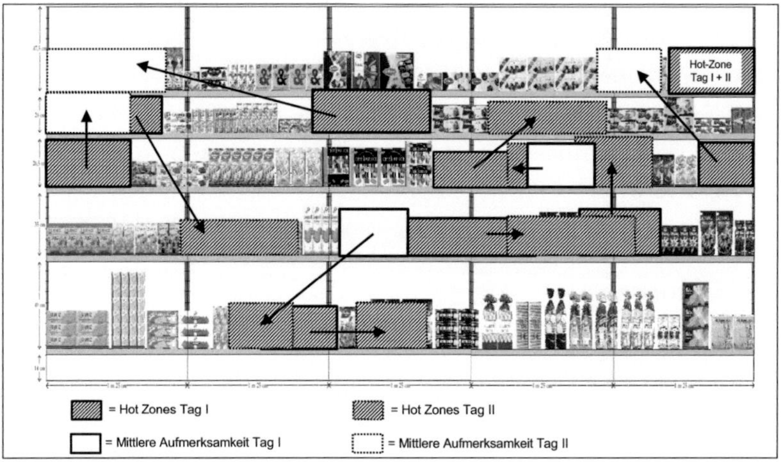

Abb. 3-14: Vergleich der Hot Zones bei der Platzierung nach Produktblöcken und nach Herstellerblöcken (Quelle: Berghaus 2005, S. 234)

Diese Vermutung stützte *Berghaus* auch auf die Antworten der zusätzlich durchgeführten Befragung, wonach die Probanden die ihnen bekannten Produktverpackungen mit den spezifischen Farben, Formen und Marken als Orientierungsanker ansahen.[295]

---

[294] Vgl. Berghaus 2005, S. 203 ff.

[295] Vgl. Berghaus 2005, S. 224.

Von *Zielke* stammt ein Beitrag zur Sucheffizienz, der die Einflüsse der Facinganzahl und der Platzierungsform sowie die Wirkung des Artikelstandortes auf das Such- und Wahrnehmungsverhalten von Kunden erhoben hat.[296] Das Untersuchungsobjekt der Feldstudie bildete ein 1,6 m hohes und 2,5 m langes Regal für Schreibwaren.[297] Die Stichprobe umfasste 549 zufällig ausgewählte Kunden eines SB-Warenhauses, die die Aufgabe hatten, einen gezeigten Artikel oder eine zuvor benannte Warenuntergruppe in der Schreibwarenabteilung zu suchen. Zur Bestimmung der Sucheffizienz wurde dabei die Zeit zwischen dem Betreten der Warengruppe[298] bis zum Auffinden der gesuchten Platzierungseinheit protokolliert. Nach dieser Suchaufgabe wurden den Testpersonen jeweils drei Einheiten mit der Frage präsentiert, ob sie sich daran erinnern könnten, diese im Regal zuvor wahrgenommen zu haben. Die gezeigten Artikel unterschieden sich in Bezug auf die sichtbare Fläche, die sie im Warenträger einnahmen. Die Ergebnisse der Regressionsanalyse konnten einen negativen Zusammenhang zwischen der Wertigkeit einer Regalzone und der Suchzeit nachweisen, da Artikel in hochwertigen Regalebenen (Sicht- und Griffzone) schneller gefunden wurden als solche, die in anderen Bereichen angeordnet waren. Ferner wurden hängend platzierte Artikel schneller aufgefunden als liegende. Darüber hinaus zeigte sich, dass die Wahrnehmungswahrscheinlichkeit einzelner (später abgefragter) Artikel umso höher war, je länger die Kunden in der Schreibwarenabteilung nach einem anderen Produkt suchten (bzw. suchen mussten) und je besser die wahrzunehmende Einheit im Warenträger platziert war, wobei letzteres auf eine theoretisch kürzere Suchzeit zurückgeführt wurde.[299]

---

296 Vgl. Zielke 2002, S. 148 ff.

297 Die Begrenzung auf nur zwei nebeneinanderliegende Regalsegmente diente der Minimierung horizontaler Platzierungseffekte, vgl. Zielke 2002, S. 149.

298 Die Warengruppe war von den Probanden vor dem Start des Experimentes nicht einsehbar und den meisten auf Grund fehlender Einkaufserfahrung in dieser Abteilung unbekannt.

299 Vgl. Zielke 2002, S. 159.

Neben Veröffentlichungen von Wissenschaftlern, die in der Regel die gewählten Erhebungsmethoden ausführlich dokumentieren, präsentieren auch einige Firmenvertreter im Rahmen von Seminaren und Kongressen Ergebnisse der von ihnen in Auftrag gegebenen Studien. Leider sind die Angaben zum Untersuchungsdesign oftmals unvollständig.

Block und *vom Stein* sowie *Rittchen* fassten als Vertreter der Firmen Henkel KGaA bzw. Schwarzkopf & Henkel GmbH auf verschiedenen Seminaren zum Category Management die in mehreren Studien gewonnenen Erkenntnisse zur Wahrnehmung und Suche von Kunden am Regal zusammen.[300] Mit Hilfe von Beobachtungen konnten durch die Hot-Cold-Zone-Analysen Angaben zu Regalplatzwertigkeit von Warenträgern gemacht werden, die sich in Länge und Anordnung unterschieden:

- Bei kurzen (3-4 m) und niedrigen (ca. 1,40 m) Regalen, die in einem 90°-Winkel zum Hauptgang angeordnet sind, konzentrieren sich die meisten Kunden auf die mittleren Regalabschnitte.
- Bei ebenfalls rechtwinklig zum Hauptgang angelegten, aber längeren Regalen (> 10 m), beschäftigen sich die Kunden hingegen mit der ersten Regalhälfte.
- Ist das Regal in einem Winkel von 45° zum Hauptgang angeordnet, verteilt sich die Aufmerksamkeit der Kunden gleichmäßiger über das gesamte Regal.

Als grober Anhaltspunkt kann die über verschiedene Warengruppen hinweg ermittelte Aufenthaltsdauer von 43 Sekunden pro Person gesehen werden. Hierbei wurden Warengruppen wie Körperpflege-, Haushalts-, Lebensmittel-, Kinder- und Hygiene-Produkte miteinbezogen. Allerdings ist eine solche Durchschnittsbetrachtung kritisch zu hinterfragen, da die kategoriebezogenen Werte für die mittlere Aufenthaltsdauer am Regal zwischen 23 Sekunden (Hygiene) und 73 Sekunden (Kosmetik) schwanken. Als ein Grund wird dabei angeführt, dass sich die Kunden unterschiedlich lange mit einem entnommenen Produkt beschäftigten und z.B. den Packungstext lasen. Vorsicht ist auch beim Ver-

[300] Vgl. Block/vom Stein 2002; Rittchen 2004.

gleich der Ergebnisse geboten, da Angaben zur Länge und Gestaltung der untersuchten Regale fehlen.

In einer von der Firma Wella durchgeführten Studie kam das Instrument der Beobachtung mit zwei Videokameras zum Einsatz, die in zwei dm-Filialen für jeweils fünf Tage das Verhalten von insgesamt 2051 Personen (94,4% Frauen, 5,6% Männer) vor den Regalen mit Haarkosmetik aufzeichneten.[301] Darüber hinaus wurden 78 Kunden (53 Käufer und 25 Nicht-Käufer) zur Bewertung der Regalstruktur und der Informationshilfen befragt. Hinsichtlich des Such- und Entscheidungsverhaltens zeigten sich folgende Ergebnisse:

- Rund die Hälfte aller beobachteten Personen beschäftigte sich bis zu einer Minute mit den Waren im Regal. Jeder Dritte verweilte zwischen einer und drei Minuten vor der Warengruppe. Ca. 10% der Kunden stand länger als 5 Minuten vor dem Warenträger.
- Die durchschnittliche Verweildauer der Kunden in der Warenuntergruppe „Farbe“ war mit fast 2 Minuten doppelt so lang wie die Zeiten, die die Beobachteten in den Bereichen „Styling“ bzw. „Pflege“ verbrachten.
- Weniger als die Hälfte der an den Produkten Interessierten kaufte ein Färbeprodukt.
- Aus den Antworten zum Suchverhalten konnten zwei grundsätzliche Konsumententypen identifiziert werden, die sich entweder an der Produktart oder an der Marke orientierten.
- Die vorgefundene Regalstruktur wurde von den Befragten als hilfreich für die Orientierung angesehen und auf einer 7-stufigen Skala (1 = „sehr schlecht“ bis 7 = „sehr gut“) mit einem Wert von 5,6 positiv bewertet, wobei jedoch jeder zweite Optimierungsbedarf sah.

Weitere Ergebnisse von Videobeobachtungsstudien am PoP präsentierten Vertreter der Firma Lorenz Snack-World.[302] Bei ihrer Studie stand die Warengruppe Salzgebäck im Mittelpunkt, für die in einem großen Verbrauchermarkt 15 Kame-

301 Vgl. Werner 2002.

302 Vgl. Scamell-Katz/Noder 2003.

ras installiert wurden, um das Geschehen im und vor dem Gang einsehen zu können. Von den 2035 beobachteten Personen, die den nach beiden Seiten hin offenen Gang passierten, bogen 425 Kunden in die Snack-Abteilung ein und kauften ein oder mehrere Produkte. Davon wurden 205 Käufer zusätzlich befragt. Durchschnittlich verbrachte ein Käufer rund eineinhalb Minuten im Gang. Nach rund 14 Sekunden blieb er zum ersten Mal vor einem Regalsegment stehen, nach weiteren 16 Sekunden war im Mittel ein erster Kontakt mit einem Produkt festzustellen. Nach dem letzten Produktkontakt verweilte der durchschnittliche Käufer noch rund 30 Sekunden, bevor er die Warengruppe wieder verließ.

Mit einem ähnlichen Untersuchungsdesign stellten *Vogt* und *Krüger* bei einem Category Management Vortrag die Erkenntnisse einer Griesson - de Beukelaer-Studie vor.[303] Mit Hilfe von 12 Kameras wurden 412 Personen beobachtet, die sich in einem Gang mit Süßgebäck aufhielten, in dem in den Regalen auf beiden Seiten die relevanten Produkte platziert waren. Zusätzlich fand eine Befragung statt. Die Kernaussagen lassen sich wie folgt zusammenfassen:

- Im Durchschnitt hielten sich die Kunden 49 Sekunden in der Warengruppe auf. Jeder zweite kaufte ein oder mehrere Produkte. Der erste Kaufakt erfolgt in der Regel nach gut einer halben Minute.
- 92% der Kunden, die ein Produkt zur näheren Begutachtung aus dem Regal entnommen hatten, kauften auch in der Warengruppe.

Eine Besonderheit stellt eine von Unilever Bestfoods durchgeführte Studie dar, in der das Käuferverhalten an Regalen analysiert wurde, die von zwei Marken dominiert werden (Duopol). Das Knorr-Maggi-Regal bestand dabei aus den Warenuntergruppen „Fix“, „Saucen“, „Suppen“, „Brühen & Bouillons“ und „Würzmittel“.[304] Die Wichtigkeit der Markensortierung zeigten die Antworten der befragten Kunden, die bei ihrer Suche zunächst eine Entscheidung über die zu kaufende Marke fällen. Erst anschließend werden die Warenuntergruppe und die Sorte festgelegt. Die zusätzliche Beobachtung ergab eine durchschnittliche

303 Vgl. Vogt/Krüger 2005.

304 Vgl. Groepler 2005.

Verweildauer der Kunden in dieser Warengruppe von etwa 43 Sekunden. Rund die Hälfte dieser Zeit entfiel dabei auf die Beschäftigung mit entnommenen Produkten und das Lesen der jeweiligen Packungstexte (vgl. Abb. 3-15).

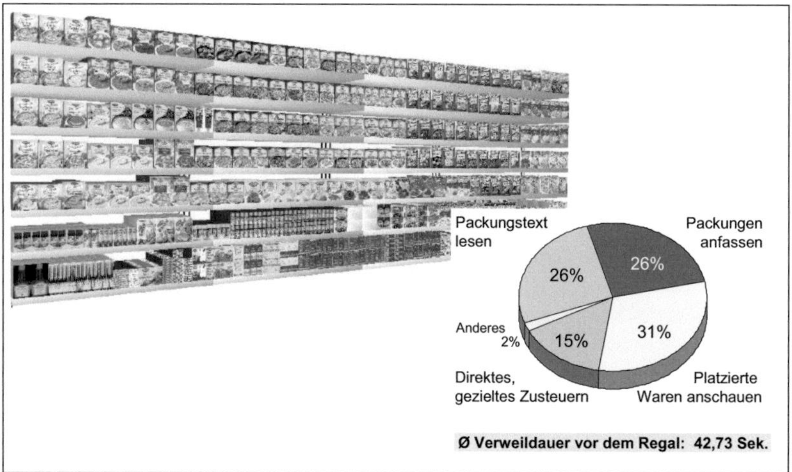

Abb. 3-15. Layout (links) und Kundenverhalten (rechts) vor dem Knorr-Maggi-Regal (Quelle: Groepler 2005, S. 17 ff.)

Fehlende Angaben über das Untersuchungsdesign und die Stichprobe lassen keinen direkten Vergleich dieser Erkenntnisse mit anderen Arbeiten zu.

Die nachfolgende Tabelle (vgl. Abb. 3-16) fasst kurz das Objekt und die Untersuchungsmethode der skizzierten Studien zusammen.

Autor(en)	Jahr	Inhalt der Untersuchung und Erhebungsmethode
Wells/ Lo Sciuto	1966	Vergleich des Kaufverhaltens in den Warengruppen Cerealien, Süßigkeiten und Reinigungsmitteln. Direkte Beobachtung von 1500 Personen in mehreren Supermärkten.
Becker	1973	Verhalten von Kunden beim Kauf von vorverpacktem Rinderschmorbraten aus einer Kühlwanne. Beobachtung und Befragung von 996 Kunden in 12 Filialen.
Leven	1984	Orientierungsverhalten und Informationswahrnehmung am Joghurt- und Dessertregal bei einer Suchaufgabe. Eyetracking von drei Kundinnen.

Hoyer	1984	Entscheidungsprozesse am Regal beim Kauf von Waschmitteln. Direkte Beobachtung und Befragung von 120 Kunden in drei Einkaufsstätten.
Cobb/Hoyer	1985	Suchverhalten am Regal in den Kategorien Kaffee und Hygienepapiere. Direkte Beobachtung und Befragung von 542 Kunden in drei Läden.
D'Astous/ Bensouda/ Guindon	1989	Suchverhalten am Regal in der Warengruppe Schmerzmittel. Direkte Beobachtung und Befragung von 98 Kunden einer Drogerie.
Russo/ Leclerc	1994	Suchverhalten in nachgestellten Supermarktregalen in den Warengruppen Apfelmus, Ketchup und Erdnussbutter. Blickregistrierung von 47 Hausfrauen im Labor.
Block/ vom Stein	2002	Such- und Orientierungsverhalten von Kunden in mehreren Warengruppen und vor verschiedenen Warenträgern, Ermittlung von Regalzonenwertigkeiten. Beobachtung, keine Angaben zur Stichprobe.
Werner	2002	Kundenverhalten am Point of Purchase in der Kategorie Haarkosmetik. Videobeobachtung von 2051 Kunden in zwei dm-Filialen, Befragung von 78 Kunden.
Zielke	2002	Effizienz bei der Suche nach bestimmten (vorgegebenen) Platzierungseinheiten und Wahrnehmungswahrscheinlichkeiten einzelner Artikel am Schreibwarenregal. Beobachtung und Befragung von 549 Kunden eines SB-Warenhauses.
Scamell-Katz/Noder	2003	Such- und Orientierungsverhalten in der Warengruppe Salzgebäck. Videobeobachtung von 425 Kunden einer Einkaufsstätte, davon 205 Personen zusätzlich befragt.
Rittchen	2004	Such- und Orientierungsverhalten von Kunden in verschiedenen Warengruppen, Regalzonenwertigkeit unterschiedlich angeordneter Warenträger. Beobachtung, keine Angaben zur Stichprobe.
Groepler	2005	Such- und Entscheidungsverhalten von Kunden am sog. Knorr-Maggi-Regal („Fix", „Saucen", „Suppen", „Brühen & Bouillons", „Würzmittel"). Beobachtung, keine Angaben zur Stichprobe.
Berghaus	2005	Analyse von Unterschieden in der Regalwahrnehmung von Kunden bei Artikelplatzierungen in Produkt- und Herstellerblöcken in der Warengruppe Süßgeback. Eyetracking und Befragung von 27 Probanden im Labor.

Schröder/ Berghaus/ Zimmermann	2005	Such- und Orientierungsverhalten von Käufern in der Warengruppe Frischkäse. Eyetracking und Befragung von 51 Kunden in drei Einkaufsstätten.
Vogt/Krüger	2005	Such- und Entscheidungsverhalten von Kunden in der Warengruppe Süßgebäck. Videobeobachtung von 412 Kunden in dem Gang einer Einkaufsstätte. Zusätzlich wurde eine Befragung durchgeführt, keine Angabe zur Stichprobe.

Abb. 3-16: Übersicht von Studien zum Such- und Entscheidungsverhalten am Regal

In Kap. 3.5 wurden zahlreiche Studien zusammengefasst, die auf das Verhalten von Kunden bei ihrer Suche und Entscheidungsfindung vor Regalen abstellten. In Abhängigkeit davon, welche Form der Beobachtung Anwendung fand, unterschied sich auch der Detaillierungsgrad der Ergebnisse. Während insbesondere die Autoren, die das Instrument der Blickaufzeichnung einsetzten, eine segmentbezogene Aufteilung des Warenträgers in einzelne Regalböden vornahmen, dokumentierten die anderen Verfasser ihre Ergebnisse überwiegend für das Gesamtregal. Beide Vorgehensweisen stoßen allerdings bei längeren Regalen in Bezug auf die Durchführbarkeit im ersten Fall bzw. in Bezug auf die Aussagekraft im letzten Fall an ihre Grenzen. Die vorliegende Arbeit wählt aus diesem Grund als Auswertungseinheit das Regalsegment, um so z.B. unterschiedliche Regalwertigkeiten im Verhältnis zur Kundenlaufrichtung adäquat darstellen zu können. Ein Regalsegment besteht dabei aus einem oder mehreren senkrecht übereinanderliegenden Regalböden, die in aller Regel eine Breite von 1,25 m aufweisen.[305]

Darüber hinaus besteht ein Forschungsbedarf hinsichtlich der genaueren Beschreibung des Kundenverhaltens in der Warengruppe, die über die reine Protokollierung der Verweildauer hinausgeht. Erste Ansätze zeigen die Ergebnisse von *Vogt* und *Krüger*, die kleinere Zeitabschnitte wählten, um so Phasen berücksichtigen zu können, in denen sich die Kunden z.B. mit entnommenen Produkten beschäftigten und Packungsaufdrucke lasen. Diesen bis dato vernachlässigten Aspekt greift der empirische Teil auf, um Such- und Entscheidungsprozesse detaillierter beschreiben zu können.

[305] Vgl. auch z.B. Kap. 3.4.3.3.

4 Untersuchungskonzept für das Such- und Entscheidungsverhalten von Kunden

4.1 Modelle zum Such- und Entscheidungsverhalten von Kunden am Point of Purchase

Zur wissenschaftlichen Analyse des Kundenverhaltens am Point of Purchase bedarf es eines Modells, in dem die zu berücksichtigenden Parameter und die zu messenden Zielgrößen formalisiert miteinander verknüpft sind. Im Folgenden sollen zunächst einige der in der Literatur zu findenden Ansätze, die sich mit dem Such- und Entscheidungsverhalten von Kunden in Einkaufsstätten beschäftigen, skizziert werden. Darauf aufbauend konzentriert sich Kap. 4.2 auf die Entwicklung eines Konzeptes für die empirische Studie und auf die Darstellung der zu beantwortenden Untersuchungsfragen.

4.1.1 Das Modell von Höller

Höller formuliert auf kundenindividueller Ebene ein Modell zum Einkaufsverhalten, das vornehmlich auf die Art der Warenpräsentation abstellt.[306] Dabei differenziert er zwischen den Parametern „warenträgerinterne Platzierung", „Verkaufsraumgestaltung", „verkaufsflächeninterne Platzierung", die überwiegend der Einzelhändler kontrolliert, und „sonstige Marketing-Instrumente", die eher der jeweilige Hersteller des Produktes (z.B. durch die Gestaltung der Verpackung) festlegt. Wie Abb. 4-1 zeigt, wirken diese entweder direkt oder indirekt über die Beeinflussung der Artikelwertigkeiten und der verschiedenen Arten der Standortwertigkeiten auf die zentralen, den Einkaufsprozess beschreibenden Komponenten Kundenlauf, Sichtkontakt und Kaufentscheidung.

Die unterschiedlichen **Wertigkeiten der Artikel** lassen sich auf die Artikelprädisposition beim Kunden sowie auf das Aufmerksamkeitspotenzial des Artikels, jedoch weniger auf seine konkrete Platzierung im Warenträger zurückführen. Artikelprädisposition meint in diesem Zusammenhang einerseits das Artikel-

[306] Vgl. Höller 1987, S. 62 ff.

wissen, das aus der Artikelbekanntheit beim Kunden und seiner Kenntnis beliebiger anderer Merkmale herrühren kann. Auf der anderen Seite zählen dazu ebenfalls relativ dauerhafte innere Eindrücke oder Einstellungen gegenüber dem Produkt. Das Aufmerksamkeitspotenzial eines Artikels hingegen bestimmen sensorisch wahrnehmbare Eigenschaften wie z.B. der Geruch, die Größe, die (Verpackungs-) Form, die (Verpackungs-) Farbe, das (Verpackungs-) Material, die Artikelanzahl innerhalb der Marke oder Artikelgruppe oder die Artikelfront.[307]

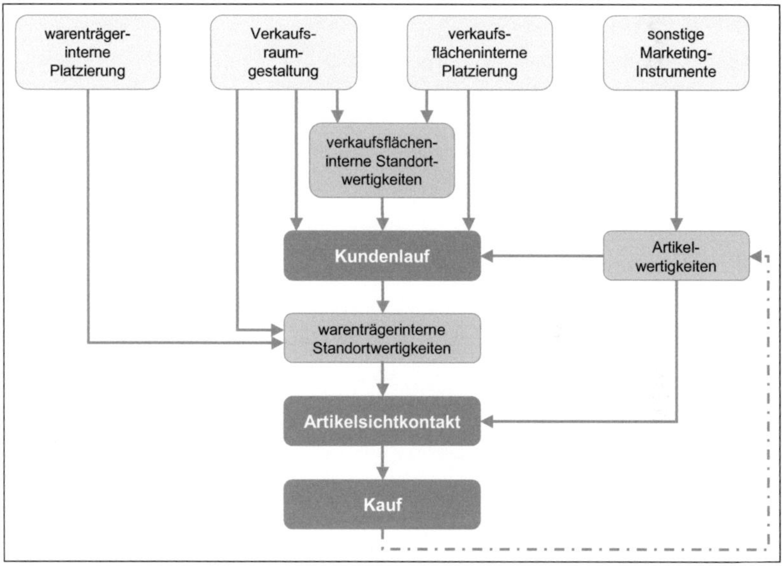

Abb. 4-1: Einkaufsverhaltensmodell von Höller (Quelle: Höller 1987, S. 65)

Weitgehend unabhängig von den Artikelwertigkeiten versteht *Höller* unter den **verkaufsflächeninternen Standortwertigkeiten** die Kontakt- und Steuerungspotenziale, die den Kunden stimulieren und beispielsweise eine Annäherung und eine Informationsaufnahme auslösen. Analog zur Artikelwertigkeit steht hier zunächst das durch die betrachtete Person gesammelte Wissen im Fokus. Darunter fällt u.a. die Kenntnis über die Anordnung der Kundenflächen und Gänge,

[307] Vgl. Höller 1987, S. 72 ff.

die sich weiterhin in Haupt- und Nebengänge unterteilen lassen. Darüber hinaus sind auch die Standortaufmerksamkeitspotenziale relevant und fassen die Einflüsse des Warenträgerstandortes, der Warenträgerausmaße oder der Warenträgerstellweise zusammen.[308]

Die oben genannten Faktoren bestimmen unmittelbar den **Kundenlauf** durch eine Einkaufsställe, wenn man davon ausgeht, dass eine gute Kenntnis des Geschäfts in der Regel zu einer routinierten Wahl des Weges führt. Der Kundenlauf selbst setzt sich aus der gewählten Laufrichtung, der zurückgelegten Weglänge und der Laufgeschwindigkeit zusammen.[309] Unberücksichtigt bleiben in diesem Ansatz jedoch Aspekte wie Zeitdruck oder Crowding.[310]

Hat der Kunde den relevanten Warenträger gefunden, kommen insbesondere die **warenträgerinternen Standortwertigkeiten** zum Tragen, bei denen erneut die Elemente Standortprädisposition sowie Standortaufmerksamkeitspotenziale eine Rolle spielen. Hierzu zählen die bereits in Kap. 2.3.3 angeführten recht allgemeinen Aussagen zur Wertigkeit einzelner Bereiche eines Warenträgers in horizontaler und vertikaler Richtung, die mit dem natürlichen „Rechtsdrall" des Menschen und der Bequemlichkeit eines Käufers begründet werden, der sich nur ungern für ein Produkt bücken will.[311] Neben den sog. Auflaufflächen eines Warenträgers, auf die der Kunde beim Gang durch die Einkaufsstätte zuläuft bzw. quasi automatisch einen Blick wirft, erhöhen darüber hinaus auffallende Gestaltungsmaßnahmen wie farblichen Markierungen, Beleuchtung, Werbemitteln oder Regalstopper das Aufmerksamkeitspotenzial.

In Abhängigkeit von der Wertigkeit eines Artikels und der Wertigkeit des ihm zugewiesenen Standortes im Warenträger unterstellt dieses Modell unterschiedlich hohe Wahrscheinlichkeiten für einen **Artikelsichtkontakt**. Ein hochwertiger Artikel, dem ein attraktiver Platz im Regal zugewiesen wird, wird eher wahrgenommen als ein schwächeres Produkt an einem schlechteren Platz.[312]

---

308 Vgl. Höller 1987, S. 94 ff.

309 Vgl. in diesem Zusammenhang die Ausführungen in Kap. 2.2.

310 Vgl. zum Crowding z.B. Stokols 1972, S. 275 ff.

311 Vgl. Höller 1987, S. 127 ff.

312 Wie in Kap. 2.3.3 bereits erläutert, werden bei einer wertigkeitsausgleichenden Warenplatzierung die Einflüsse der Artikelwertigkeiten und der Regalplatzwertigkeiten kompensiert.

Einen positiven Abschluss findet dieser Vorgang schließlich in einer **Kaufentscheidung**, die durch eine Entnahme eines Produktes, das der Kunde nach einer möglichen Begutachtung nicht wieder zurücklegt, dokumentiert wird. Bei den Entscheidungsprozessen, die sowohl kognitive als auch emotionale Komponenten enthalten, unterscheidet das Modell zwischen dem bereits in Kap. 3.3.3 beschriebenen impulsiven, gewohnheitsmäßigen, vereinfachten und extensiven Kauf.

4.1.2 Das Modell von Titus und Everett

Im Vergleich zu dem Ansatz von *Höller* berücksichtigt das von *Titus* und *Everett*[313] entwickelte und von *Esch* und *Thelen* leicht modifizierte[314] umweltpsychologische Modell zum Suchverhalten von Kunden in Verkaufsräumen explizit die Suchzufriedenheit. Abb. 4-2 gibt die Version von *Esch* und *Thelen* wieder, deren verschiedene Komponenten, die die Wahrnehmung und das Suchverhalten eines Kunden beeinflussen, kurz vorgestellt werden.

Von zentraler Bedeutung ist die bereits in Kap. 3.2.1 erwähnte **Informationsrate**, die aus der Perspektive einer Einkaufsstätte die Menge an Informationen umfasst, die pro Zeiteinheit in der Umwelt enthalten ist, und aus der Perspektive des Kunden die Menge an Informationen meint, die er pro Zeiteinheit wahrnimmt.[315] Bedingt durch seine begrenzte Verarbeitungskapazität kann der Mensch jedoch nur einen Bruchteil der auf ihn einströmenden Reize überhaupt aufnehmen (physische Aufnahme), von denen er wiederum nur einen geringen Teil weiterverarbeiten kann (Informationsselektion).[316]

---

313 Vgl. Titus/Everett 1995, S. 106 ff.

314 Vgl. Esch/Thelen 1997, S. 297 ff. Die Anpassungen von *Esch* und *Thelen* betreffen zwei Aspekte: Zum einen definieren sie die **Informationsrate** als Inputvariable, zum anderen berücksichtigen sie zusätzlich die **Kaufzielsetzung** des jeweiligen Kunden, die einen Einfluss auf die Suche haben kann.

315 Vgl. Mehrabian 1987, S. 17.

316 Vgl. Kap. 3.3.1.

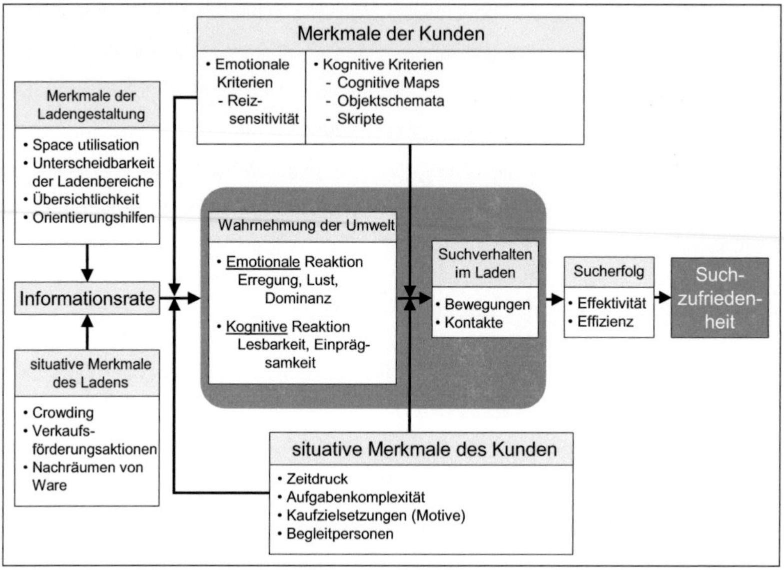

Abb. 4-2: Suchverhaltensmodell von Esch und Thelen
(Quelle: In Anlehnung an Esch/Thelen 1997, S. 299)

Grundsätzlich beinhaltet das *Esch-Thelen*-Modell zwei Gruppen von Determinanten:

- Auf der **Anbieterseite** sind zunächst die grundlegenden und situativen Charakteristika der Einkaufsstätte zu nennen. Zu den **Gestaltungsmerkmalen** einer stationären Einkaufsstätte zählen die Verkaufsraumgestaltung und die Warenplatzierung,[317] die Unterscheidbarkeit der Ladenbereiche,[318] die Übersichtlichkeit des Ladens und Orientierungshilfen.[319] **Situative Merkmale des Ladens** können das Ausmaß von Crowding, das die sub-

---

[317] Siehe dazu auch Kap. 2.2.

[318] Beispiele dafür sind: Zahl gleicher oder ähnlicher Regalarten, Differenzierung von Funktionsbereichen und Abteilungen durch Farbgebung.

[319] Die Übersichtlichkeit wird u.a. durch die Art, Höhe und Breite von Regalen sowie durch Kundenleitsysteme und Orientierungspunkte im Laden beeinflusst. Kundenleitsysteme bestehen aus Wegesystemen, Farbcodes und Hinweisschildern, die den Kunden einerseits bei seinem Gang durch die Einkaufsstätte führen und ihm andererseits Aufschluss über seinen aktuellen Standort geben können. Vgl. z.B. Rapoport 1977, S. 148; Levine 1982, S. 223 ff.; Bost 1986, S. 18; Titus/Everett 1995, S. 110. Zu Orientierungspunkten vgl. Kap. 3.2.2.

jektive Stresserfahrung auf Grund unzureichenden Raumes beschreibt,[320] der Einfluss von Verkaufsförderungsaktionen in Form von Verkaufs- und Probierständen sowie das Nachräumen von Waren sein.

- **Nachfragerseitig** sind einerseits die **allgemeinen Merkmale der Kunden** zu nennen, die emotionale und kognitive Größen umfassen. Bei der emotionalen Bewertung der Informationsrate kommt es auf die Reizempfindlichkeit einer Person an, die in Abhängigkeit davon, ob diese eher Reizsucher oder Reizabschirmer ist, unterschiedlich ausfallen kann.[321] Die kognitiven Eigenschaften stellen im Wesentlichen auf das Wissen und die Erfahrungen der Kunden beim Einkauf ab, die durch Schemata, Skripte sowie durch innere Lagepläne (Cognitive Maps) beschrieben werden können. Schließlich beeinflussen die **situativen Merkmale der Kunden** wie der subjektiv empfundene Zeitdruck, eventuelle Begleitpersonen, die Aufgabenkomplexität (gekennzeichnet durch Anzahl und Verschiedenartigkeit der Produkte)[322] sowie das Kaufziel (z.B. Versorgungs- oder Erlebniskauf) die Wahrnehmung des Kunden. Während es beim Versorgungskauf um die problemlose und zügige Abwicklung des Kaufaktes geht, stehen beim Erlebniskauf atmosphärische und stimulierende Wirkungen der Ladenumwelt im Vordergrund. Dementsprechend hängt die Beurteilung des Ladens von dem jeweiligen Kaufziel ab.[323]

Diese Einflussfaktoren bestimmen das Suchverhalten entweder direkt oder indirekt über die Wahrnehmung der Ladenumwelt. Die persönliche Wahrnehmung des Kunden wird dabei sowohl durch emotional wirkende Reize als auch durch die von der Ladengestaltung ausgehenden kognitiven Wirkungen, die sich auf die Lesbarkeit und die Einprägsamkeit der Ladenumwelt beziehen, beeinflusst.[324] Mit Lesbarkeit (Legibility) ist die Verständlichkeit und die Schnelligkeit

---

[320] Vgl. Esch/Thelen 1997, S. 303. Siehe zum Crowding u.a. Stokols 1972, S. 275 ff.; Eroglu/ Harrell 1986, S. 347 ff. *Zielke* weist in diesem Zusammenhang darauf hin, dass in dem Modell der Begriff „Raumdichte“ angebrachter sei, um den physischen Zustand des begrenzten Raumangebotes zu verdeutlichen, vgl. Zielke 2002, S. 83.

[321] Vgl. Grossbart et al. 1975, S. 282 ff.; Gröppel 1991, S. 126.

[322] Vgl. Park/Iyer/Smith 1989, S. 423 ff.

[323] Vgl. Esch/Thelen 1997, S. 306.

[324] Vgl. Lynch 1960, S. 9.

gemeint, mit der sich einem die Ladenumwelt erschließt. Als Einflussgrößen der Lesbarkeit nennen *Gärling*, *Böök* und *Lindberg* den Grad der Differenzierbarkeit der Umgebung, den Grad der visuellen Zugänglichkeit der Räumlichkeit sowie den Grad der Komplexität der Informationsverarbeitung.[325] Die Einprägsamkeit (Imageability) hingegen zielt auf das leichte Abrufen eines inneren Bildes vom Laden und auf dessen Klarheit ab.[326]

Als Outputgrößen berücksichtigt dieser Modellansatz die **Suchzufriedenheit**, die ihrerseits von dem **Sucherfolg**, der sich in der Trefferquote gesuchter Artikel (Effektivität) und in der Schnelligkeit, mit der die gesuchten Artikel gefunden werden (Effizienz), äußert, bestimmt wird.

4.1.3 Das Modell von Zielke

Bei *Zielke* findet sich ein umfangreiches Prozessmodell, das die Effekte der Warenplatzierung sowohl im Hinblick auf das unmittelbare Kaufverhalten am Point of Purchase als auch auf die eher langfristigen Aspekte der Kundenzufriedenheit und der Kundenbindung zu erklären versucht.[327] Grundsätzlich liegt dem Modell die Annahme zu Grunde, dass mit zunehmender Zeit für die Suche nach einem bestimmten Produkt die Wahrscheinlichkeit für die Wahrnehmung eines nicht-geplanten, aber gewünschten Produktes steigt. Zugleich bewirkt eine längere Suchzeit u.U. eine Unzufriedenheit des Kunden, wenn dieser der Entlastung seines Suchprozesses eine höhere Bedeutung zumisst als der Stimulation durch die Wahrnehmung weiterer Artikel. Abb. 4-3 greift die wechselseitige Abhängigkeit des Ansatzes auf, der sich in folgende Bestandteile zerlegen lässt:

---

[325] Vgl. Gärling/Böök/Lindberg 1986, S. 56 ff.

[326] Vgl. Esch/Thelen 1997, S. 308.

[327] Vgl. Zielke 2002, S. 85 ff.

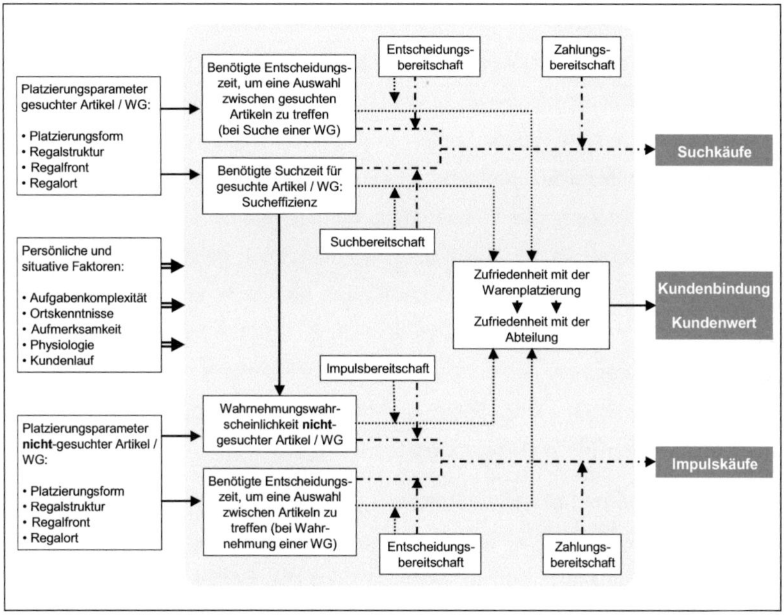

Abb. 4-3: Das Prozessmodell von Zielke
(Quelle: Zielke 2002, S. 87)

- Die Nachfrage wird in „geplante Suchkäufe" und „ungeplante Impulskäufe" aufgespalten. Um sog. Suchkäufe handelt es sich immer dann, wenn die Such- und Entscheidungsbereitschaft eines Kunden die dafür erforderliche Zeit nicht überschreiten und wenn der verlangte Preis nicht oberhalb der Zahlungsbereitschaft liegt. Im Gegensatz dazu muss der Kunde bei sog. Impulskäufen die betreffenden (nicht-gesuchten) Artikel wahrnehmen und innerhalb der zur Verfügung stehenden Zeit eine Kaufabsicht entwickeln.[328]

[328] Vgl. Zielke 2002, S. 88.

- Zu den **Charakteristika der Regalgestaltung** zählen die Platzierungsform, die Platzierungsgruppen, die Facinganzahl sowie der Platzierungsort, die einen Einfluss auf die jeweils benötigte Zeit für das Auffinden eines Artikels im Warenträger (= Sucheffizienz) und für das Fällen einer Kaufentscheidung (= Entscheidungseffizienz) haben (können).[329] Wie Abb. 4-3 zeigt, unterscheidet *Zielke* die Platzierungsparameter danach, ob sie für gesuchte oder für nicht-gesuchte Artikel bzw. Warengruppen gelten, um die Wirkung auf die Such- und Entscheidungseffizienz gesuchter oder nicht-gesuchter Artikel bzw. Warengruppen zu verdeutlichen. Darüber hinaus berücksichtigt der Bezugsrahmen einen möglichen Zusammenhang zwischen einer zunehmenden Suchzeit am Regal und der Wahrnehmungswahrscheinlichkeit für nicht-gesuchte Warengruppen.
- **Persönliche** und **situative Faktoren** (z.B. Aufgabenkomplexität, Aufmerksamkeit, Kundenlauf) wirken (1) auf die Bereitschaft, Zeit für Such- und Entscheidungsprozesse aufzuwenden, (2) auf die Bereitschaft, für nicht-gesuchte, aber wahrgenommene Artikel eine konkrete Kaufabsicht zu entwickeln sowie (3) auf die Bereitschaft, bei bestehender Kaufabsicht den für einen Artikel verlangten Preis zu zahlen.
- In Abhängigkeit von der Such- und Entscheidungseffizienz sowie von der Wahrscheinlichkeit der Artikelwahrnehmung stellt sich - im positiven Fall - beim Kunden eine hohe **Zufriedenheit mit der Warenplatzierung** ein, die sich wiederum vorteilhaft auf die Zufriedenheit mit der Warengruppe und ferner auf die Kundenbindung sowie den Kundenwert auswirkt.[330]

---

[329] Vgl. hierzu die Ausführungen in Kap. 2.4 über die empirischen Studien zu den Wirkungen unterschiedlicher Regalgestaltungsmaßnahmen.

[330] Vgl. Zielke 2002, S. 88.

4.2 Entwicklung eines Untersuchungskonzeptes

Die Erforschung des Kundenverhaltens ist Bestandteil verschiedener sozialwissenschaftlicher Disziplinen.[331] Bezogen auf das Themenfeld, in dem die vorliegende Arbeit anzusiedeln ist, liegen die Ziele solcher Forschungsbemühungen insbesondere in dem wissenschaftlichen Verstehen und Erklären des Such- und Entscheidungsverhaltens von Kunden am Point of Purchase sowie unter Umständen in der Ableitung von Handlungsempfehlungen für die Einzelhändler und Hersteller zur Beeinflussung derselben.[332] Den Ausgangspunkt der Ansätze zur Verhaltensanalyse, die sich grob in sog. Strukturmodelle und stochastische Modelle aufteilen lassen,[333] bildet jeweils ein Input-Output-Modell, das versucht, bestimmte beobachtbare Verhaltensweisen von Kunden (Reaktion) auf verschiedene Reize (Stimuli) zu erklären, die ebenfalls beobachtbar sind.[334] Während sich Black-Box-Modelle darauf beschränken, die Inputs und Outputs des Kunden sowie deren Zusammenhänge zu analysieren, ohne die Funktionsweise im Inneren des Käufers zu kennen,[335] berücksichtigen sog. Stimulus-Organismus-Response- (kurz: S-O-R) Modelle explizit die emotionalen und kognitiven Vorgänge im menschlichen Organismus. Es wird z.B. der Entscheidungsprozess eines Kunden im Sinne des „Wie“ der Stimulusverarbeitung und des „Warum“ der Reaktionen mit Hilfe von Konstrukten zur Wahrnehmung ergründet (vgl. Abb. 4-4).[336]

---

[331] Vgl. Müller-Hagedorn 1986, S. 41; Kroeber-Riel/Weinberg 2003, S. 8 ff.

[332] Vgl. Kroeber-Riel 1995, Sp. 1235.

[333] Vgl. z.B. Topritzhofer 1974, S. 15 ff. Während sich die Strukturmodelle um eine detaillierte Erklärung (Totalmodelle) oder um einen mehr oder weniger weitgefassten Teil (Partialmodelle) zur Erklärung des Käuferverhaltens bemühen, konzentrieren sich die stochastischen Modelle auf die Beschreibung ökonometrischer Zusammenhänge mit Hilfe von Wahrscheinlichkeitsmechanismen, vgl. Corsten/Meier 1982, S. 117; Bänsch 2002, S. 6; Nieschlag/Dichtl/Hörschgen 2002, S. 622 ff.

[334] Vgl. z.B. Scheuch 2001, S. 83; Hüttner/Schwarting 2002, S. 30.

[335] Vgl. Schulz 1972, S. 36; Müller-Hagedorn 1986, S. 66 ff.; Schmitz/Kölzer 1996, S. 55 f.

[336] Vgl. Müller-Hagedorn 1986, S. 74 f.; Bänsch 2002, S. 4. Siehe in diesem Zusammenhang auch die in der Literatur (z.B. bei Fröhlich 1996, S. 10 ff.) häufig aufgegriffenen Totalansätze von *Engel*, *Kollat* und *Blackwell* (1968, S. 34 ff.) sowie von *Howard* und *Shet* (1969, S. 29 ff.).

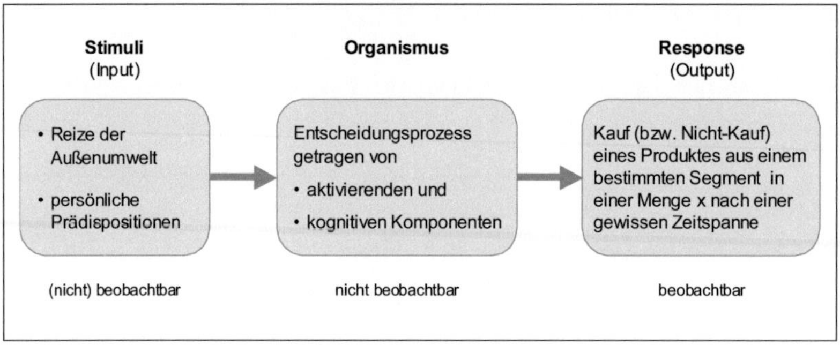

Abb. 4-4: S-O-R-Modell des Käuferverhaltens
(Quelle: In Anlehnung an Bänsch 2002, S. 4)

Innerhalb von Einkaufsstätten sind neben den sog. Reizen der Umwelt, die von außen auf die Kunden einwirken, auch solche Stimuli relevant, die auf persönliche Merkmale der Kunden zurückgeführt werden können. Zu den **Inputgrößen** der Außenumwelt zählen ferner die Faktoren, die die Einzelhändler, aber auch die Hersteller gegebenenfalls kontrollieren können, wie z.B. die Ladengestaltung, die Art der Artikelpräsentation sowie der Einsatz der ihnen zur Verfügung stehenden Marketing-Instrumente. In der Regel sind diese Input-Faktoren durch eine Beobachtung registrierbar. Die Möglichkeit der direkten Erfassung trifft hingegen nicht immer oder nur begrenzt auf die individuellen Prädispositionen zu. Hierbei handelt es sich z.B. um die gesammelten Einkaufserfahrungen, die auf die Besuchshäufigkeit von Einkaufsstätten oder einzelner Abteilungen bzw. auf die daraus resultierenden Kenntnisse über einzelne Produkte oder Warengruppen zurückgeführt werden können. Außerdem stellen die demographischen bzw. sozioökonomischen Merkmale sowie das soziale Umfeld eines Menschen Input-Größen dar, die die Persönlichkeit beeinflussen.[337]

Im **Organismus** einer Person laufen sowohl aktivierende Prozesse (Emotionen, Motivationen, Einstellungen) als auch kognitive Prozesse (Wahrnehmen, Denken, Lernen) ab, die sich einer direkten Beobachtung entziehen.[338] Aus diesem Grunde bedarf es z.B. zur Erklärung von Wahrnehmungsvorgängen theoretischer Konstrukte.

---

[337] Vgl. Bänsch 2002, S. 4; Nieschlag/Dichtl/Hörschgen 2002, S. 631.
[338] Vgl. Hüttner/Schwarting 2002, S. 29 f.; Kroeber-Riel/Weinberg 2003, S. 30.

Mit **Output** wird schließlich das direkt registrierbare Verhalten von Kunden beschrieben, wenn sie beispielsweise bestimmte Produkte einer Warengruppe kaufen. Wie bereits in der Erläuterung des Suchverhaltensmodells von *Titus* und *Everett* angedeutet,[339] wirken aber auch beobachtete Output-Größen wie z.B. Suchzeit oder Sucherfolg auf den Organismus zurück, indem diese z.B. die Kundenzufriedenheit beeinflussen können.

4.2.1 Darstellung des Bezugsrahmens und seiner zentralen Komponenten

Ausgehend von einem S-O-R-Ansatz und in Anlehnung an die zuvor in Kap. 4.1 skizzierten Modelle zum Kundenverhalten ist es Ziel dieses Kapitels, einen Bezugsrahmen zu entwickeln, in den der empirische Teil der Arbeit einzubetten ist.

Auf das beobachtbare Kundenverhalten am Point of Purchase wirken eine Vielzahl von Stimuli, die sich zunächst in drei verschiedene **Input-Variablen** aufteilen lassen:

- Reize der Produkte:

  Die zu einer Warengruppe zusammengefassten Artikel unterscheiden sich in der Regel nicht nur in ihrem Preis, sondern auch in ihrer Verpackung und in ihrer Bekanntheit. Weist ein Artikel besondere Verpackungsmerkmale und eine hohe Markenbekanntheit auf, so wirkt sich diese hohe Artikelwertigkeit unter Umständen auf das Orientierungsverhalten der Kunden am Regal aus.[340] Auf diese vom Produkt ausgehenden Reize übt im Allgemeinen der Hersteller, aber nicht der Einzelhändler einen Einfluss aus.

- Reize der Einkaufsstätte:

  Den Reizen der Einkaufsstätte sind grundsätzlich alle Größen zuzurechnen, die der Händler kontrollieren kann. Dazu gehören auf der einen Seite die Gestaltung und Anordnung der Regale, die unter anderem die Kundenlaufrichtung und die Übersichtlichkeit determinieren sowie die Platzierung der Produkte im Warenträger. Auf der anderen Seite beeinflussen Verkaufs-

---

[339] Vgl. dazu Kap. 4.1.2.

[340] Vgl. Schröder/Berghaus 2005, S. 331 f.

fördermaßnahmen wie Sonderpreisaktionen oder zweitplatzierte Displays im Verkaufsraum das Verhalten der Kunden.

- Prädisposition des Kunden:

  Auf die Suche am Regal wirken darüber hinaus Größen, die auf die individuelle Prädisposition eines Kunden zurückzuführen sind. In Abhängigkeit von ihren Kenntnissen über die Einkaufsstätte und von ihren Erfahrungen mit der jeweils untersuchten Warengruppe[341] verfügen die Kunden u.a. über unterschiedlich ausgeprägte Schemata und Cognitive Maps.[342] Hinsichtlich ihrer Erfahrung lässt sich jede Person vor dem Warenträger in eine der folgenden vier Gruppen einordnen, die sich unter Umständen auch in den jeweiligen Such- und Entscheidungsprozessen unterscheiden können:

  (a) Der Kunde kennt sich weder in der Einkaufsstätte noch in der untersuchten Warengruppe aus.

  (b) Der Kunde kennt zwar die Einkaufsstätte, hat aber bislang keine oder nur wenige Erfahrungen mit der untersuchten Warengruppe gesammelt.

  (c) Dem Kunden ist die untersuchte Einkaufsstätte fremd, aber er verfügt durch den Besuch anderer Läden über grundsätzliche Erfahrungen in der Warengruppe.

  (d) Der Kunde ist sowohl mit der Einkaufsstätte als auch mit der Warengruppe vertraut.

Im Rahmen der im **Organismus** eines Kunden ablaufenden aktivierenden und kognitiven Prozesse sollen vor allem die Aspekte analysiert werden, die sich auf das Such- und Entscheidungsverhalten beziehen. Dazu zählen:

---

341 Mit verschiedenen Facetten der Produkterfahrung befassen sich u.a. Alba/Hutchinson 1987, S. 411 ff.

342 Vgl. dazu Kap. 3.2.2 und Kap. 3.3.2.

- Einkaufsstrategie:

  Bei der Analyse der Einkaufsstrategien ist einerseits der Planungsgrad, mit dem die Kunden den Einkauf in verschiedenen Warengruppen vorbereiten, von Interesse. Ein anderer Bestandteil sind die individuellen Suchgewohnheiten, die auf die gesammelten Erfahrungen der Kunden zurückgeführt werden können. Schließlich soll auch der Einfluss von Sonderaktionen, z.B. in Form von beworbenen Sonderpreisen oder von außerhalb des regulären Regals platzierten Displays oder Sonderpaletten, betrachtet werden.

- Bewertung des Regals bzw. der Warengruppe:

  Um die Wirkungen verschiedener Warenplatzierungen auf die Kunden abschätzen zu können, geht es bei der Regalbewertung vorwiegend um die Übersichtlichkeit der Warengruppe. Dabei handelt es sich um die subjektive Einschätzung des Umfangs der angebotenen Produkte aus Sicht der Kunden.

- Suchzufriedenheit:

  Die Zufriedenheit der Kunden mit dem Regal ergibt sich aus der Regalbewertung, die auf subjektiv empfundene Suchprobleme, wie z.B. lange Suchzeiten, hindeutet, und aus dem Suchergebnis, das von Erfolg oder Misserfolg gekrönt sein kann.

Die **Reaktion** der Kunden auf den zuvor erläuterten Input zeichnet sich in den folgenden Output-Variablen ab:

- Aktueller Kaufakt:

  Das beobachtbare Kaufverhalten setzt sich zusammen aus der Laufrichtung der Kunden, der durchschnittlichen Verweildauer vor dem Warenträger, den Zeitpunkten, zu denen aus bestimmten Regalsegmenten Produkte entnommen und gegebenenfalls dorthin wieder zurückgelegt werden, sowie schließlich dem Kauf bzw. Nicht-Kauf einzelner Artikel aus der Warengruppe.

- Sucherfolg:

  Der Sucherfolg kann unmittelbar aus dem tatsächlichen Kaufakt abgeleitet werden und umfasst nicht nur das Auffinden zuvor genau geplanter Produkte, sondern auch das Finden ungeplanter bzw. nicht spezifizierter Produkte.

Abb. 4-5 greift die erläuterten Komponenten auf, deutet durch die entsprechenden Pfeile mögliche Wirkungszusammenhänge an und stellt somit den konzeptionellen Rahmen der vorliegenden empirischen Untersuchungen dar.

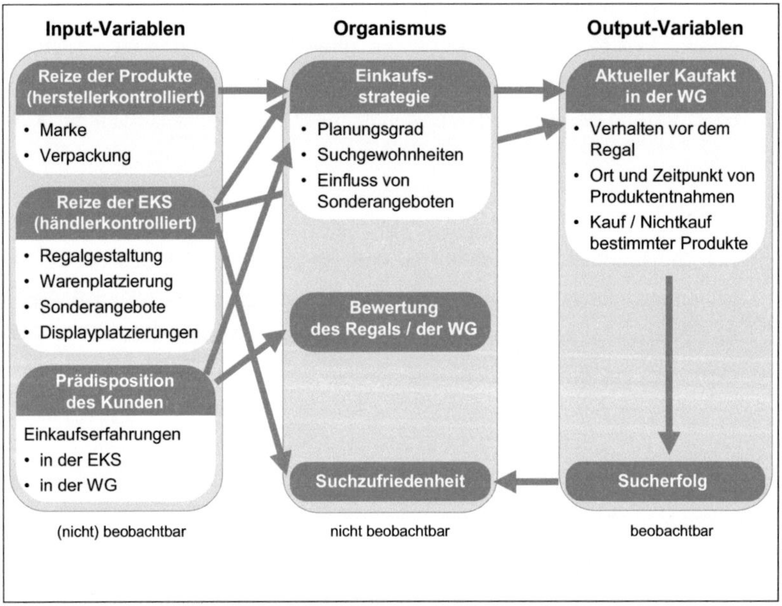

Abb. 4-5: Bezugsrahmen für die eigenen empirischen Untersuchungen

4.2.2 Formulierung und Operationalisierung der Untersuchungsfragen

Wie die Pfeile in Abb. 4-5 bereits andeuten, widmet sich das nachfolgende Kapitel mit dem empirischen Teil der Arbeit den Zusammenhängen zwischen der Einkaufsstrategie und den verschiedenen Input- und Outputvariablen.

Im Gegensatz zu den in Kap. 2.4 zusammengefassten Studien, die meist die Wirkungen einzelner Regalparameter auf **Umsätze** oder **Abverkäufe** innerhalb einer Warengruppe oder zwischen mehreren Warengruppen aufzeigen, soll hier ein Beitrag zum Kundenverhalten an Regalen unterschiedlicher Warengruppen geleistet werden, der die **Such- und Entscheidungsprozesse** von Kunden in Abhängigkeit von bestimmten Einflussgrößen wie beispielsweise der Produktplatzierung, der Regalgestaltung oder der Kauferfahrung analysiert.

Von ihrer Konzeption her beinhalten die nachfolgenden Untersuchungen **explorative** und **deskriptive** Elemente. Auf der einen Seite verfolgen sie das Ziel, neue Erkenntnisse über das Kundenverhalten am Regal zu gewinnen und mit relevanten Fragestellungen das Problemfeld zu präzisieren. Sie versuchen, Ansatzpunkte für die Bildung von Hypothesen für weitere Forschungsvorhaben zu liefern.[343] Auf die Durchführung von Hypothesentests soll daher bewusst verzichtet werden. Im Hinblick auf die deskriptive Forschung geht es andererseits um die Erfassung und Beschreibung von Tatbeständen am Regal sowie um die Ermittlung von Zusammenhängen zwischen den oben genannten Variablen.[344]

Der Fokus des Forschungsvorhabens liegt auf der Beantwortung einer Reihe von Untersuchungsfragen, die der Hypothesenfindung dienen und zunächst erläutert und gegebenenfalls operationalisiert werden sollen.[345]

---

[343] Vgl. Kamenz 2001, S. 53; Nieschlag/Dichtl/Hörschgen 2002, S. 382; Böhler 2004, S. 37.

[344] Vgl. Dannenberg/Barthel 2002, S. 87; Böhler 2004, S. 38 f.

[345] Die Operationalisierung umfasst die präzise theoretische begriffliche Erfassung der relevanten Begriffe und die Zuordnung von geeigneten (in der Realität wahrnehmbaren) Indikatoren, die quasi die Größen bzw. Merkmale messen, die sich einer direkten Überprüfbarkeit entziehen, vgl. Atteslander 2003, S. 50; Böhler 2004, S. 107. Zu den Problemen der unvollständigen Abbildung des abstrakten Konzeptes durch ein operationalisierendes Konstrukt siehe Kroeber-Riel/Weinberg 2003, S. 32.

Vor dem Hintergrund der an früherer Stelle beschriebenen Annahmen und Erkenntnisse zu unterschiedlich hohen horizontalen Akquisitionspotenzialen eines Warenträgers[346] sollen anhand des beobachtbaren Kundenverhaltens vor dem Warenträger die Aussagen zu den **Regalzonenwertigkeiten** überprüft werden. Als Indikator zur Beantwortung der ersten drei Untersuchungsfragen (UF) können unter anderem die Verweildauern der Käufer und interessierten Nicht-Käufer vor den Regalsegmenten sowie der Ort im Gang, an dem die Kunden zum ersten Mal stehen bleiben, um sich eingehender mit der jeweiligen Warengruppe zu beschäftigen, dienen.

Untersuchungsfrage 1:

An welcher Stelle im Regal starten die Kunden ihre Suche, und sind dabei Indizien für einen Zusammenhang erkennbar zwischen der Richtung, aus der die Kunden in den Gang treten, und dem Beginn ihrer Suche?

Untersuchungsfrage 2:

Gibt es Anhaltspunkte dafür, dass sich die Kunden insbesondere an der Regalmitte (horizontal gesehen) orientieren?

Untersuchungsfrage 3:

Liefern die Beobachtungsdaten Belege dafür, dass sich die Kunden tendenziell auf die mittlere und rechte Regalhälfte unter Vernachlässigung der linken Seite konzentrieren?

Eng mit diesen Aspekten verbunden ist die zu protokollierende Richtung, aus der die Personen in den Gang eintreten. Durch die Anordnung die Hauptwege und die Positionierung der Warenträger im Verkaufsraum kann der **Händler** den **Kundenstrom** beeinflussen und in gewisser Weise steuern. Den Zusammen-

[346] Vgl. Kap. 2.3.3 und dort insbesondere Abb. 2-7.

hängen zwischen der Kundenlaufrichtung auf der einen und den Verweildauern sowie den ersten Verweilorten auf der anderen Seite geht UF 4 nach.

> Untersuchungsfrage 4:
> Gibt es Belege für einen Zusammenhang zwischen der Richtung, aus der die Kunden in den Gang treten, und der Verteilung der Verweildauer vor dem Regal?

Die Analyse der Ergebnisse kann bei der Erstellung von Planogrammen bzw. bei der Festlegung der Reihenfolge von verschiedenen Marken eine Hilfestellung bieten.

Üblicherweise weichen die zur Verfügung stehenden Verkaufsflächen der SB-Warenhäuser eines Filialisten mehr oder weniger stark voneinander ab. In Abhängigkeit von der Einkaufsstättengröße kommen daher in jeder Warengruppe häufig unterschiedlich große Module zum Einsatz, wobei in kleineren Läden entweder ein reduziertes Sortiment angeboten wird oder die Anzahl der Frontstücke im Vergleich zu größeren Standorten verringert wird.[347] Wie bereits ausgeführt wurde, kann die Facinganzahl auf einem Regalboden den Umsatz der beteiligten Artikel teilweise beeinflussen.[348]

Auf Grund des kurzen Erhebungszeitraumes war eine gezielte Variation der Artikelfronten nicht möglich und die Beobachtung an einzelnen Tagen als Messinstrument für die Effekte auf bestimmte Produkte erscheint wenig geeignet. Daher fokussiert sich UF 5 auf die Größe der eingesetzten Sortimentbausteine in der Warengruppe Tafelschokolade und konzentriert sich auf die Zusammenhänge zwischen der Länge des Warenträgers und dem Suchverhalten der Kunden.

---

[347] Vgl. in diesem Zusammenhang die Möglichkeit zur Variation der Facinganzahl in Abhängigkeit von der zur Verfügung stehenden Regallänge bei Spitz/Flaschner 1980, S. 167.

[348] Vgl. die in Kap. 2.4.3 aufgeführten Untersuchungen.

<u>Untersuchungsfrage 5:</u>
Gibt es Hinweise dafür, dass sich die für eine Warengruppe zur Verfügung stehende Länge eines Regalabschnitts (im Sinne einer Variation der Gesamtzahl aller Facings) auf die Verweildauer und auf die Zeit bis zur ersten Produktentnahme auswirkt?

Ebenfalls zu den händlerkontrollierten Reizen der Einkaufsstätte zählen die Art der Blockbildung und die Artikelstandorte im Regal.[349] Durch Veränderungen dieser Gestaltungsparameter bei möglichst konstanten Rahmenbedingungen soll bei der zweiten Untersuchungsreihe mit Universalwaschmitteln (UWM) mit UF 6 der Einfluss der Artikelanordnung im Warenträger auf das Suchverhalten von Kunden beleuchtet werden.

<u>Untersuchungsfrage 6:</u>
Lassen sich Anzeichen dafür finden, dass die Art der Warenplatzierung einen Einfluss auf die Regalverweildauer oder auf die Zeit bis zur ersten Produktentnahme hat?

Der Ausgangspunkt für die Umplatzierung in der Kategorie UWM ist die Annahme, dass aus Sicht der Kunden die hierarchische Sortierung[350] auf der ersten Stufe eine Trennung zwischen pulvrigen und flüssigen Produkten vorsieht. Erst dann wird weiter nach bestimmten Marken, Anwendungsgebieten und Packungsgrößen untergliedert. Deshalb lässt sich UF 6 folgendermaßen präzisieren:

<u>Untersuchungsfrage 7:</u>
Gibt es Indizien für die Annahme, dass eine nach kognitiven Strukturen der Kunden gebildete Platzierung zu einer kürzeren Suchzeit am Regal führt?

Wie in dem Bezugsrahmen in Abb. 4-5 angedeutet, sind bei den Felduntersuchungen weiterhin wechselnde Promotion-Aktionen während der Erhebungsphase zu berücksichtigen, die das Kundenverhalten am Regal unmittelbar (z.B.

[349] Vgl. dazu Kap. 2.3.2.
[350] Vgl. in diesem Zusammenhang die Süßgebäck-Untersuchung von Kinateder 1989.

durch dort platzierte Artikel im Sonderangebot) oder mittelbar (d.h. die Käufer betreten den regulären Gang der Warengruppe gar nicht, sondern entnehmen die Produkte von Sonderpaletten o.ä.) beeinflussen können, und soll durch UF 8 abgedeckt werden:

> Untersuchungsfrage 8:
> Sind Anzeichen für einen Zusammenhang zwischen der Art der Promotion-Maßnahme (z.B. Sonderangebote, Displayplatzierungen) in der Einkaufsstätte und der Einkaufsstrategie erkennbar?

Neben den Videodaten können die Antwortmuster bei den Befragungen Hinweise auf den Einfluss von Promotions geben und das beobachtbare Käuferverhalten erklären. Dazu beinhaltet der Tafelschokoladen-Fragebogen das Item „Trifft diese Aussage auf Sie zu? ‚Tafelschokolade kaufe ich nur, wenn sie im Sonderangebot ist!'" mit einer vier-stufigen Antwortskala von „immer" bis „nie".[351] Wohingegen sich die UWM-Untersuchung auf die Frage beschränkt „Haben Sie den SB-Warenhaus-Handzettel für Ihren heutigen Einkauf genutzt?"[352]

Darüber hinaus berücksichtigt das Modell herstellerinduzierte Reize, die ebenfalls auf die Suchgewohnheiten einwirken können. Hersteller statten ihre Produkte in der Regel mit unverwechselbaren verpackungsspezifischen Merkmalen aus, um unter anderem einen Wiedererkennungseffekt beim Kunden am Point of Purchase zu erzielen.[353] Neben der Marke an sich dienen spezielle Farben und Formen des Artikels als Orientierungsanker im Regal, die den Suchprozess steuern und möglicherweise vereinfachen können.[354] Als Beispiele für die Warengruppe Tafelschokolade sei auf die quadratische Form von RitterSport-Artikeln oder an die lila-farbene Verpackung aller Milka-Produkte hingewiesen.

---

[351] Vgl. Anhang B.

[352] Vgl. Anhang C bzw. Anhang D.

[353] Nach *Behrens* zielt dabei die sog. Diskriminationsfähigkeit einer Marke darauf ab, dass Name, Zeichen und/oder Verpackungsgestaltung solch charakteristische Kriterien aufweisen, die das schnelle und sichere Wiedererkennen dieser Marke ermöglichen, vgl. Behrens 1994, S. 202 f. Siehe auch die Beispiele zur Verpackungsgestaltung bei Esch 2003, S. 193 ff. sowie die Ausführungen bei Behaeghel 1991, S. 2 ff.

[354] Vgl. Young 2002, S. 61 ff.; Biehl 2003, S. 44; Paperlein 2005, S. 20; Schröder/Berghaus 2005, S. 331 f.

Den Zusammenhang zwischen der Verpackungsgestaltung und dem Suchverhalten greift UF 9 auf.

> Untersuchungsfrage 9:
> Inwiefern wirken sich verpackungsspezifische Merkmale (z.B. Form, Farbe) auf die Suchgewohnheit und das Orientierungsverhalten aus?

Da die Beobachtung des Kundenverhaltens im Gang (z.B. Schnelligkeit in dem Auffinden des „Zielsegmentes“, Beschäftigungsdauer mit entnommenen Produkten) nur mittelbar Aufschluss darüber geben kann, wurden die Käufer darüber hinaus mit offen formulierten Fragen „Woran haben Sie sich bei Ihrer Suche am Regal orientiert?“ konfrontiert.

Wenn man davon ausgeht, dass die einzelnen Warengruppen eines SB-Warenhauses aus Sicht der Kunden unterschiedlich attraktiv sind,[355] schlägt sich dies möglicherweise auf deren beobachtbares Verhalten nieder. Zur Beantwortung von UF 10 sollen die Ergebnisse der Studien Tafelschokolade und UWM miteinander verglichen werden. Neben der durchschnittlichen Verweildauer der Kunden in den relevanten Gangabschnitten können auch die Relationen zwischen Käufern und interessierten Nicht-Käufern als Kriterium herangezogen werden, um eine Tendenzaussage über die Attraktivität dieser Produktgruppen zu treffen.

> Untersuchungsfrage 10:
> Lassen sich Unterschiede im Such- und Entscheidungsverhalten der Kunden identifizieren, die auf warengruppenspezifische Besonderheiten zurückgeführt werden können?

Nicht nur die externen Stimuli in der Ladenumwelt, sondern ebenfalls die individuelle Prädisposition jedes Kunden nehmen Einfluss auf die Suchstrategie und damit auf das beobachtbare Verhalten (vgl. UF 11).

---

[355] Dies lässt sich u.a. mit dem Gegensatzpaar einer gut-duftenden Abteilung mit frischen Backwaren und einem Gang mit Putzmitteln, der an Reinigungstätigkeiten erinnern kann, verdeutlichen, vgl. Gröppel 1991, S. 63.

Untersuchungsfrage 11:
Gibt es Hinweise dafür, dass sich die Einkaufserfahrung auf die Suchgewohnheit und somit auf das Suchverhalten am Regal auswirkt?

UF 12 widmet sich darüber hinaus dem Zusammenhang zwischen der Einkaufserfahrung und der subjektiven Bewertung der Warenplatzierung.

Untersuchungsfrage 12:
Ist ein Zusammenhang zwischen der Einkaufserfahrung und der Regalbewertung erkennbar?

Zur Messung der Einkaufserfahrung werden die Käufer jeweils nach der Besuchshäufigkeit der Einkaufsstätte und der Kaufintensität der entsprechenden Warengruppe direkt befragt. Die Fragebögen beider Untersuchungen sind in diesem Punkt annähernd identisch aufgebaut (vgl. Abb. 4-6).

Wie oft kaufen Sie in dieser Einkaufsstätte ein?			
o mehrmals in der Woche	o einmal in der Woche	o mehrmals im Monat	o seltener als einmal im Monat
Wie oft kaufen Sie bei Ihren Einkäufen hier Tafelschokolade?			
o bei jedem Einkauf	o nicht bei jedem Einkauf, aber häufig		o eher selten
Wie oft kaufen Sie in dieser Einkaufsstätte ein?			
o mehrmals in der Woche	o einmal in der Woche	o 1-3 mal im Monat	o seltener
Wie oft nutzen Sie diese Einkaufsstätte für den Kauf von Universalwaschmitteln?			
o bei jedem Einkauf	o häufig		o seltener

Abb. 4-6: Operationalisierung der Einkaufserfahrung in den Warengruppen Tafelschokolade (oben) und UWM (unten)

Die Messung der Regalbewertung aus Sicht der Kunden erfolgt für UF 12 in beiden Studien nach dem gleichen Muster (vgl. Abb. 4-7). Bewusst werden bei der 5-stufigen Antwortskala nur die beiden Extrempunkte 1 = „sehr übersichtlich“ sowie 5 = „sehr unübersichtlich“ explizit benannt und die übrigen Ausprägungen durch Kreise angedeutet, um so die Mitte nicht mit einem „neutralen“ Begriff definieren zu müssen.[356]

Wie beurteilen Sie die Übersichtlichkeit des Regals mit Tafelschokolade / des UWM-Regals?

sehr übersichtlich — sehr unübersichtlich

o------------------------------o------------------------------o------------------------------o------------------------------o

Abb. 4-7: Frage zur Übersichtlichkeit des Tafelschokoladen- bzw. des UWM-Regals

Des Weiteren sollen die Auswirkungen verschiedener Einflussfaktoren auf die Zufriedenheit der Kunden betrachtet werden. Dabei wird unter Zufriedenheit nach dem Confirmation/Disconfirmation-Ansatz ganz allgemein die Differenz zwischen der erwarteten und der tatsächlich wahrgenommenen Eigenschaft einer Leistung verstanden. Dieser Soll-Ist-Vergleich führt im Ergebnis zur Zufriedenheit oder Unzufriedenheit des Kunden.[357] Die Suchzufriedenheit kann einerseits aus der Bewertung des Regals bzw. - siehe UF 13 - aus dem Vergleich unterschiedlicher Warenplatzierungsformen abgeleitet werden.

Untersuchungsfrage 13:
Hat die Art der Warenplatzierung einen Einfluss auf die Suchzufriedenheit?

Auf der anderen Seite überprüft UF 14 einen denkbaren Zusammenhang zwischen der Suchzufriedenheit und der gemessenen Zeit für die Suche nach einem gewünschten Produkt.

Untersuchungsfrage 14:
Gibt es Indizien dafür, dass eine kürzere Suchzeit zu einer höheren Suchzufriedenheit führt?

Mit Hilfe der Frage „Hatten Sie Probleme bei der Suche?“ sollen Rückschlüsse auf die Suchzufriedenheit der Kunden gezogen werden. Bei der Frage „Wie haben Sie die Suchzeit empfunden?“ werden als Antwort-Alternativen „sehr lang“, „lang“, „kurz“ und „sehr kurz“ (Tafelschokolade) bzw. „normal“, „lang“ und „zu lang“ (UWM) vorgegeben.

---

356 Vgl. zum Thema Skalierungen (Skalentypen, Anzahl von Skalenpunkten, Probleme etc.) u.a. Bortz/Döring 2002, S. 182 ff.; Berekoven/Eckert/Ellenrieder 2004, S. 74 ff.

357 Vgl. Homburg/Stock 2003, S. 19 ff. sowie die dort angegebenen Literaturquellen.

Zur Verdeutlichung der Bereiche, die im empirischen Teil der Arbeit beleuchtet werden, führt Abb. 4-8 den zuvor erläuterten Bezugsrahmen mit den relevanten Untersuchungsfragen zusammen.

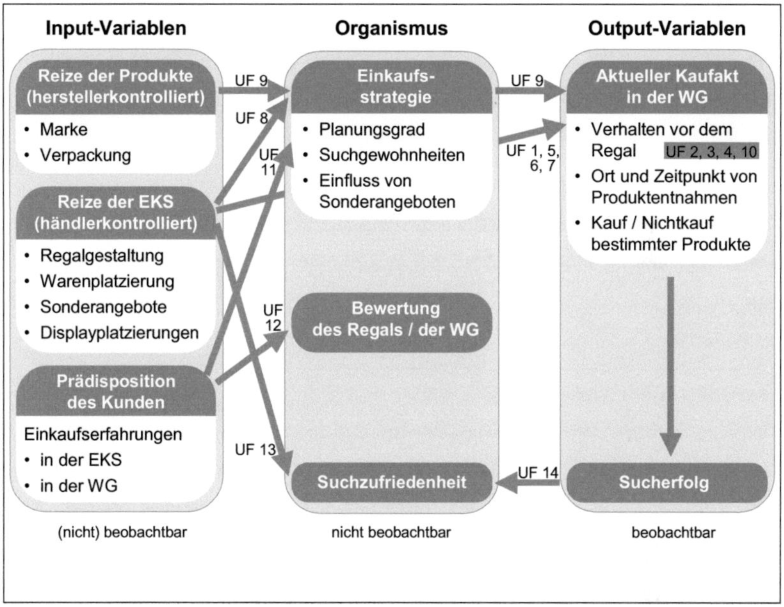

Abb. 4-8: Bezugsrahmen mit den zu untersuchenden Fragestellungen

5 Zwei empirische Studien zum Kundenverhalten am Regal

Den empirischen Teil der Arbeit bilden zwei Untersuchungen zum Such- und Orientierungsverhalten von Kunden am Point of Purchase. Beide Studien fanden zwar im **natürlichen Umfeld** in jeweils zwei Einkaufsstätten statt, unterscheiden sich aber in ihren **Untersuchungsdesigns**.

Bei der ersten Untersuchung stand die Warengruppe **Tafelschokolade** im Mittelpunkt, die in zwei Einkaufsstätten in unterschiedlich langen Warenträgern präsentiert wurde. Hierbei sollten die in einer Vorstudie mittels Fokusgruppengespräche gewonnenen Erkenntnisse zum Kundenverhalten am Regal überprüft werden.

Gegenstand der zweiten Studie waren unterschiedliche Platzierungsformen in der Warengruppe **Universalwaschmittel**. Dazu wurden nach der ersten Erhebung in den beiden untersuchten Einkaufsstätten die Produktanordnung verändert. Unter Berücksichtigung einer gewissen Gewöhnungsphase bei den Kunden wurde die Erhebung an den gleichen Wochentagen wie zuvor wiederholt.

Betrachtet man die untersuchten Warengruppen unter den Aspekten[358]

- Involvement,
- wahrgenommene Produktunterschiede,
- Häufigkeit gleichartiger Kaufentscheidungen und
- Zeitdruck bei der Kaufentscheidung,

so könnte man vermuten, dass insbesondere der Kauf von UWM geprägt ist von **Routineentscheidungen**,[359] wenn man unterstellt, dass der Aktivierungsgrad beim Kunden niedrig ist[360] und aus seiner Sicht die Unterschiede zwischen den jeweiligen Artikeln relativ gering sind. Ähnliches gilt möglicherweise auch für den Kauf von Tafelschokolade, wenn dieser - wie im vorliegenden Fall - in

---

[358] Vgl. Kuß/Tomczak 2000, S. 99 f.

[359] Vgl. dazu Kap. 3.3.3.

[360] Zum Konstrukt des Involvements vgl. z.B. Trommsdorff 2002, S. 54 ff. oder Kroeber-Riel/ Weinberg 2003, S. 371 ff. Siehe in diesem Zusammenhang auch die Differenzierung zwischen hohem und niedrigem Involvement bei Gerhard 1995, S. 95 ff.

einem SB-Warenhaus stattfindet und z.B. eher der Bevorratung dient. Darüber hinaus könnte man eine gewisse Habitualisierung beim Kauf von UWM bzw. von Schokolade annehmen, wenn diese aus einer größeren Kaufhäufigkeit und aus einer Markenbindung herrührt.[361] Schließlich kann erwartet werden, dass das zur Verfügung stehende Zeitbudget für den Kauf der betrachteten Warengruppen prinzipiell (wenngleich ggfs. auch unterschiedlich stark) begrenzt ist.

In den Studien wurde das Geschehen vor dem entsprechenden Regalabschnitt mit Tafelschokolade bzw. mit Universalwaschmittel tageweise durch mehrere Kameras aufgezeichnet. Zusätzlich wurden einzelne Personen, nachdem sie ein oder mehrere Produkte gekauft hatten, außerhalb des Ganges anhand eines Fragebogens befragt. Zur Prüfung und Verbesserung der Verständlichkeit der Fragen und der Praktikabilität der Fragebögen wurden mit Studierenden der Wirtschaftswissenschaften jeweils Pretests durchgeführt.

Im Folgenden werden zunächst die eingesetzten Untersuchungsmethoden der Beobachtung und Befragung sowie deren Erhebung und Auswertung näher erläutert, die in beiden Fällen identisch waren. Die Vorstellung der beiden Untersuchungen und der Ergebnisse erfolgt im Anschluss in Kap. 5.2 (Tafelschokolade) und in Kap. 5.3 (Universalwaschmittel).

5.1 Untersuchungsmethoden

5.1.1 Beobachtung durch digitale Videoaufzeichnung

5.1.1.1 Einordnung

Bei der Konzeption einer Beobachtungsstudie sind verschiedene Gestaltungsparameter zu berücksichtigen und festzulegen, die nun erläutert werden. Zu den wichtigsten Elementen der Beobachtung zählen der Bewusstseinsgrad des Beobachteten, der Partizipationsgrad des Beobachters, der Grad der Standardisierung, der Beobachtungsort und schließlich die Wahrnehmungs- sowie Registrierungsform.[362]

---

[361] Allerdings können an dieser Stelle keine Aussagen darüber getroffen werden, welche Warengruppe sich durch eine höhere Markenbindung beim Kunden charakterisieren lässt.

[362] Vgl. König 1972, S. 32 ff.; Kepper 2000, S. 192 ff.; Hüttner/Schwarting 2002, S. 159 ff.

Abhängig von dem **Bewusstseinsgrad** der zu beobachtenden Person lassen sich vier verschiedene Fälle voneinander differenzieren (vgl. Abb. 5-1):

Form \ Bewusstseinsgrad	Der Beobachtungszweck ist bekannt.	Die Aufgabe ist bekannt.	Der Proband weiß um die Versuchssituation.
Typ I	ja	ja	ja
Typ II	nein	ja	ja
Typ III	nein	nein	ja
Typ IV	nein	nein	nein

Lesebeispiel: Typ II:
Der Zweck der Beobachtung ist der Testperson unbekannt, jedoch ist ihr bewusst, dass sie beobachtet wird, und sie kennt die Aufgabe.

Abb. 5-1: Untersuchungssituationen der Beobachtung
(Quelle: In Anlehnung an Berekoven/Eckert/Ellenrieder 2004, S. 152)

Dabei stellen Beobachtungsverfahren, die eine sog. (voll-) biotische Untersuchungssituation erzeugen, weil der Proband weder um seine Rolle weiß, noch den Beobachtungszweck und die Aufgabe kennt, in gewisser Weise einen Idealfall dar, der allerdings nicht immer realisierbar ist.[363]

Der **Partizipationsgrad** des Beobachters gibt Aufschluss darüber, welche Rolle der Beobachter in der Erhebungssituation einnimmt. Bei der teilnehmenden Beobachtung kommt ihm eine aktive Rolle im Beobachtungsgeschehen zu, während der Beobachter bei der nicht-teilnehmenden Variante ausschließlich eine wahrnehmende und registrierende Funktion hat, so dass seine Rolle dem Beobachteten unbekannt bleibt.

Der **Standardisierungsgrad** bezieht sich auf die Frage, inwieweit die Erhebung, d.h. Anlage, Inhalt oder Situation der Beobachtung sowie die Art der Aufzeichnung, einheitlich strukturiert bzw. vorgegeben ist.[364] So liegt z.B. einer standardisierten Beobachtung ein vorab erstelltes Schema zu Grunde, das Angaben darüber enthält, was und wie zu beobachten ist: Zahl und Art der Beobachtungseinheiten sind dabei determiniert.[365]

---

[363] Vgl. Salcher 1995, S. 97 f.
[364] Vgl. Atteslander 2003, S. 95.
[365] Vgl. Friedrichs/Lüdtke 1973, S. 60.

Schließlich kann der **Beobachtungsort** dahingehend unterschieden werden, ob die Untersuchung in einem natürlichen Umfeld, d.h. im Feld, oder unter künstlichen Bedingungen im Labor stattfindet.

Die Wahrnehmung von beobachteten Situationen bzw. deren **Registrierung** vollzieht sich durch die persönliche Beobachtung und/oder durch die Nutzung apparativer Techniken. Bei der persönlichen Beobachtung nimmt der Erhebende eine rezeptive Haltung ein, weil er die zu beobachtende Person nicht durch verbale Reize oder andere Stimuli beeinflusst. Apparative Verfahren zeichnen physische Aktivitäten auf (z.B. Hautwiderstandsmessung), erfassen einfache Sachverhalte automatisch (z.B. Lichtschranke) oder dienen als technische Registrierungshilfen (z.B. Videokamera oder Tonband) für eine beliebig häufige Reproduzierbarkeit des festgehaltenen Verhaltens.[366]

Abb. 5-2 stellt die Elemente der Beobachtung im Überblick dar.

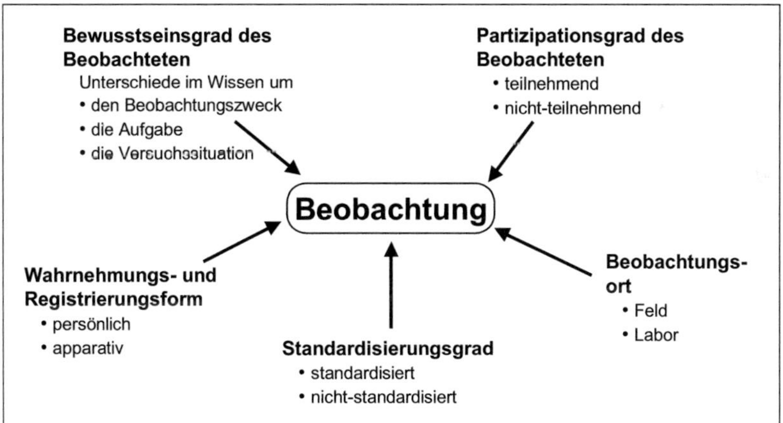

Abb. 5-2: Elemente der Beobachtung
(Quelle: In Anlehnung an Berekoven/Eckert/Ellenrieder 2004, S. 151 f.)

[366] Vgl. Greve/Wentura 1997, S. 27; Berekoven/Eckert/Ellenrieder 2004, S. 153 f.

Wie auch bei der Befragung unterliegen die verschiedenen Beobachtungsverfahren den Anforderungen an eine wissenschaftliche Methodik,[367] die eine Ausrichtung auf ein definiertes Forschungsziel sowie die Konzentration auf bestimmte Ausschnitte der Realität voraussetzt.[368] Der Beobachtungsgegenstand im Rahmen der vorliegenden Erhebungen ist die Verhaltensweise von Personen vor Regalen einzelner Warengruppen. Dabei handelt es sich jeweils um Felduntersuchungen, die auf der apparativen Registrierung des Kundenverhaltens mittels digitaler Videobeobachtung basieren. Sie zeichnen sich im vorliegenden Fall durch eine biotische Beobachtungssituation aus, da die beobachteten Personen weder den Beobachtungszweck noch die Aufgabe kannten. Da die Kameras vor Ladenöffnung oberhalb der gegenüberliegenden Regalsegmente installiert wurden, wussten die Kunden der Einkaufsstätte auch nicht um die Versuchssituation.[369]

5.1.1.2 Erhebung der Beobachtungsdaten

Für die Aufzeichnung stand das digitale Videosystem DIGIREC 800 der Firma *Meidinger*, Hilden, zur Verfügung. An diesen Rechner, der auf Grund seiner kompakten Bauweise für den mobilen Einsatz besonders geeignet ist, können bis zu vier Beobachtungskameras angeschlossen werden. Die Daten gibt das System auf dem Monitor als Quadranten- oder Einzelbilddarstellung aus (vgl. Abb. 5-3) und speichert sie jeweils separat mit Hilfe des Videokompressionsformats MPEG4 auf der Festplatte ab. So kann das Geschehen vor dem Regal ohne Unterbrechung (z.B. durch den Wechsel von Videobändern) über den ganzen Tag hinweg aufgezeichnet werden.

[367] Vgl. Kuß 2004, S. 114.

[368] Eine vollständige Beschreibung der Realität ist auf Grund ihrer Komplexität, Dynamik, Verdecktheit und Einzigartigkeit ausgeschlossen, vgl. Kuß 2004, S. 18 f.

[369] Die Aushänge im Eingangsbereich der untersuchten Einkaufsstätten informierten die Kunden zwar über die Durchführung einer Videobeobachtung im Markt, nannten aber nicht die konkrete Warengruppe. Siehe auch Anhang A.

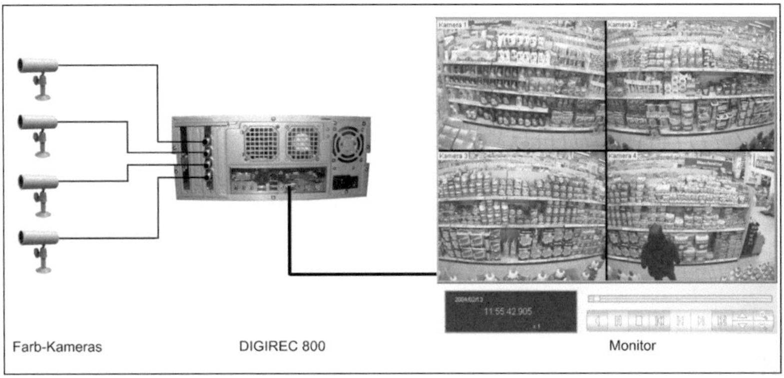

Abb. 5-3: Schematische Darstellung der Videobeobachtungsanlage

Um die Videokameras möglichst unauffällig in den Einkaufsstätten platzieren zu können, fiel die Wahl auf eine kleine, hochauflösende Farb-Zylinderkamera (vgl. Abb. 5-4), die mit Hilfe von Stativen in die notwendige Position und Höhe gebracht werden kann.

Abb. 5-4: Abmaße der Videokamera auf dem Stativ (links) und der geöffnete Zustand zur Objektiveinstellung (rechts)

Ausgestattet mit einem variablen Objektiv ist der Blickwinkel nach Abnahme der Schutzkappe zwischen 30° und 62° einstellbar und das Objektiv auf die gewünschte Entfernung zu fokussieren. Durch die Montage der Kameras auf dem gegenüberliegenden Regal und einer üblichen Gangbreite von rund 2 Metern beträgt die Entfernung zwischen der Kamera und der zu untersuchenden Regalfront etwa 2,5 bis 3 Meter. Bei Nutzung des Weitwinkels können somit mehr als 3 Meter der Regalfläche pro Kamera abgedeckt werden, wobei die großvolumigen Packungen und die davor befindlichen Personen bei der Auswertung gut identifizierbar bleiben, wie die Gegenüberstellung von Öffnungswinkeln und Entfernungen in Abb. 5-5 bestätigt.

Brennweite	**Winkel**	**Entfernung zwischen Kamera und Objekt**							
		1 m	2 m	3 m	4 m	5 m	10 m	30 m	50 m
		Bildbreite entsprechend der Entfernung zur Kamera							
4,0 mm	62°	1,1	2,2	3,3	4,4	5,5	11	33	55
9,0 mm	30°	0,5	1,0	1,5	2,0	2,5	5,0	15	25

Erläuterung:
2,5 m Bildbreite ist die Grenze, um ein fremdes Gesicht erkennen zu können.
4,5 m Bildbreite ist die Grenze, um ein größeres Schild lesen zu können.
25 m Bildbreite ist die Grenze, um einen 1 m breiten Gegenstand zu identifizieren.

Abb. 5-5: Breite des aufgezeichneten Bildes in Abhängigkeit vom Objektivwinkel und der Entfernung zwischen Kamera und Objekt

Unter diesen Voraussetzungen lassen sich mit den vier Kameras Regalabschnitte mit einer Länge von rund 14 Metern mit Überlappungen zwischen den einzelnen Videobildausschnitten abdecken.[370]

5.1.1.3 Auswertung der Beobachtungsdaten

Die manuelle Erfassung, die Verarbeitung und die grafische Analyse der aufgezeichneten Beobachtungsdaten erfolgte mit Hilfe des Programms Interact, Version 6.9, an einem zweiten Computer.[371] Die Software für die Verhaltensforschung der Firma *Mangold Software & Consulting GmbH*, Arnstorf, zeichnet sich durch frei wählbare Beobachtungskategorien und durch die beliebige Codierung der Verhaltenskategorien aus. Für die nachfolgenden Studien kam

[370] Die maximale Regallänge von 13,75 m bei der UWM-Untersuchung in EKS 1 konnte mit diesem System realisiert werden. Sofern größere Bereiche mit Kameras abgedeckt werden müssen, lassen sich die DIGIREC-Computer zur Zeit mit bis zu 16 Videoeingängen aufrüsten, die darüber hinaus grundsätzlich auch noch Audio-Informationen aufzeichnen könnten.

[371] Zum Zeitpunkt der Auswertung gab es keine marktreife Softwarelösung, die die Bewegungen von Personen automatisch vermessen und interpretieren kann. Erste Modellierungsansätze für ein computerbasiertes System liefert dazu Hansen 2002, S. 23 ff.

die sog. „Event Sampling Methode" zum Einsatz, bei der sowohl die Zeitpunkte, zu denen bestimmte Ereignisse auftreten, als auch die Zeitintervalle, innerhalb derer eine konkrete Handlung stattfindet, protokolliert werden.[372]

Die Definition der Verhaltenskategorien orientiert sich grundsätzlich an dem chronologischen Ablauf eines Kaufvorganges. Neben den **Laufrichtungen** zum Regal hin und später aus der Warengruppe hinaus wurde die Eingabemaske so programmiert, dass für jedes Regalsegment ein Code vorhanden war, der die **Verweildauer** der Person in dem jeweiligen Bereich anzeigte. Die Abmaße eines Regalsegments ergeben sich dabei aus der Breite eines Regalbodens und der Höhe der übereinanderliegendenen Böden.[373]

Zusätzlich wurden für die **Entnahme**, für die **Dauer**, innerhalb derer sich ein Kunde mit einem aus dem Warenträger **entnommenen Produkt beschäftigt**, und für den Zeitpunkt des **Zurücklegens** eines Artikels Verhaltenskategorien definiert.

Das Betreten und das Verlassen des Regals wurden durch ein kurzes Antippen der zugeordneten Tasten genauso protokolliert wie die Zeitpunkte, zu denen ein Produkt aus dem Regal entnommen oder dorthin wieder zurückgelegt wurde. Zur Erfassung der Zeitspannen, in denen die Kunden vor einem einzelnen Regalsegment standen oder in denen sie sich mit bereits entnommenen Artikeln näher beschäftigten, mussten die auswertenden Studierenden die jeweiligen Tasten für die Dauer gedrückt halten. Diese Verhaltenskategorien sind in Abb. 5-6 durch den Aktivierungshaken bei Dur(ation) kenntlich gemacht.

---

372 Im Gegensatz zur Event Sampling Methode werden bei der Time Sampling Methode zunächst Intervalle definiert und z.B. geprüft, ob innerhalb dieser Zeitabschnitte ein Verhalten beobachtet wird oder nicht, vgl. Mangold 2003, S. 22 f. und S. 100. Eine umfangreichere Beschreibung von verschiedenen Sampling Methoden findet sich bei Altmann 1974, S. 248 ff.

373 Bis auf eine Einkaufsstätte wiesen die einzelnen Regalböden des Warenträgers eine Breite von 1,25 m auf, vgl. dazu Kap. 5.2.2 und Kap. 5.3.2.

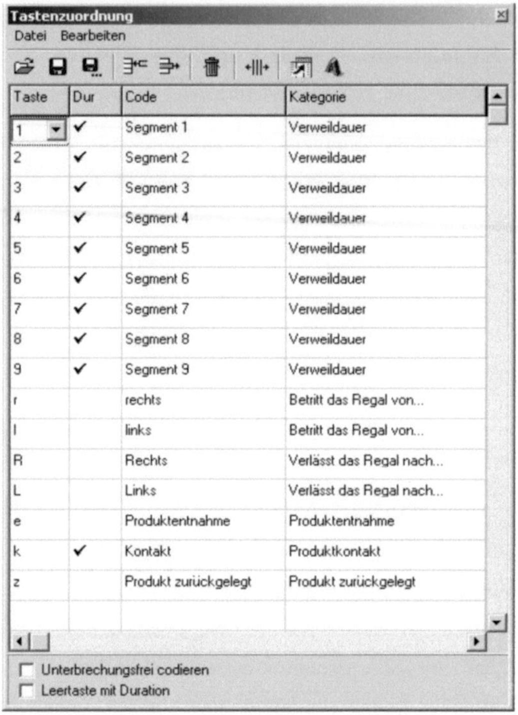

Abb. 5-6: Codierung des Programms Interact

Nach der Codierung wurde auf dem DIGIREC-System das aufgezeichnete Videomaterial in jeweils 5-Minuten-Episoden gesichtet. Auf dem Interact-Rechner wurden jeweils die Anzahl der Personen in die Eingabemaske eingetragen, die (1) sich innerhalb dieser Sequenzen im Gang aufhielten, die (2) darüber hinaus das relevante Regal betrachteten und die (3) ein Produkt kauften. Bei der zweiten Wiedergabe der Videosequenzen wurde für jeden Kunden, der sich mit dem Regal beschäftigte, ein sog. „Take“ angelegt, in dem das individuelle Kundenverhalten auflistet wird.[374] Neben einer kurzen Personenbeschreibung in einem frei editierbaren Feld des Takes erfolgte auch die Zuordnung eines eventuell vorhandenen Fragebogens auf die jeweilige Person, bevor das Kundenverhalten anhand der festgelegten Codes ausgewertet wurde.

---

[374] Parallel dazu wurde die Zeit des Interact-Programms mit der Aufzeichnungszeit des DIGIREC-Systems synchronisiert.

Abb. 5-7 zeigt den Datensatz einer befragten Frau,[375] die für den Kauf eines Produktes etwas mehr als eine Minute benötigte.

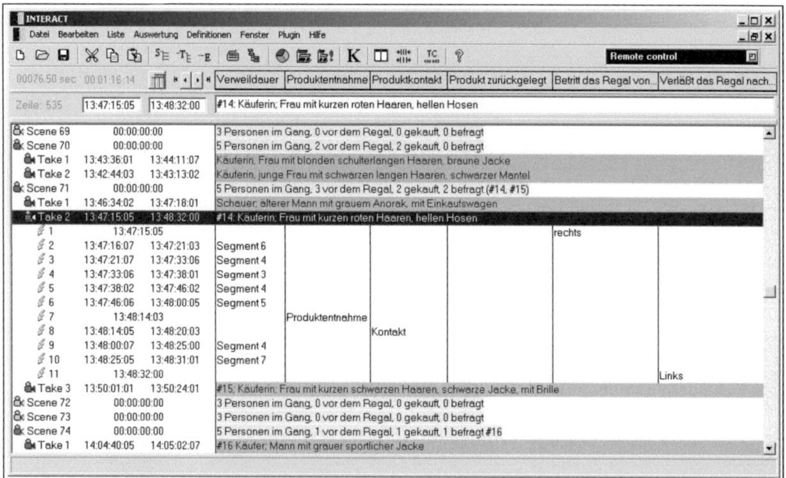

Lesebeispiel: Gegen 13.47 Uhr betrat eine Frau mit kurzen roten Haaren und heller Hose den Gang von rechts und blieb zum ersten Mal vor dem Regalsegment 6 stehen. Nachdem sie die daneben liegenden Segmente 3, 4 und 5 betrachtet hatte, griff sie nach gut 60 Sekunden in das vierte Regalsegment, entnahm ein Produkt, welches sie 6 Sekunden begutachtete und anschließend kaufte, bevor sie den Gang - nach einem Blick ins Regalsegment 7 - nach links verließ. Anschließend wurde sie mit dem Fragebogen Nummer 14 interviewt.

Abb. 5-7: Dateneingabemaske von „Interact" zur Transkription des Videomaterials

Grundsätzlich erfolgte die Transkription für jede Person in Echtzeit, allerdings mussten Sequenzen, in denen mehrere Kunden gleichzeitig vor dem Regal standen, mehrfach betrachtet und ausgewertet werden.

Im Ergebnis lag für jede Person ein Datensatz über ihr Verhalten am Regal vor. Dieses transkribierte Verhalten stellt das in Interact integrierte Tool "Interaction Graph" nach der Art "Was passiert wann?" durch eine Art Verlaufsstreifen visuell dar.

[375] Durch die auf dem Fragebogen notierte Beschreibung der Person und der Uhrzeit ist die Zuordnung zwischen Beobachtungs- und Befragungsdaten eindeutig. In dem Beispiel handelt es sich um den Fragebogen Nr. 14.

Abb. 5-8 enthält die grafische Aufbereitung des Verhaltens der in Abb. 5-7 erwähnten Frau mit Hilfe des Programms Interaction Graph. Lage und Breite der Balken verdeutlichen, was die beobachtete Person gemacht und vor welchen Regalsegmenten sie sich jeweils wie lange aufgehalten hat.

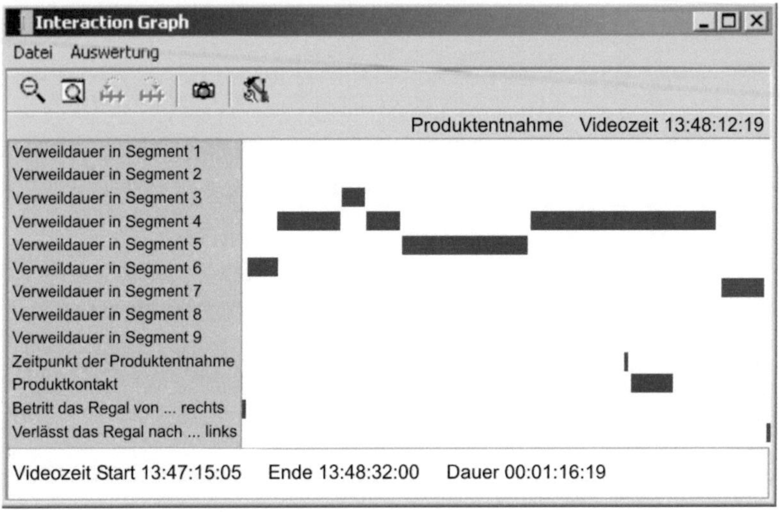

Abb. 5-8: Darstellung des Verhaltens einer Person vor dem Regal mit dem Interaction Graph von Interact

Da diese Repräsentationsform für einzelne Probanden zwar anschaulich, für die statistische Analyse hingegen völlig ungeeignet ist, erfolgte die Auswertung der Beobachtungsdaten mit dem Programmpaket SPSS. Nach der Importierung in dieses Statistikprogamm wurden die Datensätze zunächst gesichtet und um Ausreißer bereinigt. Von der Auswertung wurden solche Fälle ausgeschlossen, bei denen die Verweildauern von Kunden vor einzelnen Regalsegmenten im Vergleich zum Durchschnitt stark nach oben abwichen und somit die Mittelwerte verzerrt und die Vergleichbarkeit der Zahlen erschwert hätten.[376]

Wie bei der Befragung erwähnt, sind auch die Auswertungen der Beobachtungsdaten auf die reine Deskription ausgerichtet, so dass auf das Testen von Signifikanzen verzichtet wird.

[376] Vgl. Fn 394 und Fn 429.

5.1.2 Erhebung und Auswertung der Befragungsdaten

Nachdem die Kunden einen oder mehrere Artikel aus den untersuchten Warengruppen gekauft und den Gang vor dem Regalabschnitt verlassen hatten, sprach sie ein Interviewer an, ob sie bereit seien, gemeinsam einen kurzen Fragebogen auszufüllen.[377] Die Formulierungen der Fragen mit Bezug auf die jeweilige Einkaufsstätte und Warengruppe sollten gewährleisten, dass die Antworten der Auskunftsperson nur auf den aktuellen Kontakt mit dem entsprechenden Regal, genauer der jeweiligen Produktplatzierung abzielen und nicht auf vorhandene Erfahrungen mit anderen Warenträgern, Warengruppen und/oder Geschäften basieren.[378] Die aufgezeichneten Episoden ihres Kaufverhaltens wurden den Auskunftspersonen nicht vorgespielt,[379] sie wurden auch nicht über die stattgefundene Beobachtung aufgeklärt.

Die Eingabe und Aufbereitung der Befragungsdaten erfolgte mit Hilfe des Programmsystems SPSS, Version 11.[380] In Bezug auf das Skalenniveau lagen überwiegend nominal und ordinal skalierte Daten vor, so dass sich die Datenauswertung in aller Regel auf die Auszählung von Häufigkeiten beschränkt.[381] Der besseren Vergleichbarkeit von Mittelwerten wegen lag der erhobenen Beurteilung der Regalübersichtlichkeit[382] die Annahme zu Grunde, dass die gewählten Abstände der 5-stufigen Ratingskala äquidistant und folglich als intervallskaliert interpretierbar sind.[383]

Hinsichtlich ihrer Abhängigkeit bzw. Unabhängigkeit sind die Stichproben unterschiedlich zu bewerten.[384] Grundsätzlich lassen sich die einzelnen Fragebögen den aufgezeichneten Videosequenzen, die das Verhalten der befragten Person

---

[377] Vgl. die Fragebögen in Anhang B bis Anhang D.

[378] Vgl. von Keitz 1986, S. 102.

[379] Bei einem anders gelagerten Untersuchungsdesign hätten die aufgezeichneten Clips z.B. für sogenannte videogestützte Gedankenprotokolle verwendet werden können. Dabei wird der Proband gebeten, anhand des zuvor aufgenommenen Videos seine Gedankenabläufe und Empfindungen zu kommentieren, vgl. Raingruber 2003, S. 1155 ff.; Büttner et al. 2004, S. 4; Silberer/Büttner 2004, S. 3 ff.

[380] Zur statistischen Datenanalyse ist SPSS (Statistical Package for the Social Sciences) das weltweit verbreitetste Programmsystem, vgl. Bühl/Zöfel 2002, S. 15.

[381] Vgl. Kamenz 2001, S. 169 ff.; Bühl/Zöfel 2002, S. 106 f.

[382] Vgl. dazu Kap. 4.2.2.

[383] Vgl. Hammann/Erichson 2000, S. 341 f.; Berekoven/Eckert/Ellenrieder 2004, S. 76 f.

[384] Vgl. Bühl/Zöfel 2002, S. 109.

vor dem Regal zeigen, zuordnen.[385] Die Befragungsdaten hingegen sind untereinander unabhängig, da die Zuordnung der Werte der einen Stichprobe auf die andere beim Vergleich der Einkaufsstätten, der Warengruppen und der Erhebungstage nicht möglich ist.[386]

Weil die Auswertung der Daten allein auf die Deskription ausgerichtet ist, soll auf das Testen von Signifikanzen und die Überprüfung auf Normalverteilung vollständig verzichtet werden.

385 Die eindeutige Zuordnung des befragten Kunden zum beobachteten Kunden wird durch die auf dem Fragebogen handschriftlich notierte Zeit und Personenbeschreibung einerseits sowie durch die Systemzeit und die kurze Beschreibung jeder beobachteten Person bei der Transkription (vgl. dazu Kap. 5.1.1.3) andererseits gewährleistet.

386 Vgl. Bühl/Zöfel 2002, S. 109.

5.2 Feldstudie zur Analyse des Kundenverhaltens in der Warengruppe Tafelschokolade

Kooperationspartner der Feldstudie waren ein Hersteller von Tafelschokolade und ein SB-Warenhaus-Filialist, der die Realisierung der Untersuchung in einem natürlichen Umfeld ermöglichte. Die Datenerhebung fand im November und Dezember 2003 in zwei Einkaufsstätten statt. Als Erhebungsmethode wurde eine Kombination aus Beobachtung und Befragung gewählt. Bei der Entscheidung, welche Beobachtungsform zum Einsatz kommen sollte, fiel die Wahl auf ein digitales Videosystem, um das Verhalten aller Personen,[387] die sich im Tagesablauf vor dem entsprechenden Regalabschnitt aufhielten, aufzuzeichnen. Zusätzlich wurden die Kunden, die einen oder mehrere Artikel aus dem Regal entnommen und in ihren Einkaufswagen gelegt hatten, nach dem Verlassen des Ganges anhand eines Fragebogens interviewt. Mit Fragen zur Einkaufserfahrung, Einkaufsstrategie, Regalbewertung sowie zu Sucherfolg und Suchzufriedenheit galt es, Informationen über die Hintergründe des Kaufvorganges zu gewinnen, die sich aus der reinen Verhaltensbeobachtung nicht ergeben.[388]

5.2.1 Zielsetzung der Felduntersuchung

Im Mittelpunkt der Studie stand das Verhalten von Kunden - also Käufern und interessierten Nicht-Käufern - vor dem Tafelschokoladen-Regal. Dazu lagen bereits erste Ergebnisse aus Fokusgruppengesprächen vor, die im Rahmen einer Vorstudie geführt wurden. Die zentralen Punkte aus den Diskussionen mit fünf Gruppen[389] lassen sich folgendermaßen zusammenfassen:

---

[387] Da nicht ausgeschlossen werden konnte, dass nicht nur Kunden der Einkaufsstätte, sondern auch Mitarbeiter des SB-Warenhauses bei ihrer Arbeit (z.B. Verräumung neuer Ware, Regalpflege) auf Video festgehalten wurden, war das Einverständnis des Betriebsrates einzuholen. Das Verhalten des Personals wurde weder dokumentiert noch ausgewertet.

[388] Der Fragebogen für die Feldstudie in der Warengruppe Tafelschokolade befindet sich im Anhang B.

[389] Die Teilnehmergruppen unterschieden sich hinsichtlich ihrer Haushaltsgröße (Mehrpersonen- vs. Single-Haushalte) und ihres Alters (jüngere vs. ältere Konsumenten). Die letzte Fokusgruppe beinhaltete Personen, welche die Marke des kooperierenden Tafelschokolade-Herstellers nicht verwendeten, vgl. Schröder/Zimmermann 2003, S. 2.

- Der Kauf von Tafelschokolade ist überwiegend ein Routinekauf. Die meisten Kunden sind marken- und sortentreu. Sie kennen genau die Verpackung der Produkte, die sie üblicherweise kaufen.
- Bei vielen Kunden sind Preissensibilität und Preiskenntnis unterentwickelt. Sie empfinden Tafelschokolade als Kleinpreisartikel und Genussprodukt.
- Grundsätzlich haben die Kunden keine Schwierigkeiten, ihre Marken und Sorten im Regal zu finden.
- Der Aufenthalt vor dem Tafelschokoladenregal ist in der Regel kurz, da die Kunden gezielt nach den ihnen bekannten Marken und Sorten greifen. Für ihre Orientierung ist dabei sowohl die Kauferfahrung als auch die Verpackung der Artikel hilfreich.
- Die befragten Kunden ziehen eine Platzierung der Tafelschokolade nach Marken einer Platzierung nach Sorten vor.

Neben der Überprüfung dieser Erkenntnisse stand die Analyse des Verhaltens der Kunden bei ihrer Orientierung in realen Einkaufssituationen im Vordergrund. Ein weiteres Ziel der Untersuchung war, möglicherweise vorhandene Schwierigkeiten der Kunden bei der Suche am Point of Purchase zu identifizieren, um dem Category Manager des Herstellers Ansatzpunkte für eine kundengerechtere Warenplatzierung aufzuzeigen.

5.2.2 Rahmenbedingungen

Die Erhebungen fanden in EKS 1 an einem Tag (26.11.2003), in EKS 2 hingegen an zwei aufeinanderfolgenden Tagen (11.12. und 12.12.2003) statt. Zur Wahrung einer natürlichen Einkaufssituation sollte die Warengruppe Tafelschokolade an beiden Untersuchungsorten unverändert bleiben, d.h. die Regalbereiche wurden nicht bei einem unmittelbar vorausgehenden Besuch des Außendienstmitarbeiters „optimiert" (i.S.v. aufgeräumt und aufgefühlt). Eventuelle Bestandslücken oder Falschplatzierungen waren als Untersuchungsbedingungen hinzunehmen. Als weitere Rahmenbedingungen sind sowohl die Unterschiede in der Regallänge sowie in den Regallayouts, die verschiedenen Kundenlaufrichtungen, die im Erhebungszeitraum durchgeführten Sonderpreisaktionen als auch die zeitliche Nähe zu den Weihnachtsfeiertagen zu nennen.

Auf Grund der verschieden großen Verkaufsflächen der Einkaufsstätten standen für die Warengruppe Tafelschokolade unterschiedlich viele Regalsegmente zur Verfügung. Der Sortimentsumfang war annähernd gleich, jedoch differierte die Anzahl der Artikelfacings. In der ersten Einkaufsstätte hatte der Regalabschnitt eine Länge von 3,75 Metern[390] (vgl. Abb. 5-9 und Abb. 5-11). In der zweiten Einkaufsstätte wies der Warenträger eine Länge von 6,25 Metern[391] auf (vgl. Abb. 5-10 und Abb. 5-12).

[390] Diese Länge ergibt sich aus drei nebeneinander liegenden Regalböden à 1,25 m.

[391] Diese Länge ergibt sich aus fünf nebeneinander liegenden Regalböden à 1,25 m.

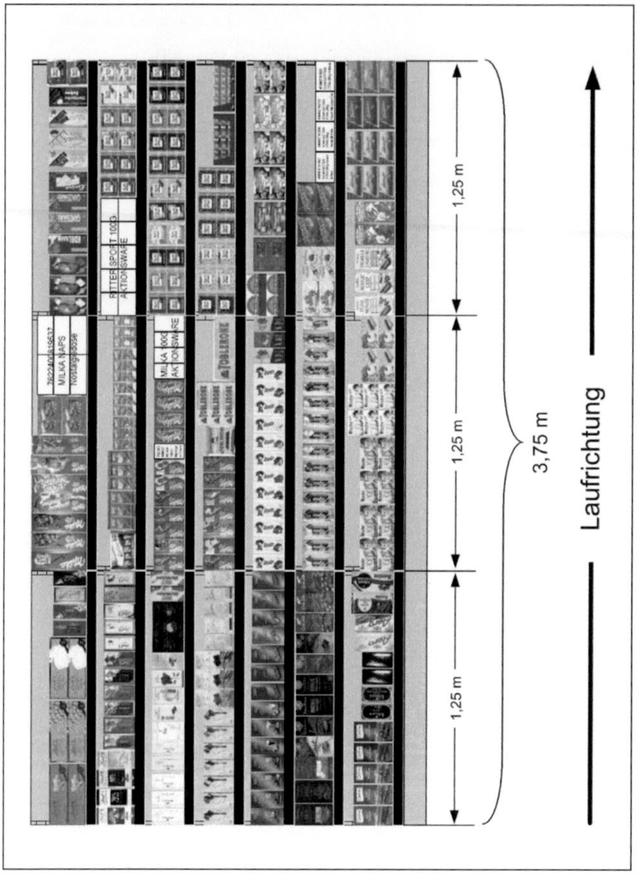

Abb. 5-9: Regalbelegungsplan für die Warengruppe Tafelschokolade in EKS 1

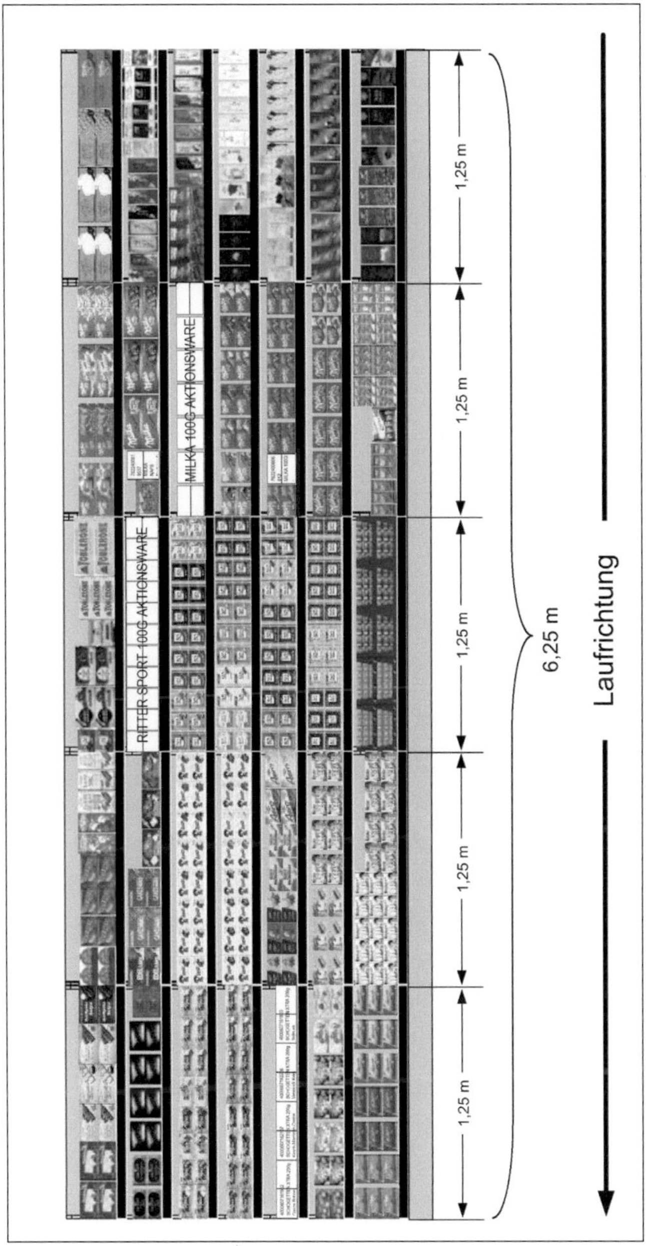

Abb. 5-10: Regalbelegungsplan für die Warengruppe Tafelschokolade in EKS 2

Abb. 5-11: Frontalansicht des Tafelschokoladen-Regals in EKS 1 (Fotomontage aus drei Bildern)

Abb. 5-12: Frontalansicht des Tafelschokoladen-Regals in EKS 2 (Fotomontage aus fünf Bildern)

Darüber hinaus fallen bei den Frontalansichten in Abb. 5-11 und Abb. 5-12 die Unterschiede in den Regalbelegungsplänen insbesondere dadurch auf, dass die gelben Tafeln der Marke Feodora sowie die Produkte der Marke Lindt in EKS 1 auf der linken, in EKS 2 auf der rechten Seite zu sehen sind. Dies ist auf die Anordnung der Tafelschokoladenregale in den beiden Einkaufsstätten und die unterstellten Hauptlaufwege der Kunden zurückzuführen.

In EKS 1 ging der Warengruppenmanager davon aus, dass die meisten Kunden vom Eingang her kommend den Hauptgang wählen, von dort nach rechts in den Gang mit Süßwaren abbiegen und demzufolge überwiegend von links an das Tafelschokoladenregal herantreten (vgl. Abb. 5-13). Im Gegensatz dazu wurde in EKS 2 unterstellt, dass sich der größte Teil der Kunden über den Hauptgang von rechts dem relevanten Regalabschnitt nähert (vgl. Abb. 5-14).

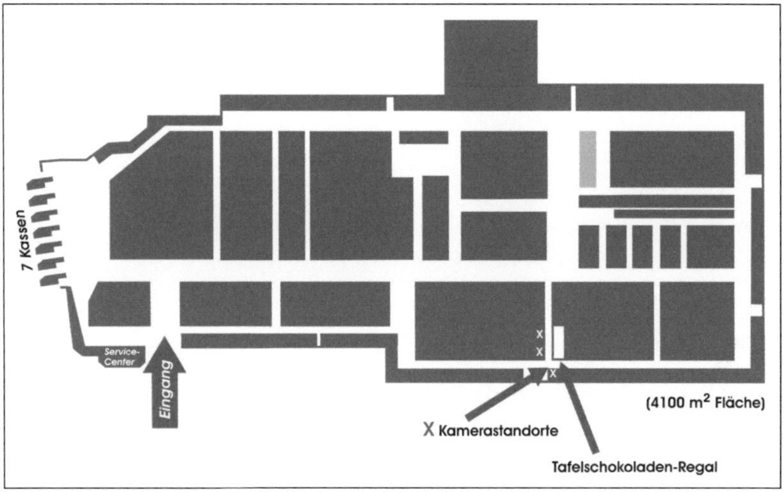

Abb. 5-13: Lage des untersuchten Regals im Verkaufsraum (weiße Fläche) sowie Position der Beobachtungskameras (weiße Kreuze) in EKS 1

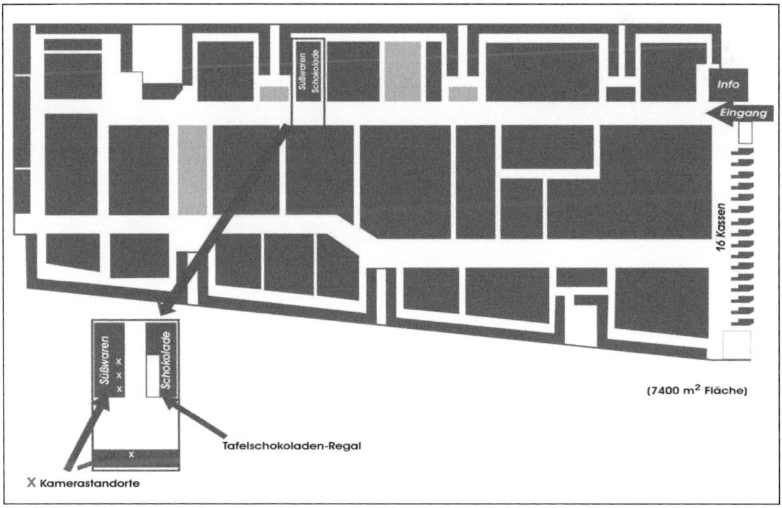

Abb. 5-14: Lage des untersuchten Regals im Verkaufsraum (weiße Fläche) sowie Position der Beobachtungskameras (weiße Kreuze) in EKS 2

Die vom Hersteller als Platzierungsvorschlag erarbeiteten Regalbelegungspläne trugen diesem Umstand dadurch Rechnung, dass jeweils im ersten Regalsegment, das der vermutlich größere Teil der Kunden zuerst sieht bzw. sehen soll, insbesondere Produkte von Lindt, Feodora, Gubor und Côte d'Or platziert waren.

Zum Zeitpunkt der Erhebung waren unterschiedliche Marken im Sonderangebot. Diese wurden in den Handzetteln des Handelspartners sowie durch farbliche Hinweisschilder am Regal beworben und zusätzlich auf größeren Displays in den Einkaufsstätten zweitplatziert:

- EKS 1 (Erhebung am 26.11.2003):

  In der Kalenderwoche 48 (24.11. – 29.11.) kosteten 10 Tafeln Milka à 100g (bei beliebiger Sortenzusammenstellung) insgesamt 5,70 €. Abb. 5-15 (links) zeigt die entsprechende Sonderpalette, die zudem noch die 300g-Variante aus einer vorangegangenen Aktion enthielt und im hinteren Teil der Einkaufsstätte in der Getränkeabteilung stand.[392]

- EKS 2 (Erhebung am 11.12. und 12.12.2003):

  In der 50. Kalenderwoche (08.12. – 13.12.) wurden 100g-Tafeln Alpia zu 0,39 € und 100g-Tafeln RitterSport zu 0,59 € in einem speziellen Weihnachtsprospekt (gültig vom 08.12. bis zum 31.12.2003) beworben. Die beiden Sonderpaletten waren in unmittelbarer Nähe zum Tafelschokoladen-Regal am Gondelkopf aufgebaut (vgl. Abb. 5-15 rechts).

Das Verhalten der Kunden vor den jeweiligen Sonderpaletten wurde im Rahmen der Studie auf Wunsch der Projektpartner nicht aufgezeichnet und explizit ausgewertet.

[392] Siehe auch den Lageplan der EKS 1 in Abb. 5-13.

Abb. 5-15: Sonderplatzierungen von Tafelschokolade in EKS 1 (links) und EKS 2 (rechts)[393]

Abb. 5-16 fasst die Rahmenbedingungen der Untersuchung zusammen.

Erhebungsort / Kriterien	EKS 1	EKS 2
Erhebungstage	26.11.2003	11.12.2003 12.12.2003
Regallänge	3,75 m (3 Regalsegmente)	6,25 m (5 Regalsegmente)
Angenommene Hauptlaufrichtung der Kunden an das Regal	von links	von rechts
Im Handzettel beworbene Marken	10 Tafeln Milka à 100g zu 5,70 €	100g-Tafel Alpia zu 0,39 € 100g-Tafel RitterSport zu 0,59 €
Sonderplatzierung der beworbenen Marken	im hinteren Teil der EKS	am Gondelkopf

Abb. 5-16: Rahmenbedingungen bei der Felduntersuchung in der Warengruppe Tafelschokolade

[393] In EKS 2 wurden die Alpia- und die RitterSport-Sonderpaletten nach dem ersten Beobachtungstag getauscht. Abb. 5-15 zeigt die Anordnung am 11.12.2003. Am Folgetag war die RitterSport-Palette vom Hauptgang kommend besser sichtbar.

5.2.3 Beschreibung der Stichprobe

Grundsätzlich wurden alle Personen, die im Laufe der Erhebungstage während der Öffnungszeit an dem Tafelschokoladen-Regal vorbeikamen, mit dem Videosystem aufgezeichnet. Dennoch sind nicht alle Personen zur Stichprobe zu zählen. Von der Auswertung des Videomaterials auszuschließen sind die Mitarbeiter des SB-Warenhauses, die zu Zeiten mit niedriger Kundenfrequenz z.B. Waren durch den Gang transportierten oder ins Regal räumten. Die übrigen Personen lassen sich durch ihr beobachtetes Verhalten zunächst in zwei Gruppen einteilen. Die erste Gruppe bilden die Personen, die sich bei ihrem Weg durch die Einkaufsstätte in dem Gang aufhalten (= „Personen im Gang"), sich allerdings nicht erkennbar mit der untersuchten Warengruppe beschäftigen, weil sie entweder das Tafelschokoladen-Regal ohne erkennbare Zuwendung passieren und/oder sich ausschließlich mit der gegenüberliegenden Gangseite befassen. Die zweite Gruppe hingegen verweilt vor dem Regal und beschäftigt sich mit den darin befindlichen Artikeln. Nur diese Kundengruppe (= „Personen vor dem Regal") bildet die Grundgesamtheit der Untersuchung und wird bei der Auswertung des Videomaterials berücksichtigt.

Bereits während der Erhebungsphase in den Einkaufsstätten konnte man diese Kunden weiter differenzieren in interessierte Nicht-Käufer und Käufer. Während die ersteren zwar das Regal betrachteten, aber alle eventuell zur Begutachtung entnommenen Produkte wieder zurücklegten, verließen letztere den Gang mit Produkten, die sie allem Anschein nach auch kaufen wollten. Kehrten Personen nach dem Verlassen des Ganges noch einmal zurück, um das Produkt doch noch zurückzubringen, wurde dieses registriert. Ein Zurücklegen an einer andere Stelle im Laden konnte nicht protokolliert werden. Die Interviewer waren angehalten, möglichst viele als Käufer identifizierte Personen zu fragen, ob sie einen Fragebogen beantworten wollten.

Abb. 5-17 gibt die Anzahl der aufgezeichneten Personen sowie die Zusammensetzung der bereinigten Stichprobe pro Einkaufsstätte wieder.[394]

	EKS 1 (26.11.2003)	**EKS 2** (11.12. und 12.12.2003)	Gesamt
Personen im Gang (**ohne** Kontakt zum Tafelschokoladen-Regal)			
	197	563	760
Personen im Gang (**mit** Kontakt zum Tafelschokoladen-Regal) = Stichprobe			
Nicht-Käufer	**37**	**147**	**184**
Käufer (davon befragt)	**85** (50)	**299** (82)	**384** (132)
Insgesamt aufgezeichnete Personen	319	1009	1328

Abb. 5-17: Übersicht über die Anzahl der aufgezeichneten Personen und die Verteilung der Stichprobe pro Einkaufsstätte

Die geschlechtsspezifische Verteilung der befragten Käufer von Tafelschokolade zeigt, dass deutlich mehr Frauen als Männer interviewt wurden, was allerdings auf die vorzufindende Kundenstruktur zurückzuführen ist, nach der innerhalb der Woche zumeist die haushaltsführenden Frauen einkaufen (vgl. Abb. 5-18).

Erhebungsort / Geschlecht	**EKS 1**	**EKS 2**	Gesamt
weiblich	41	61	102
männlich	9	21	30
gesamt	50	82	132

Abb. 5-18: Geschlechtsspezifische Verteilung der befragten Käufer nach Einkaufsstätten

[394] Nach Transkription der Videoaufzeichnungen wurden die Datensätze gesichtet und auf statistische Ausreißer hin übergeprüft. Eine Bereinigung des Datenmaterials fand jeweils in den Fällen statt, in denen die Verweildauer der Käufer und der Nicht-Käufer vor einem einzelnen Regalsegment verglichen mit dem Mittelwert stark nach oben abwichen. In EKS 1 wurden ein Nicht-Käufer und sechs Käufer sowie in EKS 2 zwei Nicht-Käufer und elf Käufer von der weiteren Analyse ausgenommen.

Das durchschnittliche Alter der befragten Käufer unterscheidet sich in beiden Einkaufsstätten kaum. In EKS 1 liegt es bei fast 48 Jahren, in EKS 2 mit gut 49 Jahren etwas darüber. Wie Abb. 5-19 verdeutlicht, ähneln sich auch die Verteilungen der Altersgruppen in beiden Einkaufsstätten.

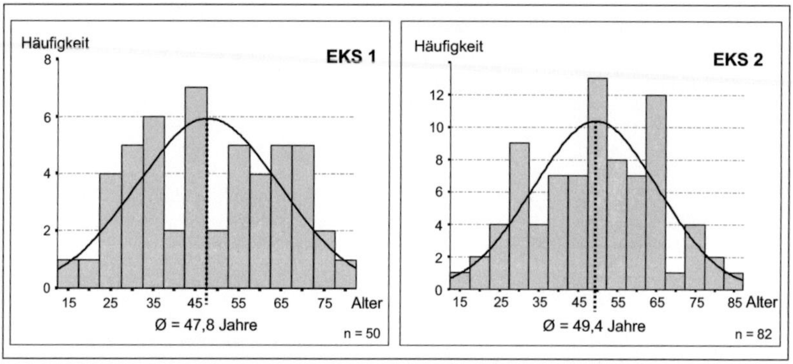

Abb. 5-19: Altersverteilung der befragten Käufer in EKS 1 (links) und EKS 2 (rechts)

In Bezug auf die Haushaltsgröße bilden die Singles und die Familien mit mehr als 4 Personen in beiden Einkaufsstätten die kleinste befragte Gruppe, jeder zweite Befragte lebt in einem 2-Personen-Haushalt (vgl. Abb. 5-20).

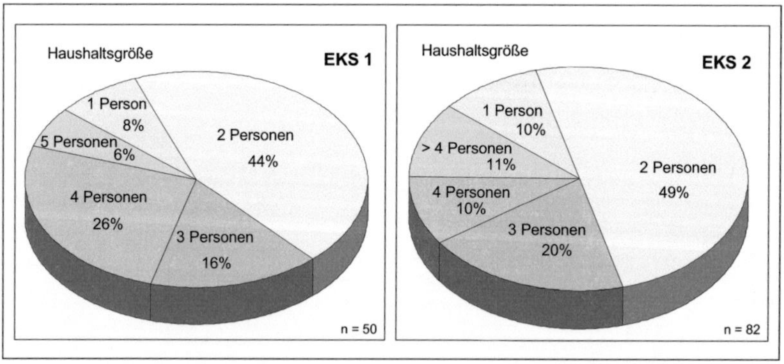

Abb. 5-20: Haushaltsgröße der befragten Käufer in EKS 1 (links) und EKS 2 (rechts)

5.2.4 Ergebnisse aus den Befragungen

Neben der Beobachtung aller Personen, die sich vor dem Tafelschokoladen-Regal aufgehalten haben, wurden einige Käufer nach dem Kauf zusätzlich interviewt, um die in Abb. 5-21 aufgezeigten Untersuchungsfragen zu beantworten.

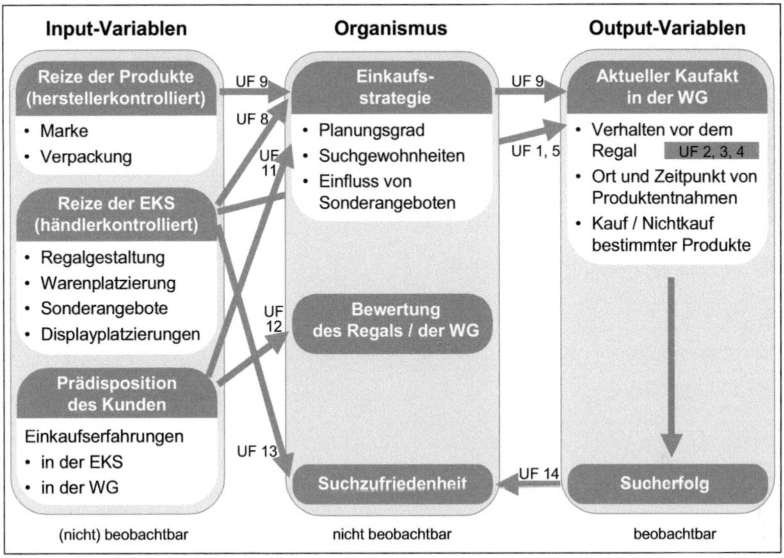

Abb. 5-21: Bezugsrahmen mit den Untersuchungsfragen für die Warengruppe Tafelschokolade

Der Fragebogen setzt sich aus einzelnen Blöcken zusammen, die sich folgendermaßen aufteilen lassen:

(1) Einkaufserfahrung (Kap. 5.2.4.1)

Die Erfahrung eines Kunden kann sich sowohl auf die Kenntnisse des jeweiligen Ladens im Allgemeinen als auch auf die zu untersuchende Warengruppe im speziellen beziehen. Um beide Aspekte zu berücksichtigen, wurden Fragen zur Einkaufshäufigkeit in der untersuchten Einkaufsstätte und zur Kaufhäufigkeit von Tafelschokolade gestellt.

(2) Einkaufsstrategie (Kap. 5.2.4.2)

Zur Analyse der individuell verfolgten Einkaufsstrategie werden die Antworten auf solche Fragen betrachtet, die sich auf den Planungsgrad und die Planungsart, auf die Bedeutung von Sonderangeboten sowie auf die Suchgewohnheiten beziehen.

(3) Aktueller Einkauf (Kap. 5.2.4.3)

Die Fragen zum aktuellen Einkauf dienen dazu, das Kaufverhalten zum Zeitpunkt der Erhebung mit den normalerweise getätigten Einkäufen in der Warengruppe vergleichen zu können und Gründe für ein etwaiges Abweichen davon aufzudecken.

(4) Regalbewertung (Kap. 5.2.4.4)

Im Rahmen der Regalbewertung geht es um die Beurteilungen des Umfangs der angebotenen Tafelschokolade und um die Einschätzungen der Übersichtlichkeit des Regals.

(5) Sucherfolg und Suchzufriedenheit (Kap. 5.2.4.5)

Dieser Bereich zielt auf die Effektivität und auf die Effizienz der Suche nach den gewünschten Produkten ab. Zusätzlich wird auf die Frage eingegangen, welche Maßnahmen des Händlers und/oder der Hersteller von Tafelschokolade die Suche der Kunden am Regal erleichtern können.

5.2.4.1 Einkaufserfahrung

Auf die Einstiegsfrage *„Wie oft kaufen Sie in dieser Einkaufsstätte ein?“* gaben in EKS 1 mehr als 70% der Kunden an, mindestens einmal pro Woche dort einzukaufen. Diese Probanden sind somit zu den Stammkunden zu zählen, die die Einkaufsstätte mit hoher Wahrscheinlichkeit gut kennen. In EKS 2 ist der Anteil der Befragten, die als Stammkunden zu charakterisieren sind, mit 73% ähnlich hoch, wobei jedoch der Anteil der Kunden, die die Einkaufsstätte sogar mehrmals in der Woche aufsuchen, im Vergleich zur EKS 1 geringer ist (vgl. Abb. 5-22).

Erhebungsort / Einkaufshäufigkeit	**EKS 1** (n = 50)	**EKS 2** (n = 82)
mehrmals in der Woche	28%	8%
einmal in der Woche	44%	65%
mehrmals im Monat	16%	17%
seltener als einmal im Monat	12%	10%

Abb. 5-22: Einkaufshäufigkeiten der Kunden in den beiden Einkaufsstätten

Bei der Frage *„Wie oft kaufen Sie bei Ihren Einkäufen hier* [gemeint ist hier die untersuchte Einkaufsstätte, Anm. des Verf.] *Tafelschokolade?“* entgegneten jeweils rund 70% der Befragten mit „bei jedem Einkauf“ oder „nicht bei jedem Einkauf, aber häufiger“ und müssten demnach mit der betrachteten Warengruppe in dem Laden vertraut sein (vgl. Abb. 5-23). Dafür spricht auch der relativ hohe Anteil der Personen, die die Frage *„Kaufen Sie Tafelschokolade auch in anderen Einkaufsstätten?“* verneinten. In EKS 1 kauften 36% der Kunden ausschließlich in dem untersuchten SB-Warenhaus solche Produkte, für EKS 2 trifft das sogar auf annähernd jeden zweiten Kunden (49%) zu.

Erhebungsort / Kaufhäufigkeit von Tafelschokolade	**EKS 1** (n = 50)	**EKS 2** (n = 82)
bei jedem Einkauf	22%	44%
nicht bei jedem Einkauf, aber häufig	48%	24%
eher selten	30%	32%

Abb. 5-23: Kaufhäufigkeit von Tafelschokolade in den beiden Einkaufsstätten

Zu den Einkaufsstätten, in denen ebenfalls Tafelschokolade gekauft wird, zählen insbesondere Discounter mit beschränktem Sortiment (wie z.B. Aldi, Lidl, Plus), aber auch Händler mit einem Vollsortiment (wie z.B. Edeka).

5.2.4.2 Einkaufsstrategie

Die Verteilungen der Antwortmöglichkeiten auf die Fragen *„Planen Sie Ihre Einkäufe zu Hause?“* und *„Wenn ja, wie planen Sie Ihre Einkäufe?“* weichen in beiden Einkaufsstätten kaum voneinander ab. Der überwiegende Teil der befragten Käufer (jeweils gut 90%) plante den Einkauf zu Hause, rund drei Viertel sogar den überwiegenden Anteil. Die Planung erfolgte zumeist mit Hilfe eines Einkaufszettels (vgl. Abb. 5-24).

Erhebungsort / „Planen Sie Ihre Einkäufe zu Hause?“	**EKS 1** (n = 50)	**EKS 2** (n = 82)
Nein, überhaupt nicht.	8%	10%
Ja, einen **geringen** Teil.	16%	13%
Ja, den **überwiegenden** Teil.	76%	77%
Wenn **ja**, dann ...	(n = 46)	(n = 74)
... **ohne** Einkaufszettel.	11%	19%
... **mit** Einkaufszettel.	89%	81%

Abb. 5-24: Planungsstrategie des Einkaufs in den beiden Einkaufsstätten

Die Anschlussfrage *„Planen Sie den Einkauf von Tafelschokolade?“* hingegen zeigt, dass diese Warengruppe offenbar nicht so häufig in den Planungsprozess einbezogen wird. In EKS 1 planten 52% der Befragten (n = 26), in EKS 2 nur 42% (n = 31) den Kauf von Tafelschokolade. Die Antwortspektren jener Personen auf die Frage *„Wenn Sie den Einkauf von Tafelschokolade planen, was planen Sie?“* zeigt Abb. 5-25.

Sofern die Kunden den Einkauf von Tafelschokolade planten, berücksichtigten sie dabei insbesondere die Marke und die Sorte bzw. die Geschmacksrichtung. Die Packungsgröße und der Preis hingegen spielten eine nachrangige Rolle.

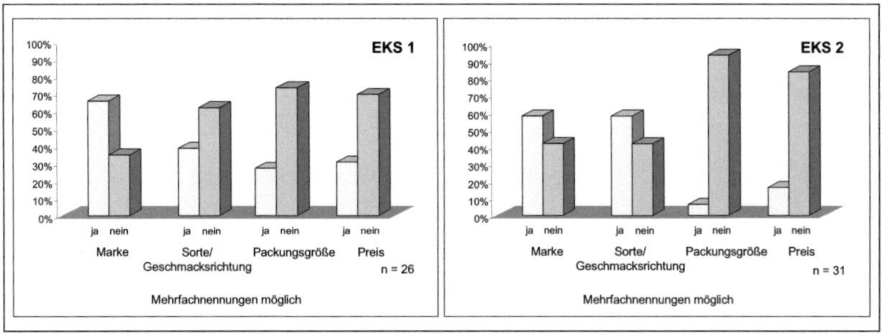

Abb. 5-25: Kriterien der Einkaufsplanung von Tafelschokolade in EKS 1 (links) und EKS 2 (rechts)

Die geringe Preissensibilität, die sich bereits durch die Ergebnisse der Fokusgruppengespräche im Vorwege auszeichnete,[395] spiegelt sich ebenfalls in den weiteren Aussagen zu diesem Thema wider. Die Kunden wurden gefragt, inwiefern sie den Aussagen *„Ich vergleiche beim Kauf von Tafelschokolade den Preis!“* und *„Tafelschokolade kaufe ich nur, wenn sie im Sonderangebot ist!“* zustimmen können. Demnach spielt zwar für knapp die Hälfte der Kunden der Preisvergleich beim Kauf von Tafelschokolade eine Rolle, aber die überwiegende Mehrheit der Befragten greift auch dann zur Schokolade, wenn diese nicht im Sonderangebot ist (vgl. Abb. 5-26 und Abb. 5-27).

Erhebungsort / „Ich vergleiche beim Kauf von Tafelschokolade den Preis!“	**EKS 1** (n = 50)	**EKS 2** (n = 82)
Aussage trifft **immer** zu.	18%	10%
Aussage trifft **häufig** zu.	20%	19%
Aussage trifft **manchmal** zu.	20%	22%
Aussage trifft **nie** zu.	42%	49%

Abb. 5-26: Preisvergleiche beim Kauf von Tafelschokolade in den beiden Einkaufsstätten

[395] Vgl. dazu Kap. 5.2.1.

„Tafelschokolade kaufe ich nur, wenn sie im Sonderangebot ist!" / Erhebungsort	**EKS 1** (n = 50)	**EKS 2** (n = 82)
Aussage trifft **immer** zu.	4%	2%
Aussage trifft **häufig** zu.	18%	5%
Aussage trifft **manchmal** zu.	28%	17%
Aussage trifft **nie** zu.	50%	76%

Abb. 5-27: Bedeutung von Sonderangeboten beim Kauf von Tafelschokolade in den beiden Einkaufsstätten

Die offene Frage *„Woran haben Sie sich bei Ihrer Suche am Regal orientiert?"* setzte auf die Auskunftsbereitschaft der Käufer und führte zu den in Abb. 5-28 und Abb. 5-29 wiedergegebenen breiten Antwortspektren mit z.T. Mehrfachantworten.

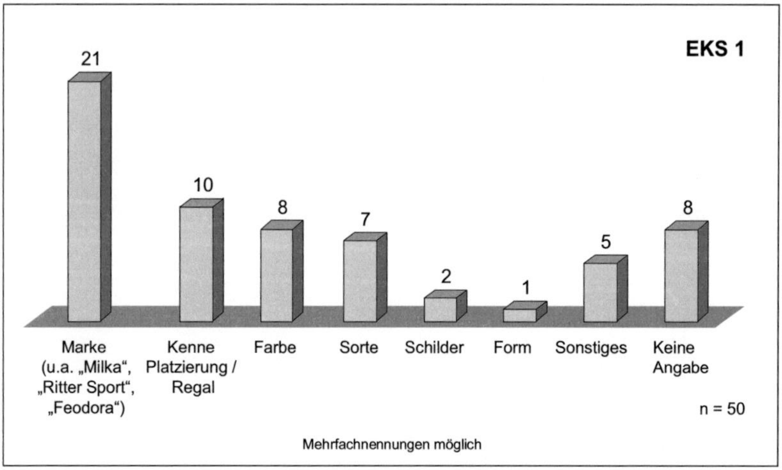

Abb. 5-28: Orientierungsmerkmale für den Kauf von Tafelschokolade in EKS 1

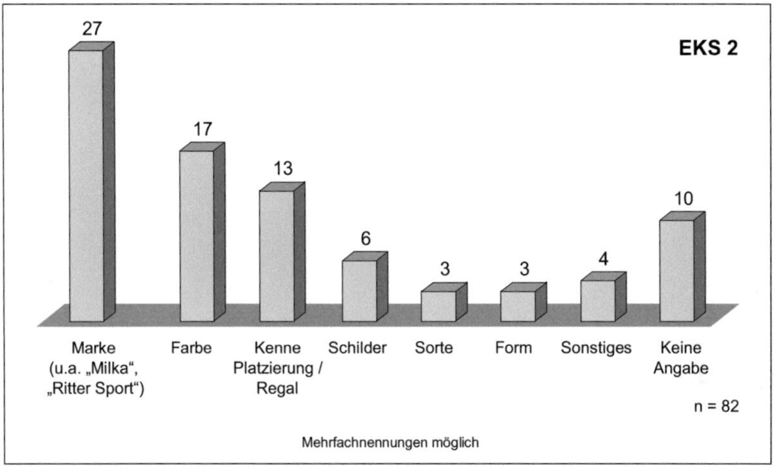

Abb. 5-29: Orientierungsmerkmale für den Kauf von Tafelschokolade in EKS 2

Der überwiegende Teil der Antworten bezog sich auf die Marke, die entweder explizit genannt oder implizit durch Nennung von „Milka“, „RitterSport“ oder „Feodora“ mit hoher Wahrscheinlichkeit gemeint war. Aber auch die Kenntnis des Artikelstandortes im Regal sowie die Farbe des gekauften Produktes[396] helfen den Kunden nach eigenen Angaben in EKS 1 und EKS 2 bei ihrer Orientierung am Regal.

5.2.4.3 Aktueller Einkauf

In EKS 1 lagen in den Einkaufswagen der befragten Kunden im Durchschnitt 5 Tafeln Schokolade. Dieser Wert berücksichtigt auch den Einkauf einer Person, die auf Grund des beworbenen Sonderpreises insgesamt 30 Tafeln à 100g der Marke Milka kaufte.[397] Wie die Häufigkeitsverteilung der gekauften Tafeln Schokolade belegt (vgl. Abb. 5-30 links), hatte dieses Sonderangebot offenbar einen Einfluss auf die Kaufentscheidung, da jeder vierte Kunde EKS 1 (n = 13 oder 26% der Befragten) zehn Tafeln kaufte.

---

[396] Dabei ist nicht ausgeschlossen, dass ein Befragter auch mit einer prägnanten Farbe (wie z.B. lila) bereits eine konkrete Herstellermarke (in diesem Falle Milka) vor Augen hat.

[397] Da die Person trotz der höheren Kaufmenge aber nicht durch eine überdurchschnittliche Verweildauer vor dem Regalsegment auffiel, verblieb diese in der Stichprobe.

Sonderpreisaktionen, allerdings mit anderen Marken, fanden ebenfalls in EKS 2 statt.[398] Hier kauften die befragten Personen aber mit durchschnittlich 3,7 Tafeln weniger Schokolade ein als in EKS 1 (vgl. Abb. 5-30 rechts).

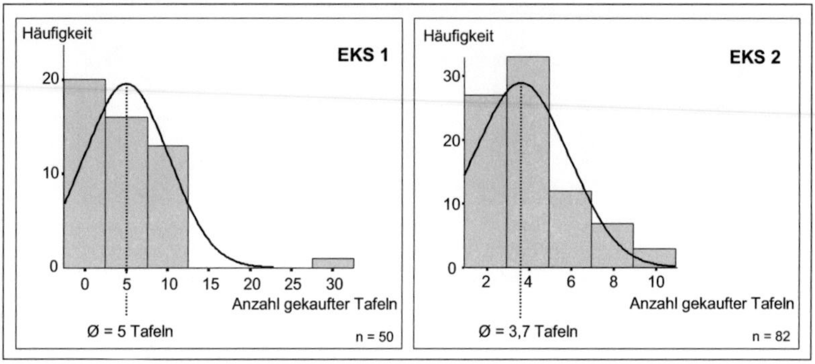

Abb. 5-30: Häufigkeitsverteilung der gekauften Tafeln Schokolade der befragten Käufer in EKS 1 (links) und EKS 2 (rechts)

Den Einfluss des Sonderangebotes in EKS 1 bestätigen auch die Antworten auf die Fragen *„Ist das die übliche Menge, die Sie einkaufen?“* und *„Wenn nein, warum haben Sie mehr/weniger gekauft?“*. Jeder dritte Kunde kaufte dort mehr Schokolade als üblich, insbesondere auf Grund des besagten Angebots. Etwa die Hälfte (48%) nahm an diesem Tage die übliche Menge mit (vgl. Abb. 5-31).

[398] Zu einem niedrigeren Verkaufspreis wurden die im Preis reduzierten Marken RitterSport und Alpia in EKS 2 angeboten, vgl. dazu Kap. 5.2.1.

Erhebungsort / „Ist das die übliche Menge, die Sie einkaufen?“	**EKS 1** (n = 50)	**Gründe für die Abweichung**
Ja.	48%	
Nein, **mehr** als üblich.	34%	• „Angebot“ (n = 13) • „Neue Sorten“ (n = 2) • „Backen/Weihnachten“ (n = 2)
Nein, **weniger** als üblich.	18%	• „Benötige nur zum Backen eine besondere Sorte“ (n = 2) • „Habe noch Vorrat“ (n = 2) • „Erst probieren“ (n = 1) • „Gewünschte Sorte nicht vorhanden“ (n = 1) • k.A. (n = 3)

Abb. 5-31: Gründe für die Abweichung von der üblichen Kaufmenge an Tafelschokolade in EKS 1

Ein ähnliches Verhältnis zwischen der gekauften und der ansonsten üblichen Menge an Tafelschokolade zeichnete sich in EKS 2 ab. Knapp ein Drittel der Kunden kaufte mehr Schokolade als sonst, wobei das bevorstehende Weihnachtsfest am häufigsten als Grund genannt wurde. Das Thema Sonderangebot spielte hierbei eine untergeordnete Rolle. Lediglich zwei Personen führten ihren Mehreinkauf darauf zurück (vgl. Abb. 5-32).

Erhebungsort / „Ist das die übliche Menge, die Sie einkaufen?“	**EKS 2** (n = 82)	**Gründe für die Abweichung**
Ja.	55%	
Nein, **mehr** als üblich.	30%	• „Wegen Weihnachten“ (n = 15) • „Sonderangebot“ (n = 2) • „Brauche doch Vorrat“ (n = 4) • „Möchte Backen“ (n = 2) • „Sorte nicht immer vorrätig“ (n = 2)
Nein, **weniger** als üblich.	15%	• „Habe noch Vorrat“ (n = 7) • „Verzehre andere Süßigkeiten in der Weihnachtszeit“ (n = 3) • „Warte auf Angebot“ (n = 2)

Abb. 5-32: Gründe für die Abweichung von der üblichen Kaufmenge an Tafelschokolade in EKS 2

Deutlich niedriger fallen in EKS 1 und EKS 2 die Abweichungen zwischen dem geplanten und dem tatsächlichen Schokoladenkauf in qualitativer Hinsicht aus. Der Anteil der Kunden, der in EKS 1 eine andere Schokolade wählte als ursprünglich beabsichtigt (*„Haben Sie andere Tafelschokolade genommen als Sie vorhatten?“)*, ist mit 12% gering. Die Beweggründe für den Kauf einer bisher unbekannten Sorte lagen in der Probierabsicht einer speziellen Weihnachtsschokolade oder einer außerhalb der Einkaufsstätte beworbenen Variante sowie in dem Wunsch des Verschenkens. In EKS 2 war der Anteil mit 21% der befragten Personen, die zu einer anderen nicht geplanten Schokolade griffen, höher. Überwiegend kauften die Kunden in diesen Fällen die jeweilige Tafel zugleich erstmalig, da sie sich von der Verpackung angesprochen fühlten oder um diese einfach mal zu probieren (*„Haben Sie diese Sorte schon einmal gekauft?“* und *„Wenn nein, was hat Sie zum Kauf bewegt?“*).

5.2.4.4 Regalbewertung

Die Urteile über die Tafelschokoladen-Regale fallen an beiden Erhebungsorten sehr positiv aus. 96% der Käufer in EKS 1 und 90% in EKS 2 empfanden den Umfang des Schokoladenangebots als „genau richtig" *(„Wie beurteilen Sie den Umfang der in diesem Markt angebotenen Tafelschokolade?")*.[399] Ebenfalls gut stuften die befragten Personen die Übersichtlichkeit des Warenträgers ein. Auf einer 5-Punkte-Skala[400] bewertete in EKS 1 fast jeder Zweite (48%) das Regal als sehr übersichtlich (Skalenwert 1), kein Kunde ordnete es als sehr unübersichtlich (Skalenwert 5) ein. Der mittlere Zufriedenheitswert liegt bei 1,8 (vgl. Abb. 5-33 links) und ist auf dem gleich hohen Niveau wie in EKS 2. Dort wählte die Mehrheit (61%) den zweiten Skalenpunkt zur Beurteilung aus (vgl. Abb. 5-33 rechts).

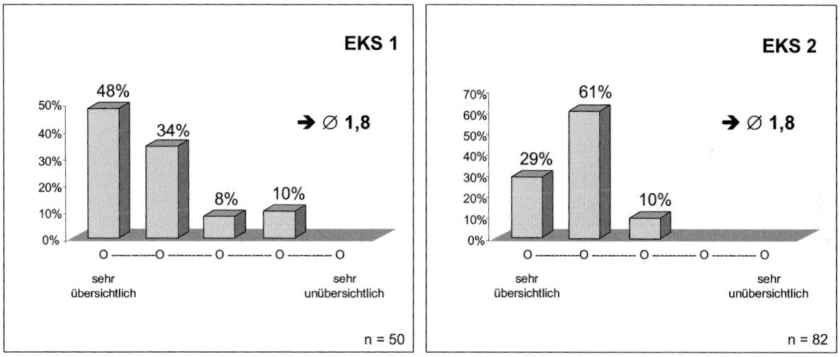

Die durchschnittliche Bewertung der Regalübersichtlichkeit ergibt sich, wenn „sehr übersichtlich" = 1 bis „sehr unübersichtlich" = 5 (mit den dazwischen liegenden, aber im Fragebogen nicht explizit genannten Abstufungen).

Abb. 5-33: Beurteilung der Übersichtlichkeit des Regals mit Tafelschokolade in EKS 1 (links) und EKS 2 (rechts)

[399] Den übrigen Käufern ist das Angebot entweder „zu viel" oder schätzen es im Falle des Nicht-Auffindens einer ganz bestimmten Sorte in EKS 2 als „zu gering" ein.

[400] Von 1 = „sehr übersichtlich" bis 5 = „sehr unübersichtlich".

Erste Indizien auf die während der Suche auftretenden Probleme ergeben sich aus der Anschlussfrage *„Warum beurteilen Sie ...* [„die Übersichtlichkeit“, Anm. des Verf.] *so?“*.

Abb. 5-34 und Abb. 5-35 beinhalten eine Zusammenfassung der in EKS 1 und EKS 2 geäußerten Gründe. Der besseren Übersichtlichkeit halber werden die Aussagen jeweils den zuvor abgegebenen Bewertungen zugeordnet und in die drei Segmente positive Urteile (Skalenpunkte 1 und 2), neutrale Urteile (Skalenpunkt 3) und negative Urteile (Skalenpunkte 4 und 5) eingeteilt.

Beurteilung der Regalübersichtlichkeit auf einer 5-Punkte-Skala	**EKS 1** (n = 50)	**Gründe für die Beurteilung der Regalübersichtlichkeit** (Zusammenfassung)
(1) oder (2)	n = 41 (82%)	• „Sortierung nach Marken.“ • „Man findet alles leicht.“ • „Sorten und Preise gut erkennbar.“ • „Gute Ordnung der Produkte.“ • „Farbliche Unterscheidung der Produkte.“
(3)	n = 4 (8%)	• „Musste lange suchen.“ • „Bin nicht so oft hier.“ • „Weiß ja, wo es ist.“
(4) oder (5)	n = 5 (10%)	• „Die Sorten bei Milka sehen alle ähnlich aus.“ • „Muss jedes Mal aufs Neue suchen.“ • „Suche nach Sonderangeboten.“

Abb. 5-34: Gründe für die vorgenommene Bewertung der Regalübersichtlichkeit in EKS 1

Beurteilung der Regalübersichtlichkeit auf einer 5-Punkte-Skala	**EKS 2** (n = 82)	**Gründe für die Beurteilung der Regalübersichtlichkeit** (Zusammenfassung)
(1) oder (2)	n = 74 (90%)	• „Gute, übersichtliche Sortierung." • „Weiß, wo alles ist." • „Marken und Sorten erkennbar." • „Gut eingeräumt." • „Angebote stehen immer vorne."
(3)	n = 8 (10%)	• „Man findet nicht immer alles." • „Bin selten hier." • „Habe nach einer 70% Schokolade gesucht, aber durch die Markensortierung nicht sofort gefunden."
(4) oder (5)	n = 0 (0%)	k.A.

Abb. 5-35: Gründe für die vorgenommene Bewertung der Regalübersichtlichkeit in EKS 2

Der Fragebogen enthielt zusätzlich noch den Punkt: *„Sind Ihnen in letzter Zeit Veränderungen am Regal mit Tafelschokolade aufgefallen?"*, den nur sieben Käufer (14%) in EKS 1 respektive neun Personen (11%) in EKS 2 bejahten. Da jedoch von Seiten der Kooperationspartner keine konkreten Angaben über Veränderungsmaßnahmen in dieser Warengruppe gemacht werden konnten und keine Bilder von dem Warenträger vor einem eventuell stattgefundenen Umbau oder vor dem Besuch des Außendienstmitarbeiters vorliegen, ist eine Interpretation der wenigen, recht ausgeglichenen Aussagen zu den Veränderungen (*„Wenn ja, was ist Ihnen aufgefallen?"* und *„Warum beurteilen Sie das so?"*) nicht effizient.

5.2.4.5 Sucherfolg und Suchzufriedenheit

Die Frage *„Haben Sie jetzt alles an Tafelschokolade […], was Sie kaufen wollten?"* bestätigten 90% der Kunden in EKS 1 positiv und verzeichneten einen Sucherfolg in der Warengruppe Tafelschokolade. Die übrigen Käufer gaben an, zum einen ganz bestimmte Sorten zu vermissen, die entweder zur Zeit nicht vorrätig waren, sich anscheinend nicht im Sortiment befanden bzw. sie nicht gefunden zu haben, oder zum anderen sich nicht entscheiden zu können, welche Tafelschokolade sie für den Ehepartner mitnehmen sollten. Alle betreffenden Kunden gaben auf ihre Reaktionsmaßnahmen angesprochen („*Wenn* [Sie nicht alle Tafelschokolade im Einkaufswagen haben, Anm. des Verf.] *... , wie verhalten Sie sich?*“) an, bis zum nächsten Besuch der Einkaufsstätte zu warten und erneut nach dem Produkt zu suchen.

Des Weiteren bestätigten 88% der Kunden in EKS 1, keine Suchschwierigkeiten gehabt zu haben. Die restlichen 12% nannten das Nichtauffinden einer bestimmten Sorte, die geringe Kenntnis der Warengruppe oder die ungünstige Platzierung eines Artikels im Warenträger als Hindernis.

In EKS 2 fällt die Bilanz des Sucherfolges eindeutig positiv aus, da alle Befragten die gesuchten Produkte gefunden haben.[401] Allerdings räumten hier zwei Kunden ein, Probleme bei der Suche gehabt zu haben, ohne diese jedoch genauer spezifizieren zu können.

Die gefühlte Suchzeit („*Wie haben Sie die Suchzeit am Regal empfunden?*“) stuften 88% der Befragten in EKS 1 als normal ein. In EKS 2 traf diese Aussage auf alle Käufer zu (vgl. Abb. 5-36).

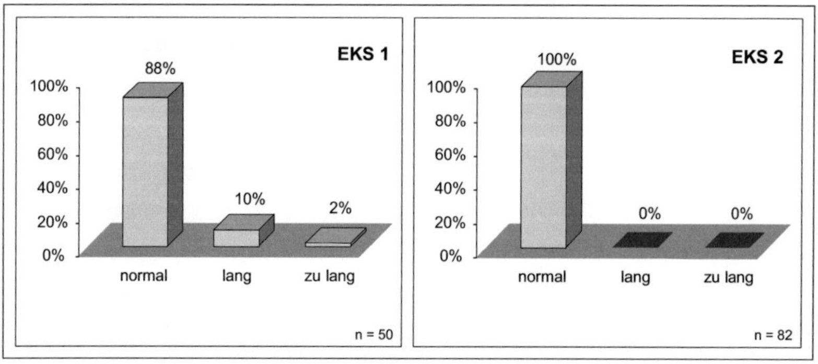

Abb. 5-36: Empfundene Suchzeit am Regal mit Tafelschokolade in EKS 1 (links) und EKS 2 (rechts)

[401] Zwei Käufern fehlten zum Zeitpunkt der Befragung zwar noch Schokoladenartikel (Kinderriegel bzw. Blockschokolade), die jedoch nicht zur Warengruppe Tafelschokolade i.e.S. gehören, so dass diese genannten Suchprobleme keine weitere Betrachtung in diesem Kontext finden.

Auf die offen formulierte Frage „*Was könnte Ihnen die Suche am Regal erleichtern?*" machten die meisten Personen keine Angaben. Lediglich jeder fünfte in EKS 1 bzw. jeder sechste Käufer in EKS 2 erklärte, dass größere Sonderangebotsschilder oder Hinweisschilder, die z.B. auf neue Produkte aufmerksam machen, eine bessere Sortierung, damit keine Sorten durcheinander liegen, sowie deutlichere Farbunterschiede bei den Milka-Schokoladen-Sorten ihre Suche in der Warengruppe unterstützen könnten.

5.2.5 Ergebnisse aus den Beobachtungen

Die Darstellung der Beobachtungsergebnisse orientiert sich grob an dem typischen Ablauf eines Einkaufvorganges vor einem SB-Regal. Die Auswertung unterteilt sich in die folgenden drei Phasen:

(1) Laufrichtung der Kunden (Kap. 5.2.5.1)

Hier stehen die Fragen nach den Richtungen, aus denen die Kunden an das Regal herantreten (und es anschließend wieder verlassen), im Vordergrund. Darüber hinaus geht es in diesem Abschnitt um die Identifizierung derjenigen Regalsegmente, auf die Käufer und Nicht-Käufer beim Betreten des Ganges bevorzugt zusteuern und vor denen sie zum ersten Mal stehen bleiben.

(2) Verweildauer der Kunden (Kap. 5.2.5.2)

Die Verweildauer der Kunden bezieht sich einerseits auf die Zeit, die sie vor dem betreffenden Regalabschnitt insgesamt (vom Betreten bis zum Verlassen des Ganges) verbringen. Auf der anderen Seite dient die Auswertung der segmentbezogenen Verteilung der Verweildauer zur Identifizierung der Regalsegmente, die im Durchschnitt besonders lange betrachtet werden bzw. derjenigen, denen weniger Aufmerksamkeit geschenkt wird.

(3) Such- und Entscheidungsverhalten der Käufer (Kap. 5.2.5.3)

Während bei den Ergebnisdarstellungen in den oberen beiden Punkten jeweils zwischen Käufern und Nicht-Käufern differenziert wird, sollen sich die Ausführungen dieses Kapitels auf die Beobachtungsdaten der Käufer konzentrieren. Für die Analyse des Entscheidungsprozesses vor dem Regal ist insbesondere das Verhalten dieser Gruppe relevant, um z.B. die Fragen beantworten zu können, wie viele Produkte entnommen werden, welche Zeit bis zur ersten Produktentnahme vergeht und ob möglicherweise der Umfang der Warengruppe oder die Art der Produktplatzierung einen Einfluss auf das Kundenverhalten haben.

5.2.5.1 Laufrichtung der Käufer und Nicht-Käufer

Wie bereits bei der Darstellung der Rahmenbedingungen angedeutet,[402] sind in beiden Einkaufsstätten die Tafelschokoladen-Regale in unterschiedlichem Verhältnis zum jeweiligen Hauptgang, der vom Eingang bis in den hinteren Teil der Verkaufsfläche führt, angeordnet.

In EKS 1 traten die Kunden über den ganzen Beobachtungszeitraum fast gleichverteilt von rechts und links an den relevanten Regalabschnitt heran. 57% der Beobachteten kamen (den Hauptgang nutzend) von links, 43% von rechts. Wie Abb. 5-37 verdeutlicht, verließ die Mehrheit der Kunden (60%) den Gang mit Tafelschokolade nach rechts in Richtung des schmaleren Ganges entlang der Wandregale.[403] Fasst man für diesen Laden die jeweiligen Laufrichtungen zusammen, so passierte der Großteil der Personen das gesamte Regal, d.h. Kehrtwendungen zum Verlassen des Ganges waren die Ausnahmen.

Im Gegensatz dazu belegen die Auswertungen in EKS 2 eine stärkere Orientierung der Kunden am Hauptgang. Der überwiegende Teil der Personen (82%) trat von rechts an das Regal heran. Deutlich weniger trafen von links kommend auf den analysierten Regalabschnitt. Beim Verlassen des Ganges steuerten 57% der Kunden den Hauptgang (wieder) an und wendeten sich nach links (vgl. Abb. 5-38). Hierbei kamen Kehrtwendungen vor allem bei den von rechts kommenden Personen vor, die ihren Bedarf an Tafelschokolade aus den ersten Segmenten deckten und nicht mit den hinteren Regalabschnitten in Kontakt kamen.

---

[402] Vgl. dazu Kap. 5.2.2 und insbesondere die Abb. 5-13 sowie Abb. 5-14.
[403] Vgl. Abb. 5-13.

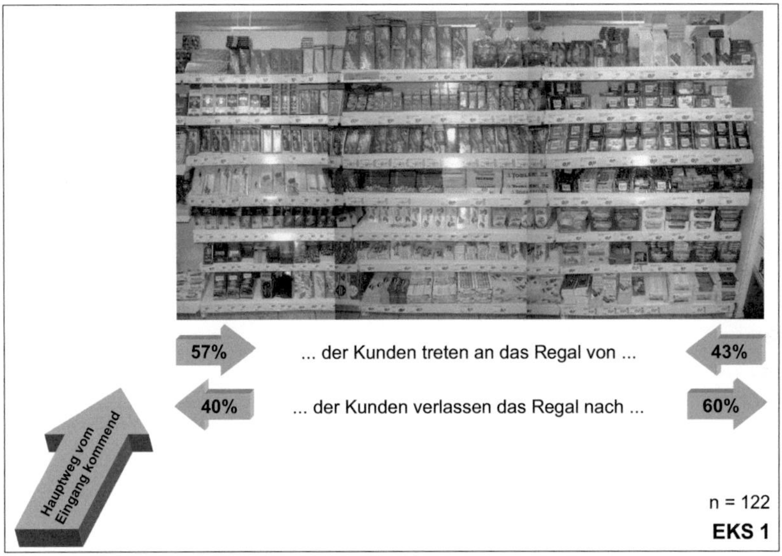

Abb. 5-37: Kundenlaufrichtungen in EKS 1

Abb. 5-38: Kundenlaufrichtungen in EKS 2

Auf Grund der geringen Aussagekraft dieser allgemeinen Darstellung der Kundenlaufrichtung sind die Daten weiter zu differenzieren. Einerseits unterscheiden sich die beobachteten Personen durch ihr Verhalten vor dem Regal. Daher werden die Gruppe der Käufer und die Gruppe der Nicht-Käufer, die den Gang ohne ein Produkt verlassen haben, separat betrachtet. Andererseits ist mit der Auswertung der Kundenlaufrichtung auch eng die Frage verknüpft, an welcher Stelle die Kunden zum ersten Mal im Gang stehen bleiben. Es geht dabei also um die Identifizierung der Regalbereiche, welche die Personen als erste ansteuern, um die im Warenträger befindlichen Produkte zu betrachten und sich innerhalb der Warengruppe zu orientieren.

Aus der Übersicht Abb. 5-39 geht hervor, dass in EKS 1 ein großer Teil der Käufer und der Nicht-Käufer zum ersten Mal vor jeweils dem Regalsegment stehen blieb, das ihrer Laufrichtung entsprechend am nächsten lag. 41% der Nicht-Käufer bzw. 46% der Käufer, die von links kommend an das Tafelschokoladen-Regal herantraten, beschäftigten sich als erstes mit den Produkten im linken Regalsegment. Noch stärker wurde zunächst das rechte Regalsegment frequentiert, wenn die Kunden aus dieser Richtung in den Gang einbogen (70% bzw. 83%).[404] Zugleich belegen die Auswertungsdaten, dass ein nicht unerheblicher Teil der Käufer und Nicht-Käufer offenbar gezielt eine bestimmte Stelle im Regal ansteuerte und erstmalig im mittleren oder in dem, für die von links Kommenden entfernten, rechten Regaldrittel verweilte.

[404] Wie aus dem Lageplan für EKS 1 hervorgeht (vgl. Abb. 5-13), ist das dritte Regalsegment ein Randsegment, das am Nebengang liegt.

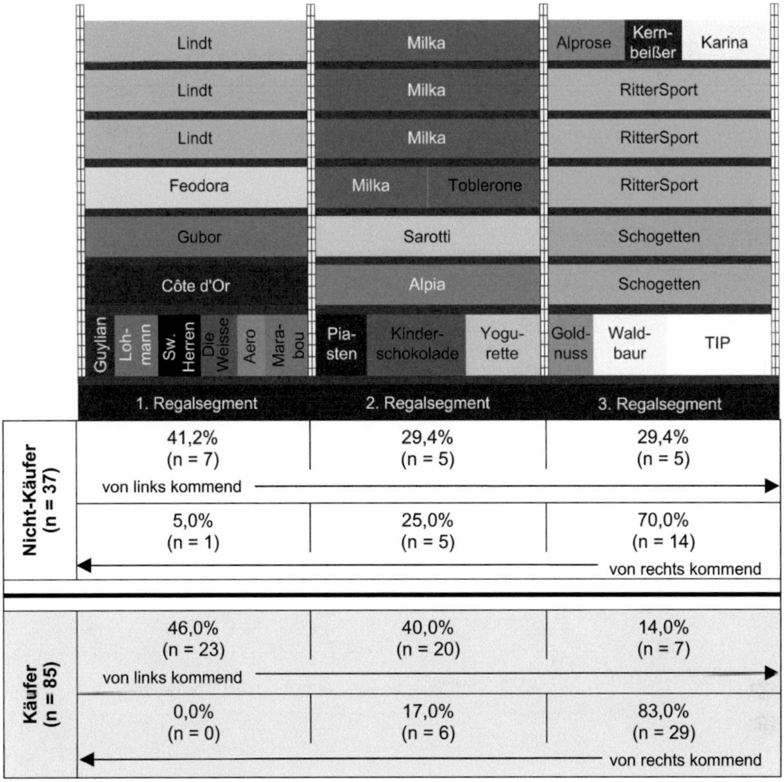

Abb. 5-39: Laufrichtungsbezogene Darstellung der zuerst angesteuerten Regalsegmente in EKS 1

Für EKS 2 lässt sich ein ähnliches Bild erkennen. Wie man aus Abb. 5-40 ablesen kann, traten von den 299 Käufern 258 Personen von rechts an das Regal heran. Davon blieben 44,2% zuerst vor dem rechten, 28,7% zunächst vor dem zweiten und weitere 14,7% sogar erst vor dem mittleren Regalsegment stehen. Diejenigen Käufer, die von links zur Warengruppe kamen, stoppten am häufigsten vor dem fünften (für sie aber ersten) Regalsegment (44%) oder direkt vor der Mitte (22%) zum ersten Mal. Die Nicht-Käufer verhielten sich im Hinblick auf die zuerst aufgesuchten Regalbereiche ähnlich.

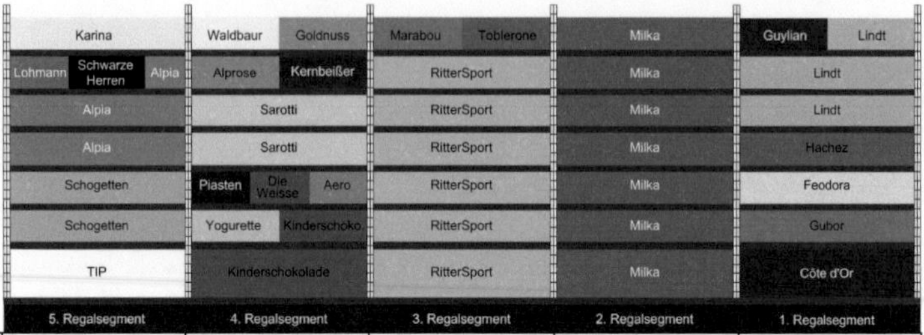

		5. Regalsegment	4. Regalsegment	3. Regalsegment	2. Regalsegment	1. Regalsegment
Nicht-Käufer (n = 147)	von rechts kommend	2,7% (n = 3)	6,3% (n = 7)	10,8% (n = 12)	28,8% (n = 32)	51,4% (n = 57)
	von links kommend	41,7% (n = 15)	16,7% (n = 6)	13,9% (n = 5)	19,4% (n = 7)	8,3% (n = 3)
Käufer (n = 299)	von rechts kommend	7,0% (n = 18)	5,4% (n = 14)	14,7% (n = 38)	28,7% (n = 74)	44,2% (n = 114)
	von links kommend	43,9% (n = 18)	17,1% (n = 7)	21,9% (n = 9)	12,2% (n = 5)	4,9% (n = 2)

Abb. 5-40: Laufrichtungsbezogene Darstellung der zuerst angesteuerten Regalsegmente in EKS 1

5.2.5.2 Verweildauer der Käufer und Nicht-Käufer

In EKS 1 blieben im Laufe der Erhebungsphase 122 Personen im Mittel 38,9 Sekunden vor dem Regal stehen und beschäftigten sich mit den darin befindlichen Produkten. Einen fast identischen Wert (39,0 Sekunden) liefert die Auswertung der durchschnittlichen Verweildauer der an zwei Tagen aufgezeichneten 446 Kunden in EKS 2.

In EKS 1 weicht die durchschnittliche Verweildauer der Käufer mit 49,4 Sekunden deutlich von dem Wert der Nicht-Käufer (15,1 Sekunden) ab (vgl. Abb. 5-41). Diese zeitliche Differenz bestätigen die Ergebnisse in der anderen Einkaufsstätte. Dort hielten sich die Käufer im Durchschnitt 47,2 Sekunden etwas kürzer vor dem Regal auf als die Käufer in EKS 1, wohingegen die Nicht-Käufer im Mittel 22,3 Sekunden vor den Tafelschokoladen standen.

Kundentyp \ Erhebungsort	**EKS 1** (3 Regalsegmente)	**EKS 2** (5 Regalsegmente)
Nicht-Käufer	15,1 Sek. (n = 37)	22,3 Sek. (n = 147)
Käufer	49,4 Sek. (n = 85)	47,2 Sek. (n = 299)

Abb. 5-41: Durchschnittliche Verweildauern vor den Tafelschokoladen-Regalen in EKS 1 und EKS 2

Betrachtet man die durchschnittlichen Verweildauern vor den einzelnen Regalsegmenten, zeigt sich, dass nicht alle Bereiche des Warenträgers gleich lange betrachtet wurden. In EKS 1 entfällt auf das mittlere Regalsegment der größte Anteil der Gesamt-Verweildauer aller Kunden (vgl. Abb. 5-42).

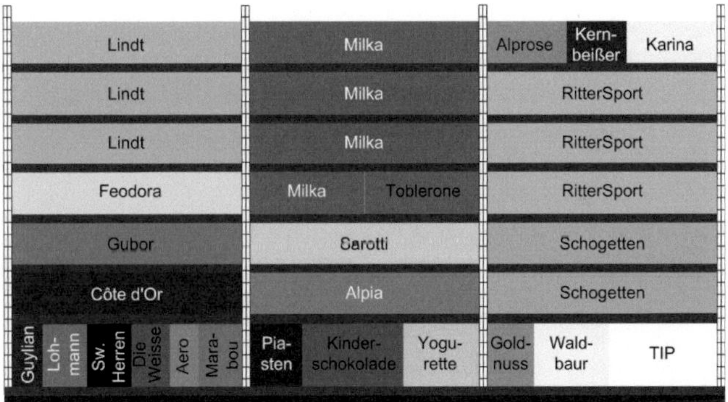

		1. Regalsegment	2. Regalsegment	3. Regalsegment
Nicht-Käufer (n = 37)	∅ VD in $Segment_x$	3,7 Sek.	7,2 Sek.	4,2 Sek.
	max. VD in $Segment_x$	42,4 Sek.	48,0 Sek.	32,9 Sek.
Käufer (n = 85)	∅ VD in $Segment_x$	9,6 Sek.	29,5 Sek.	10,3 Sek.
	max. VD in $Segment_x$	104,7 Sek.	119,6 Sek.	57,4 Sek.

Abb. 5-42: Segmentbezogene Verweildauern vor dem Tafelschokoladen-Regal in EKS 1

Der durchschnittliche Nicht-Käufer widmete sich 7,2 Sekunden (das entspricht etwa der Hälfte seiner gesamten Verweildauer) dem zweiten Regalabschnitt. Die mittlere Verweildauer von Käufern vor diesem Segment betrug 29,5 Sekunden (60% der Gesamtverweildauer).

Im Vergleich dazu weichen die segmentbezogenen Verweildauern der Nicht-Käufer in EKS 2 nicht so stark voneinander ab. Am kürzesten blieben diese Kunden vor dem vierten Regalsegment (3,4 Sekunden), am längsten vor dem ersten Regalsegment (5,8 Sekunden) stehen. Auch für die Käufer zeichnen sich geringere Differenzen in der durchschnittlichen Verweildauer vor den jeweiligen Regalabschnitten ab. Annähernd gleich lange befassten sich die Käufer mit den Segmenten 1, 3 und 5 (rund 9 Sekunden), am kürzesten standen sie vor dem vierten, mit knapp 15 Sekunden am längsten vor dem zweiten Segment (vgl. Abb. 5-43).

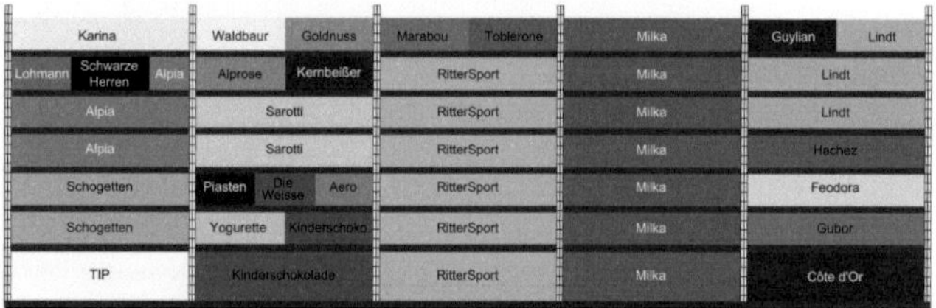

		5. Regalsegment	4. Regalsegment	3. Regalsegment	2. Regalsegment	1. Regalsegment
Nicht-Käufer (n = 147)	∅ VD in $Segment_x$	3,9 Sek.	3,4 Sek.	4,6 Sek.	4,6 Sek.	5,8 Sek.
	max. VD in $Segment_x$	77,7 Sek.	38,6 Sek.	46,0 Sek.	40,6 Sek.	96,4 Sek.
Käufer (n = 299)	∅ VD in $Segment_x$	9,0 Sek.	5,1 Sek.	9,1 Sek.	14,8 Sek.	9,2 Sek.
	max. VD in $Segment_x$	102,1 Sek.	81,9 Sek.	93,6 Sek.	156,2 Sek.	134,6 Sek.

Abb. 5-43: Segmentbezogene Verweildauern vor dem Tafelschokoladen-Regal in EKS 2

5.2.5.3 Such- und Entscheidungsverhalten der Käufer

5.2.5.3.1 Produktentnahmen

Um den Such- und Entscheidungsprozess bei den Käufern von Tafelschokolade nachvollziehen zu können, liegt ein Hauptaugenmerk der Auswertung auf der beobachtbaren Art und Weise, wie Produkte aus dem Warenträger gegriffen werden. Dazu zählen neben der Anzahl der in die Hand genommenen und schließlich doch wieder zurückgelegten Artikel auch die Zeit bis zur ersten Entnahme sowie die Stellen im Regal, wo sich die präferierten Produkte befinden.

Die durchschnittliche Anzahl der Produktentnahmen (pe^k), bei denen die Käufer Artikel aus dem Warenträger nahmen und begutachteten, war in EKS 1 mit 2,67 Mal im Gegensatz zur EKS 2 mit 2,04 Mal höher (vgl. Abb. 5-44). Da die Videoaufnahmen überdies zeigten, dass die Kunden in beiden Einkaufsstätten recht selten einmal gegriffene Produkte zurücklegten (pz^k) - im Schnitt traf dies nur auf ca. jede vierte Person zu - reichten dem durchschnittlichen Käufer in EKS 1 folglich 2,44 Griffe ins Regal (pk^k), um einen oder gleichzeitig mehrere gleiche Artikel zu entnehmen, die er dann auch kaufen wollte. Die Tatsache, dass mit einem Griff durchaus auch mehrere Tafeln auf einmal herausgenommen wurden, erklären daher die Abweichungen zwischen den durchschnittlichen Entnahmen der beobachteten Kunden und den bei der Befragung festgehaltenen mittleren Kaufmengen,[405] so dass die unterschiedlich vielen Produktkontakte in EKS 1 und EKS 2 ebenfalls auf das weiter oben ausgeführte Sonderangebot zurückgeführt werden können.

	pe^k	pz^k	pk^k
EKS 1 (n = 85)	2,67	0,23	2,44
EKS 2 (n = 299)	2,04	0,26	1,78

Abb. 5-44: Durchschnittliche Anzahl der Produktkontakte an dem Tafelschokoladen-Regal in EKS 1 und EKS 2

[405] Vgl. dazu Kap. 5.2.4.3.

Hinsichtlich der Dauer bis zur ersten Produktentnahme nach Betreten des Ganges verstrichen bei den Käufern in EKS 1 durchschnittlich 18,7 Sekunden. Für EKS 2 ergibt sich mit 18,6 Sekunden eine fast identische Zeit, bis ein Interessent zum ersten Mal vor dem Regal eine Tafelschokolade in den Händen hielt.

Weil die tatsächlichen Werte zum Teil stark von den gemittelten Zeiten abweichen, fassen Abb. 5-45 und Abb. 5-46 die Käufer in Gruppen mit unterschiedlich langen Zeiten bis zur ersten Produktentnahme zusammen. Demnach entnahmen viele Käufer beider Einkaufsstätten (EKS 1: 25,9%; EKS 2: 27,1%) bereits in den ersten 5 bis 10 Sekunden den ersten Artikel aus dem Warenträger. Innerhalb der ersten 15 Sekunden griff jeweils mehr als die Hälfte der Beobachteten erstmalig in das Regal.

Zeit bis zur ersten Produktentnahme ($ZEPE^k$)	Anzahl der Käufer (n = 85)	Anteil an der Käuferschaft	Kumulierter Anteil der Käuferschaft
$ZEPE^k \leqslant$ 5 Sek.	12	14,1%	14,1%
5 Sek. < $ZEPE^k \leqslant$ 10 Sek.	22	25,9%	40,0%
10 Sek. < $ZEPE^k \leqslant$ 15 Sek.	15	17,7%	57,7%
15 Sek. < $ZEPE^k \leqslant$ 20 Sek.	11	12,9%	70,6%
20 Sek. < $ZEPE^k \leqslant$ 25 Sek.	7	8,2%	78,8%
25 Sek. < $ZEPE^k \leqslant$ 30 Sek.	5	5,9%	84,7%
30 Sek. < $ZEPE^k \leqslant$ 40 Sek.	3	3,5%	88,2%
40 Sek. < $ZEPE^k \leqslant$ 50 Sek.	5	5,9%	94,1%
50 Sek. < $ZEPE^k \leqslant$ 60 Sek.	2	2,4%	96,5%
60 Sek. < $ZEPE^k$	3	3,5%	100,0%
$zepe^k$ = 18,7 Sek.			

Abb. 5-45: Zeiten bis zur ersten Entnahme von Tafelschokolade durch die Käufer in EKS 1

Zeit bis zur ersten Produktentnahme ($ZEPE^k$)	Anzahl der Käufer (n = 299)	Anteil an der Käuferschaft	Kumulierter Anteil der Käuferschaft
$ZEPE^k \leqslant$ 5 Sek.	24	8,0%	8,0%
5 Sek. < $ZEPE^k \leqslant$ 10 Sek.	81	27,1%	35,1%
10 Sek. < $ZEPE^k \leqslant$ 15 Sek.	66	22,1%	57,2%
15 Sek. < $ZEPE^k \leqslant$ 20 Sek.	35	11,7%	68,9%
20 Sek. < $ZEPE^k \leqslant$ 25 Sek.	24	8,0%	76,9%
25 Sek. < $ZEPE^k \leqslant$ 30 Sek.	18	6,0%	82,9%
30 Sek. < $ZEPE^k \leqslant$ 40 Sek.	22	7,4%	90,3%
40 Sek. < $ZEPE^k \leqslant$ 50 Sek.	15	5,0%	95,3%
50 Sek. < $ZEPE^k \leqslant$ 60 Sek.	6	2,0%	97,3%
60 Sek. < $ZEPE^k$	8	2,7%	100,0%
$zepe^k$ = 18,6 Sek.			

Abb. 5-46: Zeiten bis zur ersten Entnahme von Tafelschokolade durch die Käufer in EKS 2

Des Weiteren ist von Interesse, wie viele Personen aus welchen Regalbereichen wie viele Artikel im Zeitraum der Erhebung gekauft haben. Die Zuordnungen der entnommenen (und nicht wieder zurückgelegten) Produkte auf die einzelnen Segmente ergeben, dass nur rund jeder zehnte Kunde (9,4% in EKS 1 bzw. 11,4% in EKS 2) aus zwei oder mehr Segmenten Schokoladentafeln unterschiedlicher Marken entnommen hat. Alle übrigen bedienten sich lediglich aus einem Segment und kauften ihre Produkte.

Wie man aus Abb. 5-47 ablesen kann, wurde in EKS 1 aus dem mittleren Regalsegment am meisten gekauft - mehr als die Hälfte aller Käufer wählte daraus ein oder mehrere Produkte. Insgesamt entfielen auf dieses Segment rund zwei Drittel aller Entnahmen (66,3%). Mit durchschnittlich knapp 3 Entnahmen (mit teilweise gleich mehrfach gegriffenen Artikeln) pro Käufer wurde das zweite Regalsegment deutlich stärker frequentiert als die übrigen Bereiche der Warengruppe. Allerdings lassen sich diese hohen absoluten und durchschnittlichen Entnahmemengen pro Käufer in Anbetracht der Tatsache relativieren, dass in der Regalmitte insbesondere Tafelschokolade der beworbenen Marke Milka positioniert ist. Wie bereits oben erläutert waren diese Marken zusätzlich in Form einer Zweitplatzierung unmittelbar am Gondelkopf vor dem Gang in die Warengruppe zu finden (vgl. Abb. 5-15).

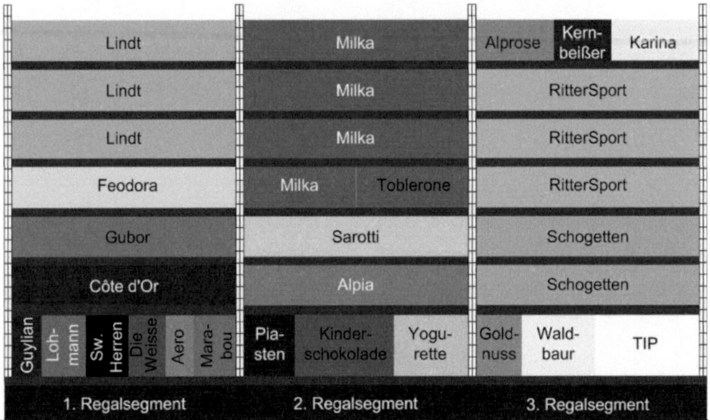

	1. Regalsegment	2. Regalsegment	3. Regalsegment
Entnahmen (i.S.v. Käufen) in Segment x	p = 16 (7,7%)	p = 138 (66,3%)	p = 54 (26,0%)
Entnehmer (i.S.v. Käufer) in Segment x	n = 12 (14,1%)	n = 47 (55,3%)	n = 34 (40,0%)
∅ Entnahmen pro Entnehmer in Segment x	$p/n = 1{,}33$	$p/n = 2{,}94$	$p/n = 1{,}59$

Abb. 5-47: Segmentbezogene Produktentnahmen in EKS 1

In EKS 2 griffen die meisten Personen (37%) bevorzugt in das zweite Regalsegment. Verglichen mit der anderen Einkaufsstätte entfielen hier auf die Mitte des Warenträgers weniger Entnahmen und Entnehmer. Die durchschnittlichen Entnahmen pro Käufer waren im mittleren und in den beiden äußeren Bereichen höher als im restlichen Regal (vgl. Abb. 5-48). Während auf den meisten Regalböden des dritten Segments die zu einem Sonderpreis beworbene Marke RitterSport platziert war, stand im fünften Segment auf Augenhöhe die ebenfalls preisreduzierte Marke Alpia.

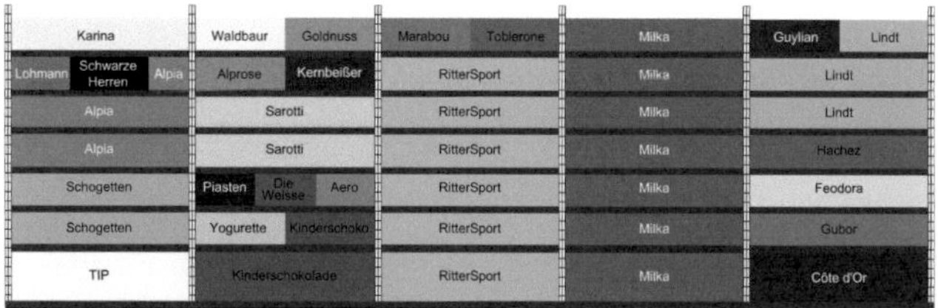

	5. Regalsegment	4. Regalsegment	3. Regalsegment	2. Regalsegment	1. Regalsegment
Entnahmen (i.S.v. Käufen) in Segment x	p = 97 (19,1%)	p = 38 (7,5%)	p = 130 (25,6%)	p = 174 (34,3%)	p = 68 (13,4%)
Entnehmer (i.S.v. Käufer) in Segment x	n = 64 (17,7%)	n = 34 (9,4%)	n = 85 (23,5%)	n = 134 (37,0%)	n = 45 (12,4%)
∅ Entnahmen pro Entnehmer in Segment x	p/n = 1,52	p/n = 1,12	p/n = 1,53	p/n = 1,30	p/n = 1,51

Abb. 5-48: Segmentbezogene Produktentnahmen in EKS 2

5.2.5.3.2 Produkt- und Regalbeschäftigungsdauer

Neben der Zeit, in der sich die Käufer in dem Gangabschnitt mit Tafelschokolade aufhielten und sich dem Warenträger widmeten, wurden bei der Auswertung des Bildmaterials zusätzlich jeweils die Intervalle protokolliert, in denen die Käufer sich mit den entnommenen Produkten beschäftigten, beispielsweise die Verpackungsaufschriften lasen und die Artikel entweder wieder ins Regal oder in den Einkaufswagen legten.

Hinsichtlich der gemessenen mittleren Produktbeschäftigungsdauern unterscheiden sich die Ergebnisse in beiden Einkaufsstätten. Während sich die Käufer in EKS 1 im Durchschnitt 10,3 Sekunden mit den einzelnen Artikeln beschäftigten, befasste sich der „typische" Kunde in EKS 2 nur 8,0 Sekunden mit den herausgenommenen Produkten. Da sich aber auf der einen Seite die Entnahmemengen[406] an beiden Untersuchungsstandorten unterscheiden und andererseits die tatsächlich gemessenen Zeiten teilweise deutlich von den oben genannten Mittelwerten abweichen, soll mit den Abb. 5-49 und Abb. 5-50 die

[406] Vgl. auch die Ausführungen in Kap. 5.2.5.3.1.

durchschnittlichen Produktbeschäftigungsdauern nach der Anzahl der entnommenen Produkte differenziert werden. Wie erwartet, besteht offenbar ein positiver Zusammenhang zwischen der Entnahmehäufigkeit und der Zeit für die Beschäftigung mit diesen Artikeln. Allerdings geht aus beiden Übersichten hervor, dass diejenigen Kunden, die fünf mal oder häufiger ins Regal griffen, dafür im Durchschnitt weniger Zeit benötigten als die Entnehmer von vier Produkten.

	EKS 1	
Anzahl entnommener Produkte	∅ Produkt-beschäftigungsdauer	Anzahl der Käufer
1	2,4 Sek.	33
2	6,6 Sek.	18
3	13,9 Sek.	9
4	26,3 Sek.	9
⩾5	19,5 Sek.	16
Gesamt	10,3 Sek.	85

Abb. 5-49: Durchschnittliche Produktbeschäftigungsdauer der Käufer in Abhängigkeit von der Anzahl entnommener Produkte in EKS 1

	EKS 2	
Anzahl entnommener Produkte	∅ Produkt-beschäftigungsdauer	Anzahl der Käufer
1	2,9 Sek.	143
2	8,3 Sek.	70
3	15,2 Sek.	44
4	17,8 Sek.	22
⩾5	15,7 Sek.	20
Gesamt	8,0 Sek.	299

Abb. 5-50: Durchschnittliche Produktbeschäftigungsdauer der Käufer in Abhängigkeit von der Anzahl entnommener Produkte in EKS 2

Subtrahiert man von den in Kap. 5.2.5.2 für die Käufer ermittelten Verweildauern vor den Regalen (vdr^k) die jeweiligen Produktbeschäftigungsdauern ($bdpe^k$), erhält man die mittlere Regalbeschäftigungsdauer (bdr^k). Dies definiert die Zeit, in der diese Kunden ihre Aufmerksamkeit insbesondere auf den Warenträger lenkten und beispielsweise nach einem bestimmten Produkt suchten, die platzierten Waren betrachteten oder Preisinformationen wahrnahmen. Die Regalbeschäftigungsdauer kann daher als Maßstab für die Orientierung in der Warengruppe herangezogen werden.

Für EKS 1 ergab sich eine durchschnittliche Regalbeschäftigungsdauer von 39,1 Sekunden und ist damit fast identisch mit den 39,2 Sekunden, die die Käufer in EKS 2 für ihre Suche benötigten (vgl. Abb. 5-51). Insgesamt brauchten die Kunden beider Standorte eine Netto-Zeit von knapp 40 Sekunden für die Suche nach den gewünschten Produkten.

	EKS 1	EKS 2
∅ $Verweildauer_{Regal}$	49,4 Sek.	47,2 Sek.
-	-	-
∅ Produktbeschäftigungsdauer	10,3 Sek.	8,0 Sek.
=	=	=
∅ $Beschäftigungsdauer_{Regal}$	39,1 Sek.	39,2 Sek.

Abb. 5-51: Durchschnittliche Regalbeschäftigungsdauer der Käufer in EKS 1 und EKS 2

5.2.6 Zusammenfassung der Ergebnisse

Die vorliegenden Ergebnisse aus den Beobachtungen können nur teilweise die auf Grund der Lagepläne getroffenen Annahmen zur **Laufrichtung** stützen. Während die Prämisse, dass die meisten Kunden die Warengruppe vom Hauptweg des Eingangs kommend aufsuchen, in EKS 2 von über 80% der Personen bestätigt wurde, traf diese in EKS 1 hingegen nur auf etwas mehr als die Hälfte der Beobachteten zu, die - wie im Regalbelegungsplan vorgesehen - zunächst auf den ersten Regalabschnitt platzierte Marken wie z.B. Lindt, Feodora und Hachez stießen (bzw. stoßen sollten) und die Warengruppe anhand dieser Artikel identifizieren konnten. Die übrigen Kunden wurden beim Betreten des Ganges zuerst mit Marken wie RitterSport oder Schogetten (und folglich mit anderen „Schlüsselreizen") konfrontiert.

Betrachtet man die von den Kunden **zuerst angesteuerten Regalbereiche** (vgl. *UF 1*), blieben viele beim Betreten des Ganges vor dem Segment stehen, das ihnen - abhängig von der Laufrichtung - am nächsten lag. Allerdings liefen in EKS 1 fast 40% auch direkt bis zur Regalmitte oder weiter, in EKS 2 passierten knapp 60% der Käufer das vordere Regalsegment, um vor einem späteren Abschnitt zum ersten Mal zu verweilen. Die vorgelegten Ergebnisse sprechen also nicht eindeutig dafür, dass in Bezug auf *UF 2* der Regalmitte für die (erste) Orientierung in der Warengruppe eine besondere Bedeutung zugemessen werden kann.

Im Durchschnitt standen die Käufer in EKS 1 und EKS 2 mit knapp unter 50 Sekunden gleich lang vor dem Tafelschokoladen-Regal, um den oder die gewünschten Artikel zu finden, eine Kaufentscheidung zu treffen und diese Artikel zu entnehmen. Die segmentspezifischen Aufteilungen der Käufer-Verweildauern vor den jeweiligen Regalen wiesen in EKS 1 mit durchschnittlich 29,5 Sekunden für das mittlere und in EKS 2 mit durchschnittlich 14,8 Sekunden für das zweite Segment die höchsten Werte aus, so dass sich auf den ersten Blick die *UF 3* („*Liefern die Beobachtungsdaten Belege dafür, dass sich die Kunden tendenziell auf die mittlere und rechte Regalhälfte unter Vernachlässigung der linken Seite konzentrieren?*“) zu bestätigen scheint. Da sich in beiden Fällen in diesen Bereichen (u.a.) die großen Blöcke von Milka-Schokolade befanden, erscheint eine Differenzierung der Käufer nach den von ihnen gekauften Marken sinnvoll. Die Abb. 5-52 und Abb. 5-53 nehmen eine solche Unterscheidung nach Personen vor, die entweder Artikel von Milka oder RitterSport oder von beiden Marken gekauft haben, und stellen diesen Ergebnissen die Zeiten von Käufern anderer Marken gegenüber. Die grau unterlegten Felder verdeutlichen dabei, vor welchem Regalsegment die jeweiligen „Käufertypen“ am längsten verweilten, und widerlegen die Vermutung, dass per se von einer Rechtsorientierung am Regal ausgegangen werden kann. Demzufolge finden sich keine Anhaltspunkte, um die Vermutung von *UF 4* („*Gibt es einen Zusammenhang zwischen der Richtung, aus der die Kunden in den Gang treten, und der Verteilung der Verweildauer vor dem Regal?*“) zu stützen.

Kunden, die „..." Produkte kaufen	Anzahl	Durchschnittliche Verweildauer vor ...		
		Segment 1	Segment 2	Segment 3
- ohne Markendifferenzierung -	n = 85	9,6 Sek.	29,5 Sek.	10,3 Sek.
Milka	n = 35	2,6 Sek.	54,5 Sek.	1,6 Sek.
RitterSport	n = 19	6,3 Sek.	3,3 Sek.	25,5 Sek.
Milka & RitterSport	n = 3	3,1 Sek.	61,7 Sek.	16,6 Sek.
„andere"	n = 28	21,3 Sek.	12,6 Sek.	10,2 Sek.

Abb. 5-52: Segmentspezifische Regalverweildauern von Käufern unterschiedlicher Marken in EKS 1

Kunden, die „..." Produkte kaufen	Anzahl	Durchschnittliche Verweildauer vor ...				
		Seg. 5	Seg. 4	Seg. 3	Seg. 2	Seg. 1
- ohne Markendifferenzierung -	n = 299	9,0 Sek.	5,1 Sek.	9,1 Sek.	14,8 Sek.	9,2 Sek.
Milka	n = 114	2,0 Sek.	2,8 Sek.	2,9 Sek.	32,5 Sek.	4,8 Sek.
RitterSport	n = 73	4,9 Sek.	5,3 Sek.	26,1 Sek.	4,1 Sek.	2,5 Sek.
Milka & RitterSport	n = 12	3,4 Sek.	1,1 Sek.	19,4 Sek.	22,9 Sek.	2,9 Sek.
andere	n = 100	20,6 Sek.	8,1 Sek.	2,5 Sek.	1,5 Sek.	19,9 Sek.

Abb. 5-53: Segmentspezifische Regalverweildauern von Käufern unterschiedlicher Marken in EKS 2

In Bezug auf die mit *UF 5* thematisierten Unterschiede der Gesamtzahl aller Facings auf das Kaufverhalten konnte in der vorliegenden Untersuchung kein Hinweis auf einen Zusammenhang zwischen der **Regalbeschäftigungsdauer** und der **Verweildauer vor dem Regal** einerseits und der Anzahl der Regalsegmente[407] andererseits gefunden werden. Die Länge des Warenträgers, die einen unterschiedlich großen Raum für die Anzahl pro Artikel lässt, scheint offen-

[407] In EKS 1 wies die Warengruppe eine Länge von 3 Segmenten à 1,25 m aus, in EKS 2 waren es 5 Segmente à 1,25 m.

bar keinen unmittelbaren Einfluss auf das **Zeitbudget von rund 50 Sekunden** zu haben, das die Kunden für den kompletten Kauf von Tafelschokolade einsetzen (mussten).

Auch bei den ermittelten Zeitspannen bis zur **ersten Produktentnahme** aus dem Regal (vgl. ebenfalls *UF 5*) sind die Resultate in den untersuchten Einkaufsstätten identisch und stützen somit in Verbindung mit der Tatsache, dass nur knapp 11% aller Käufer Schokolade aus zwei oder mehr Regalsegmenten kauften, die Vermutung, dass ein Zeitbudget von rund 50 Sekunden ausreicht, um unabhängig von dem Ausmaß des Warenträgers das „Zielsegment" mit der gewünschten Marke zu finden und eine Auswahl zu treffen.

Betrachtet man vor dem Hintergrund von *UF 8* (*„Ist ein Zusammenhang zwischen der Art der Promotion-Maßnahme [...] in der Einkaufsstätte und der Einkaufsstrategie erkennbar?"*) die Sonderpreisaktionen, die während der Erhebung durchgeführt wurden,[408] so beeinflussen diese Maßnahmen nachweislich das Verhalten der Kunden am Regal. Die durchschnittlichen Entnahmen fielen in den Segmenten, in denen die preisreduzierten Waren positioniert waren, höher aus als in den anderen Segmenten mit Tafelschokolade zum Normalpreis. Dass auch der Standort einer Sonderpalette innerhalb des Verkaufsraumes einen Einfluss auf das Entnahmeverhalten der Kunden am Warenträger hat, zeigt sich an der hohen absoluten und durchschnittlichen Entnahmemenge pro Käufer im mittleren Segment von EKS 1.

Aus den Gegenüberstellungen der segmentspezifischen Regalverweildauern von Käufern unterschiedlicher Marken in Abb. 5-52 und Abb. 5-53, wonach die Käufer von Milka-Schokolade im Durchschnitt deutlich länger vor dem relevanten Regalabschnitt verweilten als die übrigen Personen, und den Antworten der befragten Kunden, die sich eine deutlichere Farbunterscheidung bei den verschiedenen Sorten von Milka-Tafeln wünschten,[409] könnte man im Hinblick auf *UF 9* folgern, dass schlecht zu differenzierende **Verpackungen** (z.B. ähnliche

---

[408] Die im Preis reduzierten Marken wurden im Handzettel beworben, durch rote Preisschilder am Regal hervorgehoben und z.T. in speziellen Displays außerhalb des Warenträgers platziert.

[409] Vgl. dazu Kap. 5.2.4.5.

bzw. gleiche Farben für unterschiedliche Sorten) die Suche in der Warengruppe erschweren.[410]

Darüber zeichnet sich aus den Ergebnissen ein Zusammenhang zwischen der **Einkaufserfahrung** der Kunden und ihrem **Suchverhalten** am Regal ab (vgl. *UF 11*). Aus den Befragungen geht hervor, dass die Stichproben in EKS 1 und EKS 2 hinsichtlich der **Einkaufserfahrung** mit der Einkaufsstätte insbesondere Stammkunden beinhalten, die mindestens einmal wöchentlich die jeweilige Einkaufsstätte aufsuchen. Von allen Käufern nahmen 35,6% bei jedem Einkauf, weitere 33,3% häufig Tafelschokolade mit. Aus der Kombination der Antworten zu den Einkaufshäufigkeiten wird ersichtlich, dass mehr als 50% der Befragten sich mit dem Tafelschokoladen-Regal in ihrer Einkaufsstätte und dem dort platzierten Warenangebot auskannten. Die grau unterlegten Felder in Abb. 5-54 und Abb. 5-55 heben jeweils die als Stammkunden zu charakterisierenden Personen farblich hervor, bei denen von einer Vertrautheit mit der Warengruppe Tafelschokolade ausgegangen werden kann. In EKS 1 traf das auf 54% der Stichprobe zu, in EKS 2 auf 52%. Ferner kann die geringe durchschnittliche Anzahl entnommener und wieder zurückgelegter Artikel im Rahmen des Kaufprozesses[411] als weiterer Beleg für eine hohe Warengruppenerfahrung und für geringe Entscheidungsprobleme gewertet werden.

---

[410] Dieses deckt sich auch mit den Ergebnissen der vorab durchgeführten Fokusgruppengespräche, vgl. Schröder/Zimmermann 2003, S. 16.

[411] Vgl. Kap. 5.2.5.3.1.

Einkaufshäufigkeit in EKS / Kaufhäufigkeit von Tafelschokolade	mehrmals in der Woche	einmal in der Woche	mehrmals im Monat	seltener als einmal im Monat	gesamt
bei jedem Einkauf	3	5	2	1	11
nicht bei jedem Einkauf, aber häufig	8	11	2	3	24
eher selten	3	6	4	2	15
gesamt	14	22	8	6	50

(Markierter Bereich: 54%)

Abb. 5-54: Verteilung der befragten Kunden nach ihrer Einkaufshäufigkeit in EKS 1 und der Kaufhäufigkeit von Tafelschokolade

Einkaufshäufigkeit in EKS / Einkaufshäufigkeit von Tafelschokolade	mehrmals in der Woche	einmal in der Woche	mehrmals im Monat	seltener als einmal im Monat	gesamt
bei jedem Einkauf	4	27	3	2	36
nicht bei jedem Einkauf, aber häufig	1	11	6	2	20
eher selten	2	15	5	4	26
Gesamt	7	53	14	8	82

(Markierter Bereich: 52%)

Abb. 5-55: Verteilung der befragten Kunden nach ihrer Einkaufshäufigkeit in EKS 2 und der Kaufhäufigkeit von Tafelschokolade

In Bezug auf die **Einkaufsstrategie** kann festgehalten werden, dass, sofern die Kunden den Einkauf von Tafelschokolade planten, insbesondere die Marke und die Sorte bzw. die Geschmacksrichtung als Kriterien herangezogen wurden. Weniger Berücksichtigung fanden hingegen die Packungsgröße und der Preis. Des Weiteren zeichneten sich die Käufer durch eine geringe Preissensibilität aus. Zwar verglich knapp die Hälfte aller Kunden den Preis beim Kauf von Tafelschokolade, aber die überwiegende Mehrheit würde selbst dann zur Schokolade greifen, wenn diese nicht zum Sonderpreis angeboten wird.

Die **Regalbeurteilung** fiel in den beiden untersuchten Einkaufsstätten positiv aus. Die befragten Käufer zeigten sich sehr zufrieden mit den Tafelschokoladen-Regalen und beurteilten dieses sowohl in EKS 1 als auch in EKS 2 mit einem durchschnittlichen Wert von 1,8 auf einer 5-Stufen-Skala. Jedoch hing die Bewertung im Einzelfall von dem individuellen Sucherfolg ab. Tendenziell ist im Hinblick auf *UF 12* zu erkennen, dass die Beurteilung des Regals schlechter ausfiel, wenn die Käufer seltener die Einkaufsstätte bzw. die Warengruppe aufsuchten oder zu lange nach dem gewünschten Artikel suchen mussten.

Auf die Beantwortung von *UF 13* (*„Hat die Art der Warenplatzierung einen Einfluss auf die Suchzufriedenheit?“*) zielte die nur in EKS 2 gestellte Zusatzfrage ab, ob sich die Kunden eine Platzierung nach Sorten vorstellen könnten. Dieser Aspekt wurde erst nach der Erhebung in EKS 1 in den Fragebogen aufgenommen, um in Vorbereitung auf die nachfolgende Untersuchung der Universalwaschmittel-Warengruppe erste Anhaltspunkte zu erhalten, wie stark sich die Kunden an den einzelnen Marken orientieren. 83% der EKS 2-Käufer lehnten den Vorschlag der Sortenplatzierung ab. Da sich allerdings die Befürworter einer solchen Platzierungsform in ihren Antwortmustern bei den anderen Fraugen, wie beispielsweise zu Suchproblemen oder zur Bewertung der Regalübersichtlichkeit, nicht von den übrigen Kunden unterschieden, liefern diese Ergebnisse keine Hinweise auf die Beantwortung der Untersuchungsfrage.

Die Mehrheit der Befragten hatte keine Probleme bei der **Suche** nach dem gewünschten Artikel. Die Suchzeit empfanden - bis auf wenige Ausnahmen - alle als „normal“. Diese Aussagen bestätigen die bereits durch die Fokusgruppen-Gespräche gewonnenen Erkenntnisse,[412] dass der Kauf von Tafelschokolade in der Regel routinemäßig erfolgt. Daher kann es auch nicht verwundern, dass die meisten befragten Kunden kaum Angaben dazu machten, was ihre Suche am Tafelschokoladen-Regal erleichtern könnte. Hinweise auf einen Zusammenhang zwischen der gemessenen Suchzeit und der Zufriedenheit mit der Suche (vgl. *UF 14*) finden sich nicht.

[412] Vgl. dazu Kap. 5.2.1.

5.2.7 Kritische Würdigung der Feldstudie „Tafelschokolade“

Die Studie in der Warengruppe Tafelschokolade lässt sich in zweierlei Hinsicht kritisch diskutieren. Auf der einen Seite kann man die grundsätzliche Konzeption der Studie als Felduntersuchung hinterfragen, andererseits ist es sinnvoll, die eingesetzten Erhebungsmethoden und die Art der Auswertung zu würdigen.

Das Ziel der Studie war die Analyse des Kundenverhaltens in einer natürlichen Ladenumgebung, in der allerdings einige Faktoren - während des regulären Geschäftsbetriebes - nicht oder nur schwer kontrollierbar gewesen sind. Zwar sicherte der Handelspartner zu, während der Beobachtungsintervalle auf störende Verräumungsmaßnahmen weitgehend zu verzichten, aber die mit großem zeitlichen Vorlauf geplanten unterschiedlichen Sonderpreisaktionen stellten bedeutsame Rahmenbedingungen dar, die nach unseren Erkenntnissen das Entnahmeverhalten der Kunden von Tafelschokolade am Regal beeinflussten. So liegt z.B. die Vermutung nahe, dass die Käufer, die auf Grund des Handzettels Schokolade kaufen wollten und eventuell Ausschau nach einer Displayplatzierung hielten, diese in der Nähe des Schokoladen-Ganges vermuteten. Stand diese dort nicht, suchten die Kunden auf ihrem Weg durch die Einkaufsstätte den regulären Warenträger auf und griffen dort zu, bevor sie möglicherweise an einer weiter hinten gelegenen Sonderplatzierung vorbeikamen. Bestätigt wird diese Annahme durch das Verhalten der Kunden in EKS 2, die ihren Bedarf an (preisreduzierter) Tafelschokolade ebenfalls an den Sonderpaletten deckten, die außerhalb des Beobachtungsbereichs standen, ohne erst in den normalen Gang der Warengruppe einzubiegen. Dafür spricht zudem, dass am zweiten Erhebungstag die RitterSport-Sonderplatzierung nach dem Tausch der Palette mit Alpia besser sichtbar war als am ersten Tag und daher stärker frequentiert wurde. Einen einfachen Ansatz, wie man den Sonderangebotseffekt in EKS 1 unter Umständen herausrechnen könnte, zeigt Abb. 5-56. Hierbei wird unterstellt, dass sich der „Normalabsatz“ im mittleren Segment auf dem Niveau des durchschnittlichen Absatzes der übrigen Segmente bewegt.

Beobachtete Werte

Entnahmen p = 16 7,7%	Entnahmen p = 138 66,3%	Entnahmen p = 54 26,0%
Entnehmer n = 12 14,1%	Entnehmer n = 47 55,3%	Entnehmer n = 34 40,0%
$\varnothing Entnahmen_{Seg1}$ $^{p}/_{n}$ = 1,33	$\varnothing Entnahmen_{Seg2}$ $^{p}/_{n}$ = 2,94	$\varnothing Entnahmen_{Seg3}$ $^{p}/_{n}$ = 1,59

Bereinigung um den Sonderangebotseffekt

Entnahmen p = 16 11,3%	Entnahmen p = 72 50,7%	Entnahmen p = 54 38,0%
Entnehmer n = 12 14,1%	Entnehmer n = 47 55,3%	Entnehmer n = 34 40,0%
$\varnothing Entnahmen_{Seg1}$ $^{p}/_{n}$ = 1,33	$\varnothing Entnahmen_{Seg2}$ $^{p}/_{n}$ = 1,52	$\varnothing Entnahmen_{Seg3}$ $^{p}/_{n}$ = 1,59

Abb. 5-56: Rechnerischer Ansatz zur Bereinigung des Sonderangeboteffektes in EKS 1

Wenn man für die durchschnittliche Entnahme im mittleren Segment statt des beobachteten Wertes (2,94) den Durchschnitt der Werte aus dem linken und dem rechten Regalsegment (1,52)[413] einsetzt und anschließend die Entnahmen korrigiert, würde sich die oben stehende Verteilung ergeben, wonach jedes zweite Produkt aus der Mitte des Warenträgers stammt. Da mit diesem rechnerischen Ansatz nur eine Tendenz aufgezeigt werden kann, könnte man das bewusste „Ausblenden" der zweitplatzierten Sonderpaletten bzw. das nicht durchgehende Aufzeichnen von Käufern und Nicht-Käufern in diesen Bereichen als Schwäche der Untersuchung deuten.

In diesem Zusammenhang wäre es wünschenswert gewesen, über die Abverkaufsdaten der jeweiligen Erhebungstage zu verfügen, um die verkauften Mengen der beworbenen Marken auf die regulären Plätze im Regal und auf die Sonderpalette aufteilen zu können.

Als weiterer Kritikpunkt des Untersuchungsdesigns ließe sich die Tatsache anführen, dass ausschließlich Käufer nach dem Verlassen des Ganges angesprochen und interviewt wurden. Die Suchprobleme von sog. Nicht-Käufern, die möglicherweise mit einer festen Kaufabsicht an das Tafelschokoladen-Regal herangetreten sind, aber z.B. auf Grund einer Out-of-Stock-Situation erfolglos geblieben sind, wurden somit nicht abgedeckt.

---

413 [16+54] : [12+34] = 1,52

Ferner könnte die geringe Zahl der befragten Käufer im Verhältnis zu den nicht-befragten Kunden moniert werden, da keine differenzierte Auswertung der kombinierten Befragungs- und Beobachtungsergebnisse vorgenommen wurde. Zwar hätte eine Verlängerung der Erhebungszeiträume in beiden Läden für größere Stichproben gesorgt, allerdings wären dann bei einer schnelldrehenden Warengruppe wie Tafelschokolade, deren Produkte in der Regel sehr häufig gekauft werden, unter Umständen dieselben Kunden wiederholt betrachtet und gewertet worden.

Die gewählte Beobachtungsform mit Hilfe von unauffällig installierten kleinen Videokameras[414] vor der offiziellen Öffnung der Einkaufsstätten gewährleistet eine biotische Untersuchungssituation. Kein Kunde, der sich in den Gängen mit Tafelschokolade aufhielt, ließ durch sein Verhalten (z.B. direktes Blicken in oder Zeigen auf die Kamera etc.) erkennen, von dem Beobachtungssystem Notiz genommen zu haben. Im Gegensatz zu einem oder mehreren persönlichen Beobachtern, die im Falle einer hohen Kundenfrequenz am Point of Purchase mit dem Protokollieren des beobachteten Verhaltens hätten überfordert sein können, stellt die bandlose Aufzeichnungsmethode auf eine Festplatte eine lückenlose Dokumentation des Geschehens vor der Warengruppe sicher und macht eine Auswahl der Beobachtungsfälle aufs Gratewohl überflüssig.[415] Zudem ist die digitale Aufzeichnung auch für die Transkription des Materials von Vorteil, da jede Sequenz beliebig oft und in unterschiedlicher Geschwindigkeit abspielbar ist, um so parallel ablaufende Handlungen mehrerer Personen separat festhalten zu können.

Als nachteilig können die festen Kamerastandorte angesehen werden, wenn diese auf der anderen Gangseite montiert sind. Trotz der wie in Abb. 5-3 zu erkennenden erhöhten Position der Kameras, die aus über drei Metern Höhe die Kunden von schräg oben filmen, und trotz der sich überschneidenden Bildbereiche, bleibt es unvermeidbar, dass einzelne Regalzonen von dem Körper der beobachteten Person kurzfristig abgedeckt werden könnten und dann nicht immer eindeutig erkennbar ist, welcher Artikel gegriffen wurde. Eine markenbe-

[414] Vgl. die in Kap. 5.1.1.2 angegebenen Abmaße.
[415] Vgl. dazu u.a. Becker 1973, S. 138.

zogene Auswertung der Entnahmemengen wäre in diesem Falle fehleranfällig, wenn von einem Produkt nur wenige Facings im Regal platziert sind.

Auf Grund der manuellen, Computer-gestützten Transkription der aufgezeichneten Videosequenzen lässt sich als Kritikpunkt prinzipiell die mangelnde Auswertungsobjektivität anführen.[416] Um der Gefahr der subjektiven Interpretation des betrachteten Geschehens entgegenzuwirken, waren in aller Regel zwei codierende Studierende eingesetzt,[417] die anhand bestimmter Kategorien das Kundenverhalten in der Warengruppe „beschreiben" konnten.[418]

Allerdings birgt die gewählte Form der Struktierung bei der Eingabe das Problem, dass gegebenenfalls Beobachtungsinhalte, die weitere relevante Informationen zum Such- und Entscheidungsverhalten enthielten, nicht oder nur unzureichend erfasst werden. So wurden beispielsweise Art und Inhalt von Diskussionen zwischen Käufern und Verkaufspersonal oder Begleitpersonen bei diesem Auswertungsverfahren nicht berücksichtigt.

---

[416] Vgl. Faßnacht 1995, S. 204 ff. Für die verschiedenen Arten von Fehlern in der Marktforschung vgl. u.a. Kuß 2004, S. 139 ff.

[417] Vgl. in diesem Zusammenhang auch die Darstellung von Übereinstimmungen im Eventsampling zweier zeitparallel kodierender Beobachter bei Faßnacht 1995, S. 211.

[418] Vgl. Kepper 2000, S. 194 f.

5.3 Feldstudie zur Analyse des Kundenverhaltens in der Warengruppe Universalwaschmittel

Für die zweite Beobachtungsstudie konnten erneut ein SB-Warenhaus-Filialist und ein Hersteller, der für die untersuchte Warengruppe Universalwaschmittel (UWM) bei dem Einzelhändler die Rolle des Category Captain inne hat, als Kooperationspartner gewonnen werden. Nach gleichem Muster wie bei der Tafelschokoladen-Untersuchung zeichneten insgesamt vier versteckt aufgebaute Kameras das Verhalten der Kunden vor dem relevanten Regalabschnitt auf. Zusätzlich galt es, möglichst viele Käuferinnen und Käufer dieser Warengruppe nach Verlassen des Ganges zu befragen.

5.3.1 Zielsetzung der Felduntersuchung

Im Mittelpunkt dieser Untersuchung standen die Auswirkungen einer veränderten Platzierung von UWM auf das Such- und Entscheidungsverhalten von Kunden. Die Videobeobachtung sollte Aufschluss darüber geben, ob und inwiefern die verschiedenen Warenanordnungen Einfluss nehmen auf die Aufenthaltsdauer der Kunden vor dem Regal und den Zeitpunkt bis zur ersten Produktentnahme. Die Befragung diente vor allem der Aufdeckung von Informationen über die Hintergründe des beobachteten Kundenverhaltens wie beispielsweise der Einkaufserfahrung, Einkaufsstrategie, Einkaufsanlass, Regalbewertung, Sucherfolg und Suchzufriedenheit mit dem Regal.[419]

Als Untersuchungsorte standen zwei Einkaufsstätten zur Verfügung, in denen das Geschehen am Regal vor und nach umfangreicheren Produkt-Umplatzierungsmaßnahmen erhoben und ausgewertet werden sollte. Da es sich bei Waschmitteln im Allgemeinen um langsam drehende Produkte handelt, sah der Projektzeitplan zwischen der ersten und zweiten Erhebung in den jeweiligen Einkaufsstätten eine Übergangsphase von sieben Wochen vor, in denen zumindest die Stammkunden grundsätzlich die Möglichkeit hatten, sich an die neue Platzierungsform zu gewöhnen.

---

[419] Die Fragebögen zur ersten und zweiten Erhebung am UWM-Regal befinden sich in Anhang C und Anhang D.

Die erste Erhebungswelle fand Mitte Februar 2004 (12.02., Donnerstag, EKS 1 bzw. 13.02., Freitag, EKS 2) statt. An den gleichen Wochentagen erfolgte auch die zweite Erhebung Anfang April 2004 (01.04., EKS 1 und 02.04., EKS 2).

Die Umplatzierungsmaßnahmen, die die Kooperationspartner koordinierten und unmittelbar im Anschluss an die Februar-Erhebung durchführten, fielen in beiden Einkaufsstätten umfangreich aus und lassen sich wie folgt beschreiben:

- Der ursprüngliche Platzierungsvorschlag der Herstellers differenzierte zunächst zwischen Pulver- und Flüssigwaschmittel und sortierte dann die Produkte nach den verschiedenen Marken, wobei die jeweilige Käuferreichweite die Reihenfolge der einzelnen Artikel im Warenträger vorgab.[420] Die neue Warenanordnung gab die Trennung nach der Aggregatform zu Gunsten einer stärkeren **Ausrichtung auf die einzelnen Marken** auf. Standen beispielsweise in EKS 1 vorher die pulvrigen Persil-Waschmittel am Anfang und die entsprechenden flüssigen Varianten am Ende des Regalabschnittes (vgl. Abb. 5-57), so präsentierten sich nach der Umplatzierung alle Persil-Produkte im Block zusammengefasst in den ersten drei Regalsegmenten (vgl. Abb. 5-58).
- In beiden Einkaufsstätten zogen die Kooperationspartner eine **weitere Regalbodenebene** ein, so dass hinterher die vorhandenen Facings in vier übereinanderliegenden Böden platziert werden konnten. Diese Maßnahme zielte nicht darauf ab, mehr Artikel (weder in qualitativer noch in quantitativer Hinsicht) im Warenträger unterbringen zu können (vgl. Abb. 5-57 und Abb. 5-58).

[420] Die Kennzahl „Käuferreichweite einer Marke“ beschreibt, wieviel Prozent der relevanten Kunden (z.B. dieser Einkaufsstätte, der Vertriebsschiene etc.) mindestens einmal im Betrachtungszeitraum eine bestimmte Marke gekauft haben, vgl. Schröder 2003, S. 27.

- Zugleich wurde in EKS 1 eine **dauerhafte Sonderplatzierung**, die in Form zweier Paletten das laufende Regal unterbrachen und auf denen die jeweils im Handzettel zu Sonderpreisen beworbenen Produkte der Aktionswoche standen, **aufgelöst**. Dadurch verschmälerte sich das Regal auf neun Segmente (vgl. Abb. 5-59). Für großvolumige UWM, die von diesem Zeitpunkt an einer gesonderten Paletten-Platzierung bedürfen, existieren in EKS 1 im hinteren Teil des Verkaufsraumes sog. Aktionsflächen.
- In EKS 2 wurde die gesamte WPR-Abteilung umstrukturiert. Anschließend befand sich das Regal mit UWM-Produkten auf der **gegenüberliegenden Gangseite**.[421]

Regalsegment 1	Regalsegment 2	Regalsegment 3	Regalsegment 10

Abb. 5-57: Trennung zwischen Pulver- und Flüssigwaschmitteln in EKS 1 bei der ersten Erhebung (dargestellt am Beispiel von Persil)

[421] Vgl. Abb. 5-63 in Kap. 5.3.2.

Regalsegment 1	Regalsegment 2	Regalsegment 3

Abb. 5-58: Zusammenfassung von Pulver- und Flüssigwaschmitteln in EKS 2 bei der zweiten Erhebung (dargestellt am Beispiel von Persil)

Regalsegment 8	Regalsegment 9	Regalsegment 8	Regalsegment 9
Erste Erhebung (12.02.2004)		Zweite Erhebung (01.04.2004)	

Abb. 5-59: Auflösung der Sonderplatzierung innerhalb des UWM-Regals in EKS 1

5.3.2 Rahmenbedingungen

Bei der Festlegung der Erhebungsorte fiel die Wahl auf zwei große SB-Warenhäuser, die sich allerdings hinsichtlich ihrer gesamten Verkaufsfläche[422] und in der Länge des Warenträgers für die UWM-Abteilung unterschieden. In EKS 1 hatte der Regalabschnitt zunächst eine Länge von 13,75 Metern[423] und verringerte sich im Rahmen der in Kap. 5.3.1 skizzierten Umplatzierung auf 11,25 Meter.[424] In EKS 2 war das UWM-Regal etwas kürzer und wies an beiden Erhebungstagen eine Gesamtlänge von 10,50 Metern auf.[425]

Auf Grund der Lage des untersuchten Warenträgers innerhalb der Einkaufsstätte wurde bei der Erstellung der Regalbelegungspläne jeweils eine Hauptrichtung zu Grunde gelegt, aus der sich die meisten Kunden mit hoher Wahrscheinlichkeit dem UWM-Bereich nähern (vgl. Abb. 5-62 und Abb. 5-63).

Die Platzierungsregeln der Warengruppen-Manager sahen vor, jeweils zu Beginn des Regals die Marke mit der höchsten Käuferreichweite (hier: Persil in Pulverform) zu positionieren.[426] In EKS 1 wurde bei beiden Platzierungsvarianten eine Hauptlaufrichtung von links unterstellt (vgl. Abb. 5-60).[427]

In EKS 2 traf dieses nur für die erste Erhebung zu, da sich die UWM-Produkte nach den Umstrukturierungsmaßnahmen auf der gegenüberliegenden Gangseite befanden. Somit ging der Category Captain davon aus, dass sich - bei der frontalen Betrachtung des Regals - die meisten Personen von rechts kommend dem Gang mit UWM nähern (vgl. Abb. 5-61).[428]

---

[422] EKS 1 hatte eine Verkaufsfläche von 12150 m², EKS 2 hingegen nur von 8100 m².

[423] Das entspricht einer Länge von neun nebeneinander liegenden Regalböden à 1,25 m sowie zwei Paletten à 1,25 m.

[424] Das entspricht einer Länge von neun nebeneinander liegenden Regalböden à 1,25 m.

[425] Das entspricht einer Länge von sechs nebeneinander liegenden Regalböden à 1,25 m sowie drei nebeneinander liegenden Regalböden à 1,00 m.

[426] Vgl. Bohrenfeld 2005, S. 32.

[427] Dieser Annahme folgend werden für EKS 1 die Regalsegmente im Rahmen der Ergebnisdarstellung beider Erhebungstage von links nach rechts nummeriert.

[428] In Analogie zur unterstellten hauptsächlichen Kundenlaufrichtung wurden in EKS 2 die Regalsegmente im ersten Fall von links nach rechts, im zweiten Fall jedoch von rechts nach links durchnummeriert.

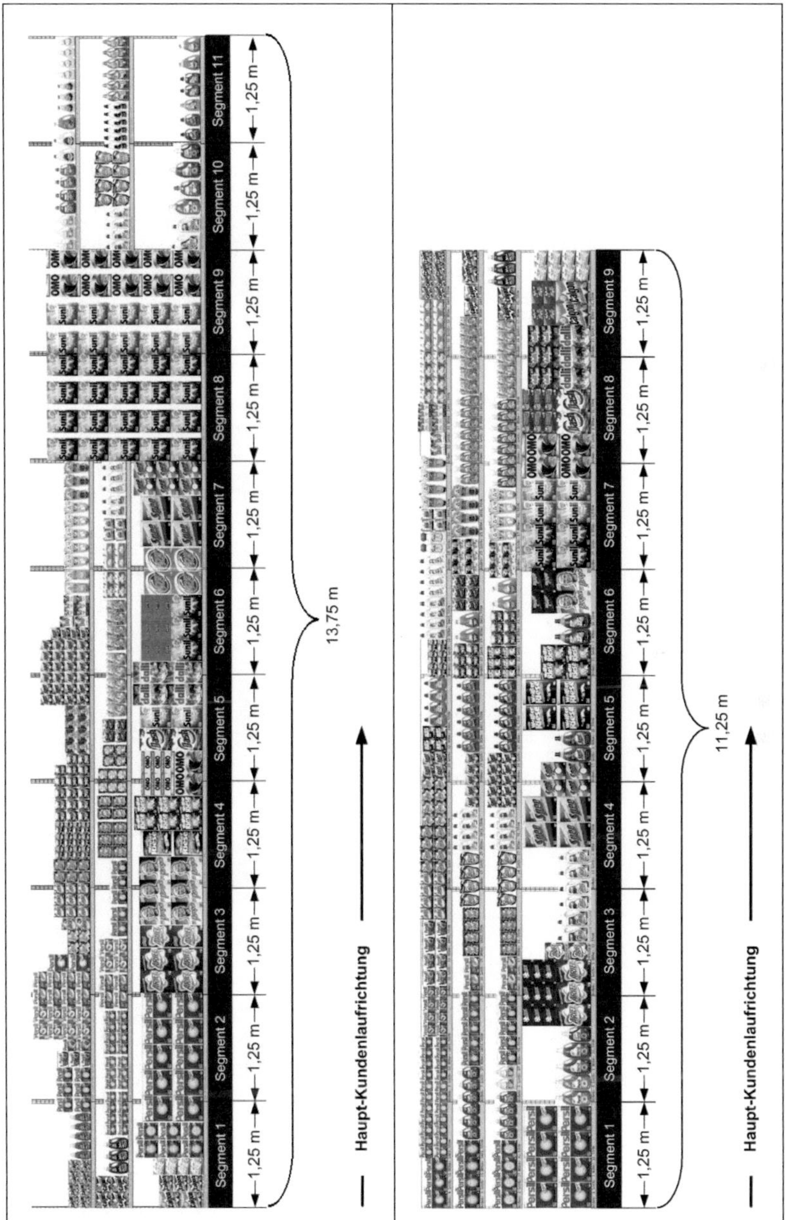
Segment 1
Segment 2
Segment 3
Segment 4
Segment 5
Segment 6
Segment 7
Segment 8
Segment 9
Segment 10
Segment 11
1,25 m
13,75 m
Haupt-Kundenlaufrichtung
Segment 1
Segment 2
Segment 3
Segment 4
Segment 5
Segment 6
Segment 7
Segment 8
Segment 9
1,25 m
11,25 m
Haupt-Kundenlaufrichtung

Abb. 5-60: Regalbelegungsplan des UWM-Regals in EKS 1 vor (links) und nach der Umplatzierung (rechts)

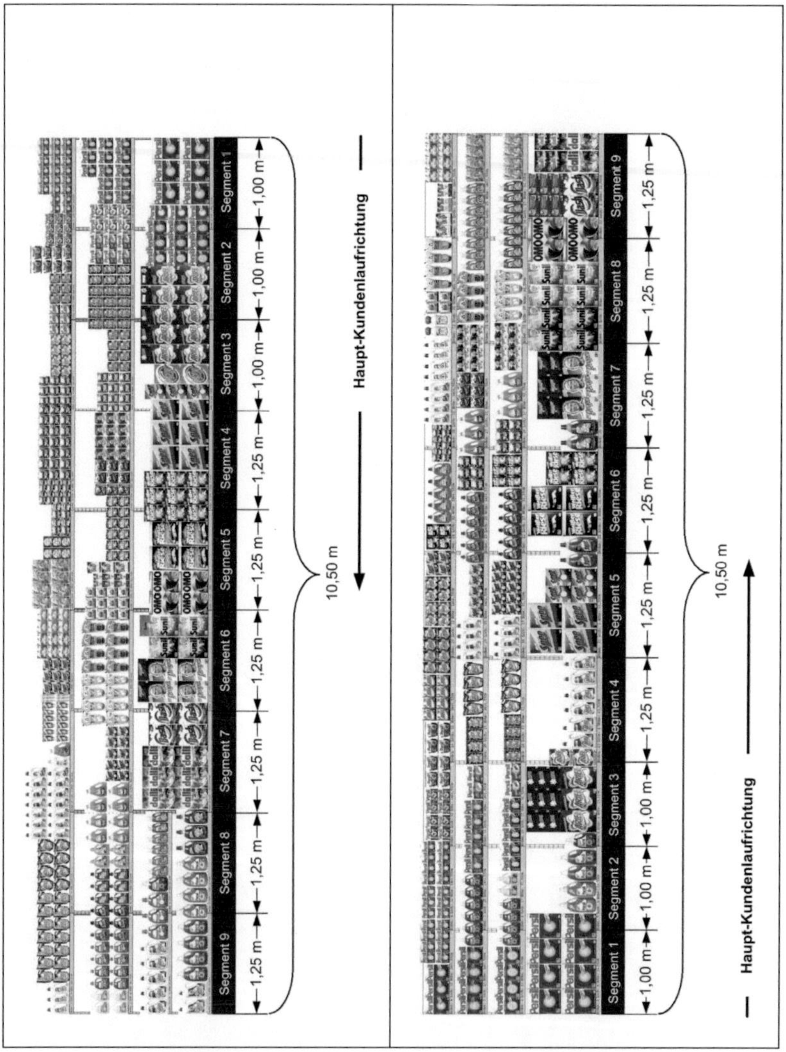

Abb. 5-61: Regalbelegungsplan des UWM-Regals in EKS 2 vor (links) und nach der Umplatzierung (rechts)

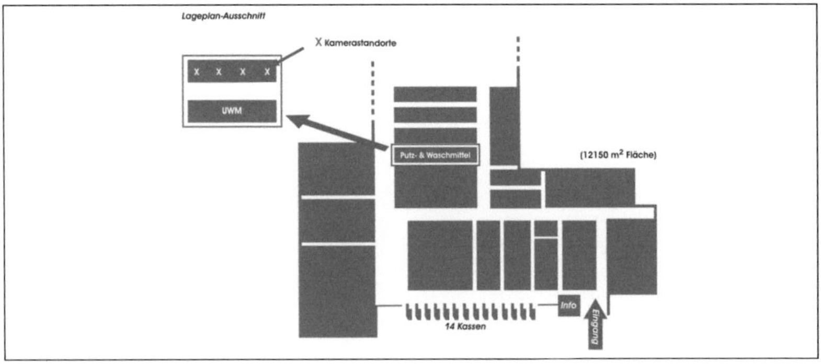

Abb. 5-62: Lage des untersuchten UWM-Regals im Verkaufsraum sowie Positionen der Beobachtungskameras (weiße Kreuze) in EKS 1 am 12.02. und am 01.04.2004

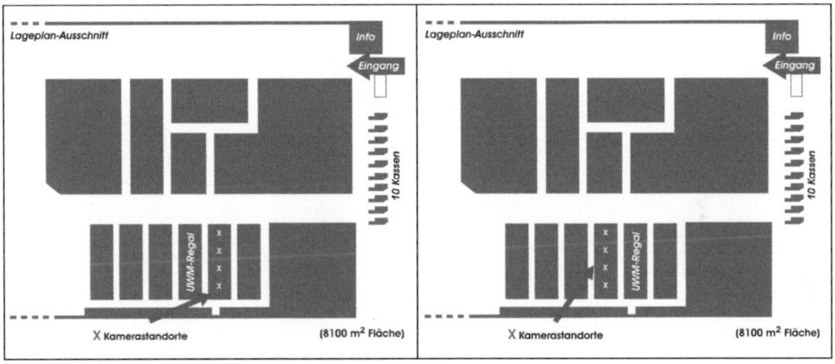

Abb. 5-63: Lage des untersuchten UWM-Regals im Verkaufsraum sowie Positionen der Beobachtungskameras (weiße Kreuze) in EKS 2 am 13.02. (links) und am 02.04.2004 (rechts)

Wie schon bei der Analyse der Warengruppe Tafelschokolade galt es im Rahmen dieser Feldstudie, bestimmte Rahmenbedingungen zu erfassen. Dazu zählten insbesondere die verschiedenen in der Erhebungsphase durchgeführten Sonderpreisaktionen, die jeweils für eine Woche und in beiden Einkaufsstätten zeitgleich gültig waren. Die verschiedenen Produkte wurden in der Regel mit Handzetteln des SB-Warenhauses und/oder mit entsprechenden Beschilderungen in der Einkaufsstätte beworben und zu einem Sonderpreis verkauft. Zum Teil wurden sie zusätzlich auf sog. Aktionsflächen, die sich vom Eingang kommend hinter dem regulären UWM-Gang befanden, auf Paletten zweitplatziert:

- 1. Erhebung:

  In der Woche vom 09.02.-14.02.2004 (KW 7) wurden Sunil und Omo Vollwaschmittel im 10 kg Großgebinde (= 95 WL) angeboten und zu einem Preis von je 8,99 € verkauft. Ebenfalls im Sonderangebot waren Ariel Vollwaschmittel in flüssiger und in Pulver-Form (= 36/40 WL). Die Nachfüllpackung und die Flasche kosteten in diesem Zeitraum jeweils 7,99 €.

  Die großvolumigen Tragepakete der Marken Sunil und Omo waren an beiden Standorten unterschiedlich aufgebaut und verschieden gut sichtbar. In EKS 1 befanden sie sich innerhalb des regulären Warenträgers (vgl. Abb. 5-60 links), in EKS 2 hingegen einige Gänge später auf mehreren Paletten. Die ebenfalls mit einem Sonderpreis ausgezeichneten 10 kg Vizir-Pakete, die sich in beiden Einkaufsstätten außerhalb des UWM-Regals befanden, wurden nicht im aktuellen Handzettel beworben (vgl. Abb. 5-64) und stammten aus einer vorangegangenen Aktion.

- 2. Erhebung:

  In der Woche vom 29.03.-03.04.2004 (KW 14) enthielt der Handzettel mehrere Waschmittelsorten. Die Produkte Spee Pulver, Gel und Feinwäsche oder Weißer Riese Pulver und Gel (= 18/20 WL) im Nachfüllpack oder in der Flasche kosteten im Sonderangebot 2,99 €. Andererseits wurde Persil Vollwaschmittel im Jumbo-Pack (= 90 WL) zum Preis von 13,45 € beworben.

  Während in EKS 1 die kleineren Packungen von Spee und Weißer Riese nur im Regal platziert waren, gab es in EKS 2 für Spee eine Zweitplatzierung an dem Gondelkopf, der zum Nebengang zeigte. Für die Jumbo-Pakete von Persil existierten jeweils Sonderplatzierungen.

  Wie schon bei der ersten Erhebung wurden einige wenige Marken und Packungsgrößen zusätzlich am Warenträger mit dem Hinweis „reduziert“ und roten Preisschildern ausgezeichnet, die nicht im Handzettel aufgeführt wurden.

Abb. 5-64: Sonderplatzierungen von Vizir in EKS 1 (links) und von Vizir, Sunil sowie Omo in EKS 2 (rechts) in KW 7

Die Rahmenbedingungen der Untersuchung am UWM-Regal fasst Abb. 5-65 zusammen.

<table>
<tr><th>Erhebungsort / Kriterien</th><th>EKS 1</th><th>EKS 2</th></tr>
<tr><td>Erhebungstage</td><td>(1) 12.02.2004
(2) 01.04.2004</td><td>(1) 13.02.2004
(2) 02.04.2004</td></tr>
<tr><td>Regallänge</td><td>(1) 13,75 m (11 Segmente)
(2) 11,25 m (9 Segmente)</td><td>(1) 10,50 m (9 Segmente)
(2) 10,50 m (9 Segmente)</td></tr>
<tr><td>Angenommene Hauptlaufrichtung der Kunden an das Regal</td><td>(1) von links
(2) von links</td><td>(1) von rechts
(2) von links</td></tr>
<tr><td>Im Handzettel beworbene Marken</td><td colspan="2">(1) Sunil und Omo Vollwaschmittel (95 WL) zu 8,99 €,
Ariel Vollwaschmittel flüssig und Pulver (36/40 WL) zu 7,99 €

(2) Spee Pulver, Gel und Feinwäsche (18/20 WL) zu 2,99 €,
Weißer Riese Pulver und Gel (18/20 WL) zu 2,99 €,
Persil Vollwaschmittel (90 WL) zu 13,45 €</td></tr>
<tr><td>Platzierung der beworbenen Marken</td><td>(1) im regulären Warenträger
(2) im Regal / Sonder-platzierung</td><td>(1) Sonderplatzierung
(2) am Gondelkopf / Sonderplatzierung</td></tr>
</table>

Abb. 5-65 Rahmenbedingungen bei der Felduntersuchung in der Warengruppe UWM

5.3.3 Beschreibung der Stichprobe

Insgesamt bewegten sich in den beiden Einkaufsstätten über alle vier Erhebungstage hinweg mehr als 2300 Personen durch den Gang mit WPR-Produkten, davon beschäftigten sich gut 600 mit der Warengruppe UWM, d.h. sie betrachteten zumindest kurz das Regal und die darin präsentierten Artikel. Innerhalb des Beobachtungszeitraumes konnten von den knapp 400 Käufern 138 Personen im Anschluss an den Kauf eines oder mehrerer Produkte befragt werden. Das entspricht einer Befragungsquote von 34,5%.

Abb. 5-66 zeigt die Zusammensetzung der bereinigten Stichprobe pro Einkaufsstätte und Erhebungstag.[429]

	EKS 1		EKS 2		
	1. Erhebung	2. Erhebung	1. Erhebung	2. Erhebung	Gesamt
Personen im Gang (**ohne** Kontakt zum UWM-Regal)					
	466	623	324	304	1717
Personen im Gang (**mit** Kontakt zum UWM-Regal) = Stichprobe					
Nicht-Käufer	**43**	**71**	**41**	**54**	**209**
Käufer (davon befragt)	**129** (30)	**149** (47)	**57** (34)	**62** (27)	**397** (138)
Insgesamt aufgezeichnete Personen	638	843	422	420	2323

Abb. 5-66: Übersicht über die Anzahl der aufgezeichneten Personen und die Verteilung der Stichprobe pro Einkaufsstätte und Erhebungstag

Wie aus Abb. 5-67 hervorgeht, beinhaltet die Befragungsstichprobe insgesamt deutlich mehr Frauen als Männer, was jedoch auf Grund der geschlechtsspezifischen Kundenstruktur innerhalb der Woche nicht verwundert. Ebenso wenig sollte das höhere Durchschnittsalter der Auskunftspersonen in der ersten Ein-

[429] Die Datensätze wurden analog zur Felduntersuchung Tafelschokolade um sog. Ausreißer bereinigt. Damit sind Käufer und Nicht-Käufer gemeint, die durch nach oben hin stark von den durchschnittlichen Verweildauern vor einzelnen Segmenten auffielen. In EKS 1 wurden bei der ersten und zweiten Erhebung jeweils ein Nicht-Käufer und fünf bzw. sechs Käufer sowie in EKS 2 am ersten Beobachtungstag ein Nicht-Käufer und vier Käufer bzw. am zweiten Beobachtungstag drei Nicht-Käufer und sechs Käufer von der weiteren Analyse ausgenommen.

kaufsstätte im Vergleich zur zweiten wegen des relativ geringen Stichprobenumfangs nicht fehlinterpretiert werden.

Erhebungsort / Geschlecht	EKS 1 1. Erhebung (12.02.2004)	EKS 1 2. Erhebung (01.04.2004)	EKS 2 1. Erhebung (13.02.2004)	EKS 2 2. Erhebung (02.04.2004)	Gesamt
weiblich	28	41	24	17	110
männlich	2	6	10	10	28
gesamt	30	47	34	27	138
Ø Alter [Jahren]	56,4	51,2	46,6	44,5	49,9
Altersspanne [Jahren]	20 - 77	25 - 80	24 - 74	22 - 68	20 - 80

Abb. 5-67: Geschlechtsspezifische Verteilung und Durchschnittsalter der befragten Käufer nach Einkaufsstätten und Erhebungstag

5.3.4 Ergebnisse aus den Befragungen

Der Fragebogen, mit dem die Kunden nach ihrem Kauf von UWM interviewt wurden, beinhaltet folgende Aspekte:

(1) Einkaufserfahrung (Kap. 5.3.4.1)

Die Einkaufserfahrung des Kunden beziehen sich zum einen auf die Kenntnisse des jeweiligen Ladens und zum anderen auf die betrachtete Warengruppe UWM. Beide Aspekte wurden durch Fragen zur Besuchshäufigkeit der Einkaufsstätte und zur Intensität, mit der der Kunde dort seinen Bedarf an UWM deckt, berücksichtigt.

(2) Einkaufsstrategie (Kap. 5.3.4.2)

Zur Analyse der verfolgten Einkaufsstrategie werden die Suchgewohnheiten bei der Orientierung am UWM-Regal und die Bedeutung von Sonderangeboten betrachtet.

(3) Aktueller Einkauf (Kap. 5.3.4.3)

Dieser Teil zum aktuellen beobachteten Kaufakt berücksichtigt zwei Bereiche: Einerseits beinhalten die Abfragen der tatsächlich gekauften Produkte auch den Aspekt, ob der Kauf des oder der ausgewählten Artikel geplant war. Im Falle eines nicht-geplanten Kaufs sollen die Befragten ihre Beweggründe, die zu ihrer Entscheidung führten, erläutern. Auf der anderen Seite werden vor dem Hintergrund der Veränderungen in der Warenplatzierung die Käufer nach ihrem Verwendungsverhalten von Flüssig- und/oder Pulverwaschmittel befragt.

(4) Regalbewertung (Kap. 5.3.4.4)

Um abschätzen zu können, wie die Käufer das UWM-Regal bewerten, sollen sie einerseits die Übersichtlichkeit des Warenträgers anhand einer 5-stufigen Skala beurteilen. Auf der anderen Seite sollen sie sich zur Anzahl der im Markt angebotenen Artikel äußern. Auf Grund der Umbaumaßnahmen beinhaltet die zweite Erhebung darüber hinaus noch Fragen zu den Veränderungen in der Warengruppe.

(5) Sucherfolg und Suchzufriedenheit (Kap. 5.3.4.5)

Dieser Teil der Befragung zielt auf die Effektivität und die Effizienz der Suche nach den gewünschten Produkten ab. Zusätzlich wird darauf eingegangen, welche Maßnahmen aus Sicht der Kunden die Orientierung am Regal erleichtern können.

Die Ergebnisse werden aus Gründen der Übersichtlichkeit im Folgenden pro Einkaufsstätte und pro Erhebungstag dargestellt. Zur Verdeutlichung der mittels Befragung und Beobachtung zu untersuchenden Bereiche skizziert Abb. 5-68 noch einmal kurz den für die Warengruppe UWM relevanten Bezugsrahmen.

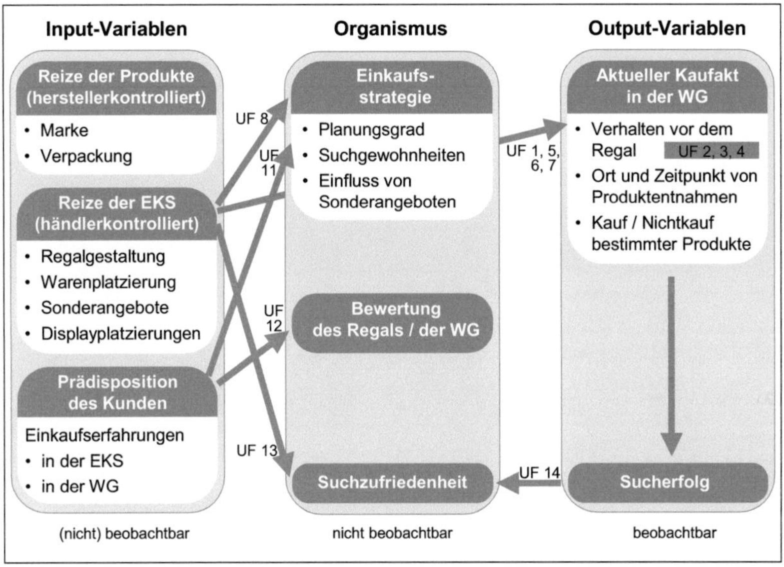

Abb. 5-68: Bezugsrahmen mit den Untersuchungsfragen für die Warengruppe Universalwaschmittel

5.3.4.1 Einkaufserfahrung

Die Antworten der UWM-Käufer auf die Einstiegfragen *„Wie oft kaufen Sie in dieser Einkaufsstätte ein?“* (vgl. Abb. 5-69) und *„Wie oft nutzen Sie diese Einkaufsstätte für den Kauf von UWM?“* (vgl. Abb. 5-70) zeigen, dass die Stichproben in EKS 1 und EKS 2 vorwiegend Stammkunden umfassten, die sowohl regelmäßig die Einkaufsstätte aufsuchten als auch dort „häufig“ oder „immer“ UWM kauften. Jeder zweite Kunde suchte den jeweiligen Testmarkt mindestens einmal pro Woche auf, bei der ersten Erhebungswelle in EKS 1 sind es sogar drei von vier Käufern.

Erhebungsort / Einkaufshäufigkeit	**EKS 1** 12.02.2004 (n = 30)	**EKS 1** 01.04.2004 (n = 47)	**EKS 2** 13.02.2004 (n = 34)	**EKS 2** 02.04.2004 (n = 27)
mehrmals in der Woche	23,3%	6,4%	5,9%	7,4%
einmal in der Woche	50,0%	44,7%	41,1%	48,1%
1-3 mal im Monat	20,0%	40,4%	26,5%	40,7%
seltener	6,7%	8,5%	26,5%	3,8%

Abb. 5-69: Einkaufshäufigkeiten der befragten Kunden in den beiden Einkaufsstätten

Erhebungsort / Kaufhäufigkeit von UWM	**EKS 1** 12.02.2004 (n = 30)	**EKS 1** 01.04.2004 (n = 47)	**EKS 2** 13.02.2004 (n = 34)	**EKS 2** 02.04.2004 (n = 27)
bei jedem Einkauf	23,3%	21,3%	17,6%	25,9%
häufig	43,4%	42,5%	35,3%	51,9%
seltener	33,3%	36,2%	47,1%	22,2%

Abb. 5-70: Kaufhäufigkeit der befragten Kunden von UWM in den beiden Einkaufsstätten

5.3.4.2 Einkaufsstrategie

Zunächst sollten die Käufer angeben, ob sie den wöchentlich ausgegebenen **Handzettel** des SB-Warenhauses nutzen, um den Kauf von UWM zu planen. Dieses bestätigte aber nur eine Minderheit, da beispielsweise in EKS 1 jeweils nur rund 25% der Käufer vom Handzettel Gebrauch machten. Unterschiedlicher fielen die Antwortmuster in EKS 2 aus, da bei der ersten Erhebung nur jeder sechste Kunde die Frage nach der Handzettel-Nutzung bejahte, beim zweiten Mal dieses jedoch jeder dritte Kunde bestätigte.

Andererseits wurden die Auskunftspersonen gebeten, die offene Frage *„Woran haben Sie sich bei Ihrer Suche am Regal orientiert?“* zu beantworten. In EKS 1 fällt bei der ersten Erhebung auf den ersten Blick der hohe Anteil derjenigen Personen auf, die offenbar den genauen Regalplatz ihres präferierten Waschmittels vor Augen zu haben schienen. Vor der Umbauaktion „kennt den Standort“ seines Produktes jeder zweite, nach der Umplatzierung war es nur noch jeder fünfte Kunde (vgl. Abb. 5-71).

EKS 1, 12.02.2004 (n = 30)	
	Anzahl der Nennungen*
Produkteigenschaften, davon:	16
Marke	4
Name	3
Farbe	1
Preis	5
Produkt (-bezeichnung)	1
Form	1
Flüssig-Waschmittel	1
Schilder	2
„Kenne den Standort"	15
„Alles ablaufen"	2
* Mehrfachantworten möglich	

EKS 1, 01.04.2004 (n = 47)	
	Anzahl der Nennungen*
Produkteigenschaften, davon:	47
Marke	32
Name	--
Farbe	3
Preis	10
Produkt (-bezeichnung)	--
Form	1
Pulver	1
Schilder	1
„Kenne den Standort"	10
„Alles ablaufen"	1
* Mehrfachantworten möglich -- = nicht genannt	

Abb. 5-71: Orientierungshilfen bei der Suche am Regal in EKS 1

Eine ähnliche Verschiebung der Antwortmuster ist in EKS 2 zu verzeichnen, auch wenn dort die Käufer insgesamt deutlich weniger bekundeten, den genauen Standort des entsprechenden Produktes zu kennen (vgl. Abb. 5-72).

EKS 2, 13.02.2004 (n = 34)	
	Anzahl der Nennungen*
Produkteigenschaften, davon:	26
Marke	10
Name	5
Farbe	4
Preis	4
Produkt (-bezeichnung)	1
Form	1
Flüssig-Waschmittel	1
„Kenne den Standort"	6
„Alles ablaufen"	4
* Mehrfachantworten möglich	

EKS 2, 02.04.2004 (n = 27)	
	Anzahl der Nennungen*
Produkteigenschaften, davon:	37
Marke	11
Name	8
Farbe	7
Preis	3
Produkt (-bezeichnung)	3
Form	1
Flüssig-Waschmittel	3
Megaperls	1
„Kenne den Standort"	1
„Alles ablaufen"	1
* Mehrfachantworten möglich	

Abb. 5-72: Orientierungshilfen bei der Suche am Regal in EKS 2

Darüber hinaus zählten die Kunden eine Vielzahl von Orientierungshilfen auf, die bis auf die Alternativen „Schilder“ und „alles ablaufen“ im weitesten Sinne unter der Überschrift „Produkteigenschaften“ zusammengefasst werden können. An allen Erhebungstagen wurden insbesondere der „Marke“, dem „Namen“ und der „Farbe“ (der Verpackung) sowie dem „Preis“ eine wichtige Rolle zugewiesen. Abgesehen von der finanziellen Komponente stand somit die Markenorientierung bei der Suche am Regal im Vordergrund. Der Aggregatform des Waschmittels (flüssig vs. pulvrig) kam laut Auskunft der Befragten hingegen eine untergeordnete Bedeutung zu.

5.3.4.3 Aktueller Einkauf

Bezogen auf den unmittelbar zuvor getätigten Kauf von UWM sollten die Käufer darüber Auskunft geben, wie viele und welche Produkte sie aus dem Regal entnommen hatten und ob der Kauf dieser Artikel geplant oder nicht-geplant war.

In EKS 1 kauften bei der ersten Befragung von 30 Befragten lediglich fünf Personen zwei Produkte, ansonsten kauften die Kunden jeweils nur ein Produkt aus der Warengruppe UWM. Insgesamt wurden fünf Artikel gewählt, die zuvor nicht geplant waren. Als Hauptkriterium für diese spontane Entscheidung nannten diese Kunden den Preis, da entweder das ursprünglich gewünschte Produkt beim direkten Vergleich mit einer Alternative als zu teuer empfunden wurde oder das Sonderangebot dazu führte, dass ein Produkt zusätzlich mitgenommen wurde. Ferner wurde der Wunsch geäußert, ein neues, unbekanntes Produkt ausprobieren zu wollen. Der Preis wurde auch bei der zweiten Platzierungsform als wichtigstes Merkmal genannt, wenn ein Artikel gewählt wurde, dessen Kauf zuvor nicht geplant war. Von 15 nicht-geplanten Käufen wurden 8 auf ein Sonderangebot bzw. den niedrigeren Preis zurückgeführt. Als weitere Gründe notierten die Befrager in EKS 1 „Ausprobieren“, „Erinnerungskauf“, „Spontanität“ oder „Sonst nirgendwo zu bekommen“. Von den insgesamt 47 Befragten befanden sich lediglich bei 3 Kunden zwei UWM-Produkte im Einkaufswagen.

In EKS 2 kauften die Befragten an beiden Erhebungstagen ebenfalls selten mehr als ein Paket UWM ein. Als Gründe für den Kauf eines nicht-geplanten

Produktes nannten sie wiederum am häufigsten den am Regal verglichenen Preis oder das gültige Sonderangebot.

Während in EKS 1 der Anteil der Flüssigwaschmittel-Käufer jeweils bei rund einem Drittel lag, kaufte in EKS 2 annähernd jede zweite Person mindestens ein solches Produkt. Da zudem ein Drittel bis die Hälfte der Nicht-Flüssigwaschmittel-Käufer gelegentlich ein solches Produkt verwendet, beinhaltet die Befragungsstichprobe somit überwiegend Kunden, die auch mit den flüssigen UWM vertraut sind.

5.3.4.4 Regalbewertung

Die Bewertungen der UWM-Regale fielen in beiden Einkaufsstätten sowohl bei der ersten als auch bei der zweiten Platzierungsform positiv aus.

In EKS 1 empfanden 90% der bei der ersten Erhebung befragten Käufer den Sortimentsumfang (*„Wie beurteilen Sie die Anzahl der in diesem Markt angebotenen Universalwaschmittel?“*) als „genau richtig“, nur wenigen war die Warengruppe „zu groß“. Auch wenn bei der zweiten untersuchten Platzierungsform erneut die überwiegende Mehrheit die Anzahl angebotener Produkte als „genau richtig“ einstufte, so gaben hier 23% der Käufer an, dass ihnen der Umfang „zu groß“ sei (vgl. Abb. 5-73).[430]

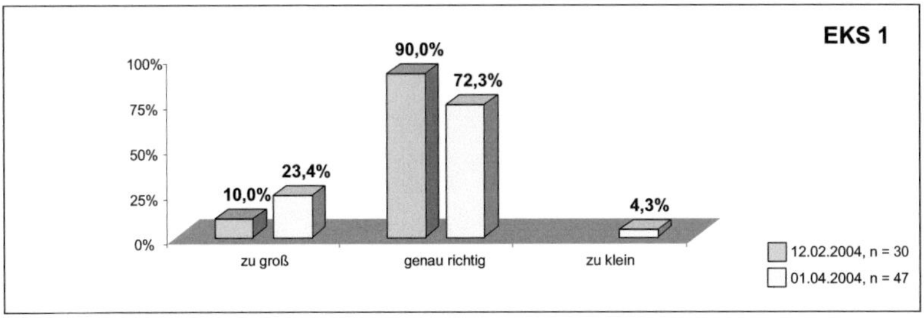

Abb. 5-73: Beurteilung der Anzahl angebotener Universalwaschmittel in EKS 1

[430] Diese Differenzen sollten auf Grund der geringen Fallzahl nicht überbewertet werden. Dennoch könnten die Ergebnisse auch dahingehend gedeutet werden, dass, obwohl das Angebot im Zuge der Umplatzierung (objektiv) nicht vergrößert wurde, die subjektive Wahrnehmung über die Warenvielfalt anders ausfallen kann.

Wie in Abb. 5-74 zu sehen ist, fiel in EKS 2 die Einschätzung des Sortimentsumfangs im Prinzip ähnlich, allerdings mit gegenläufigen Verschiebungen, aus. Hier war der Anteil der Kunden, die den (nicht veränderten) Umfang von UWM-Produkten als „genau richtig“ empfanden, bei der zweiten Erhebung größer. Während bei der ersten Befragung jedem dritten Befragten das Angebot zu groß war, traf dieses nach der Umstrukturierung der Abteilung nur noch auf rund 22% der Personen zu.

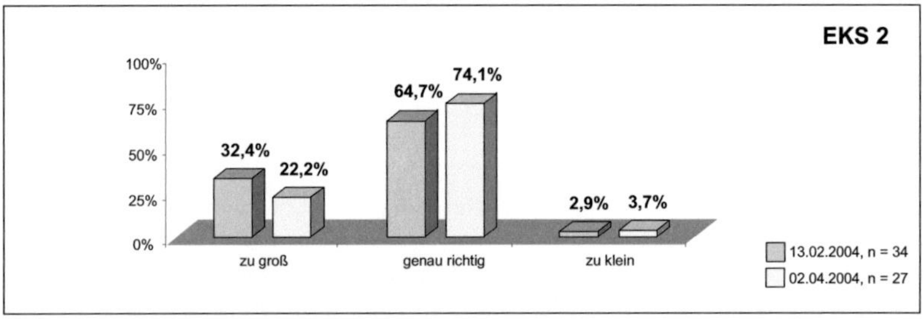

Abb. 5-74: Beurteilung der Anzahl angebotener Universalwaschmittel in EKS 2

Neben dem Sortimentsumfang wurde die empfundene Übersichtlichkeit des Regals erfragt. Wie Abb. 5-75 verdeutlicht liegen die mittels einer 5-Punkte-Skala (von 1 = „sehr übersichtlich“ bis 5 = „sehr unübersichtlich“) erhobenen Zufriedenheitswerte mit dem analysierten Regal im Durchschnitt zwischen 2,11 und 2,24 insgesamt sehr eng beieinander und auf einem hohen Niveau.

Die Differenzierung der Antworten auf die Frage *„Wie beurteilen Sie die Übersichtlichkeit des UWM-Regals?“* nach denjenigen Kunden, die zum Zeitpunkt der Erhebung Flüssigwaschmittel kaufen, und denen, die u.a. auch Verwender von flüssigen Waschmitteln sind, führt in EKS 1 und EKS 2 lediglich zu geringen Unterschieden.

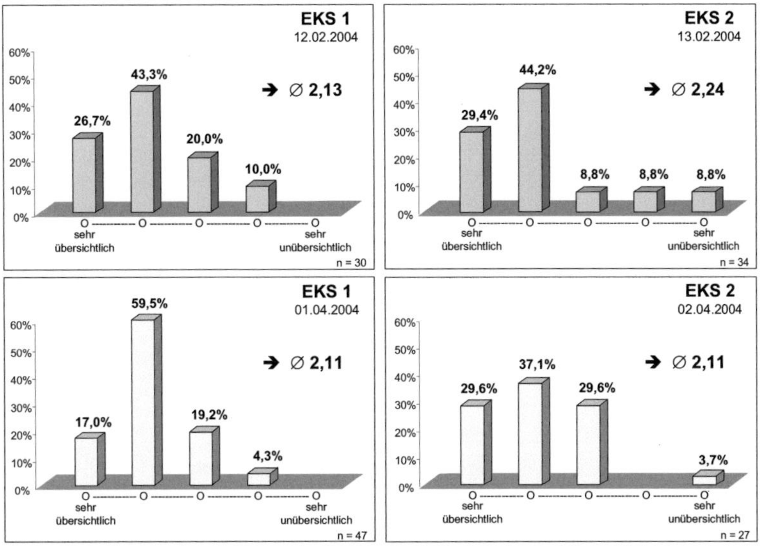

Die durchschnittliche Bewertung der Regalübersichtlichkeit ergibt sich, wenn „sehr übersichtlich" = 1 bis „sehr unübersichtlich" = 5 (mit den dazwischen liegenden, aber im Fragebogen nicht explizit genannten Abstufungen).

Abb. 5-75: Beurteilung der Übersichtlichkeit des UWM-Regals in EKS 1 (links) und EKS 2 (rechts)

Im Rahmen der zweiten Erhebungswelle zielte die zusätzliche Frage *„Sind Ihnen in der letzten Zeit Veränderungen am Regal mit UWM aufgefallen?"* explizit auf die neugestaltete Warenplatzierung ab. In beiden Einkaufsstätten bejahte nur knapp jeder Dritte diese Frage und konnte Veränderungen in der Warenplatzierung benennen. In EKS 1 fiel den Käufern auf, dass „Persil" an einer anderen Stelle steht, dass eine Veränderung in der Warenanordung stattgefunden haben muss, dass „wieder umgeräumt" wurde oder dass die Artikel „besser sortiert" seien.

In EKS 2 nannten die Kunden, die eine Veränderung bemerkt hatten, neben der anderen Platzierung auch den Wechsel der UWM-Warengruppe auf die andere Gangseite. Bei der Beurteilung dieser Veränderungen waren die wenigen befragten Käufer unterschiedlicher Meinung (vgl. Abb. 5-76).

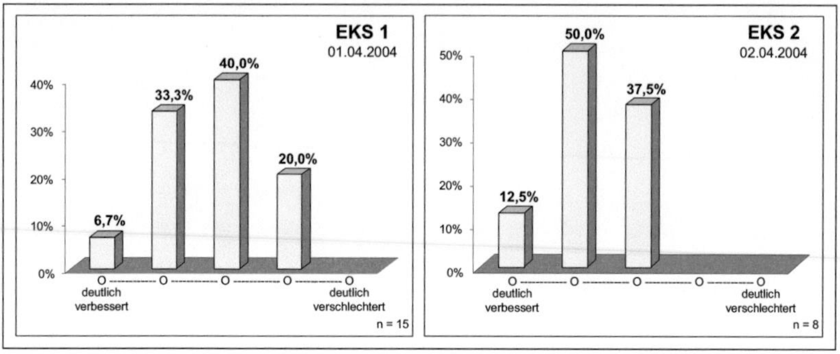

Abb. 5-76: Beurteilung der veränderten UWM-Regalplatzierung in EKS 1 (links) und EKS 2 (rechts)

Während sich in EKS 1 die meisten Befragten für die „neutrale" Mitte der vorgelegten 5-Stufen-Skala entschieden (weder „deutlich verbessert" noch „deutlich verschlechtert"), sahen die Kunden der EKS 2 in der zweiten Platzierungsvariante im Vergleich zur vorherigen eine Verbesserung. Auch hier darf die geringe Fallzahl nicht darüber hinwegtäuschen, dass es sich dabei prinzipiell um Einzelmeinungen handelt.

5.3.4.5 Sucherfolg und Suchzufriedenheit

In ihren Antworten zum Erfolg und der damit verbundenen Zufriedenheit bei der Suche unterscheiden sich die Käufergruppen in beiden Standorten.

Während in EKS 1 zu beiden Zeitpunkten alle Kunden die Frage *„Hatten Sie Probleme beim Auffinden Ihres Universalwaschmittels?"* verneinten, zeigten in EKS 2 einige Personen Schwierigkeiten beim Auffinden ihres gewünschten Produktes an.

Bei der ersten Erhebung in EKS 2 fühlten sich sechs Befragte (18%) durch nicht vorrätige Produkte und daraus resultierende „Neu-Entscheidung", durch Sonderplatzierungen im übernächsten Gang sowie insbesondere durch eine längere Suchzeit irritiert. Mit acht Käufern (30%) war der Anteil derjenigen, die Schwierigkeiten bei der Suche hatten, nach den Umplatzierungsmaßnahmen in EKS 2 höher. Hier deuteten zumindest zwei Antworten darauf hin, dass die geänderten Standorte der Produkte „Dalli" und „Weißer Riese Gel" Gründe für die Probleme des Auffindens waren, die übrigen Personen gaben eine geringere Kauferfahrung an.

Die Äußerungen auf die Frage *„Wie haben Sie die Suchzeit empfunden?“* belegen, dass die überwiegende Mehrheit der Auskunftspersonen in beiden Einkaufsstätten sowohl bei der ersten als auch bei der zweiten Platzierungsform nur „kurz“ oder gar „sehr kurz“ suchen musste, um das gewünschte Produkt zu finden (vgl. Abb. 5-77 und Abb. 5-78).

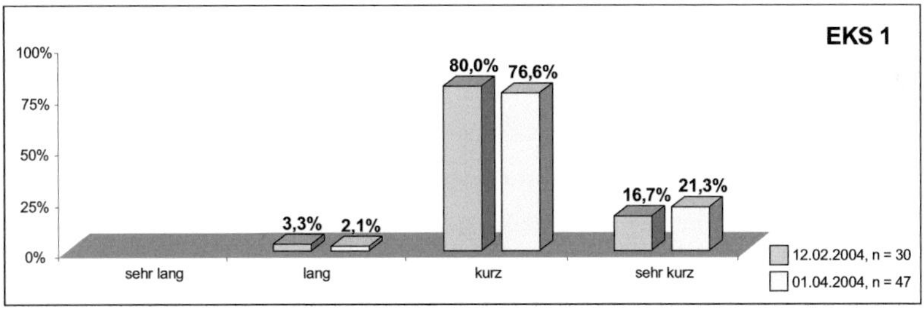

Abb. 5-77: Empfundene Suchzeit am UWM-Regal in EKS 1

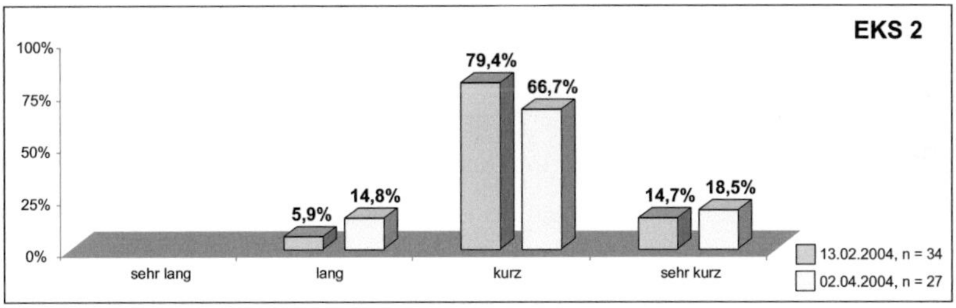

Abb. 5-78: Empfundene Suchzeit am UWM-Regal in EKS 2

Nur in Einzelfällen fielen die Urteile über die subjektive Suchzeit mit „lang“ schlechter aus, wobei als Auslöser jeweils individuelle Hindernisse zu Grunde lagen.

So empfand in EKS 1 bei der ersten Erhebung eine 67-jährige Frau, die einmal in der Woche in dem untersuchten SB-Warenhaus einkauft und dort häufig UWM mitnimmt, die Suchzeit insgesamt als „lang“, weil sie zunächst auf der Suche nach einer Sonderplatzierung war, um sicherzustellen, dass ihr gewünschtes Produkt nicht vielleicht doch preislich reduziert wurde.

Käufer, die in EKS 2 ihre Suche als „lang“ einstuften, gaben ebenfalls Irritationen durch Sonderplatzierungen an. In den anderen Fällen könnte die längere Suchzeit auf die geäußerte fehlende Einkaufserfahrung zurückgeführt werden.

Nicht alle Befragten konnten auf die offen formulierte Frage *„Was könnte die Suche am Regal insgesamt erleichtern?“* Anregungen für eine Umgestaltung der Warenpräsentation liefern.

In EKS 1 griffen bei der ersten Platzierungsvariante überhaupt nur 20 Personen die Frage auf, wobei sich die Hälfte mit der vorgefundenen Situation in der Abteilung zufrieden zeigte und dafür plädierte, keine Veränderungen vorzunehmen. Die übrigen Äußerungen lassen sich zwei Themenkomplexen zuordnen. In Bezug auf die **Regalgestaltung** lauteten die Einzelantworten: „größere Schilder“, „Schilder am Gangeingang“, „Hinweise am Regal“, „Preis-, Gebindegrößen-Schilder besser lesbar“ und „bessere Preiszuordnung zu den Produkten“. Demgegenüber zielten Antworten wie „Produkte sollten vorne stehen und nicht verdeckt werden“, „Bessere Ordnung der Produkte“ und insbesondere der Wunsch „Nach Marken getrennte Produktanordnung“ direkt auf die **Warenplatzierung** ab. In vergleichbarer Weise äußerten sich auch die Käufer zum Zeitpunkt der zweiten Erhebung. Von den 16 Kunden, die auf diese Frage antworteten, schlugen einige erneut Verbesserungen bei der Beschriftung und Auszeichnung[431] oder bei der Warenplatzierung vor, wobei in einem Fall explizit die „Sortierung der UWM-Produkte nach Pulver, Gel etc.“ gefordert wurde.[432] Fünf Personen wünschten sich, dass nicht so oft umgeräumt wird. Allerdings müssen diese Antworten nicht zwangsläufig auf die Warengruppe UWM gerichtet sein, da zu beiden Erhebungszeitpunkten in der gesamten Einkaufsstätte Veränderungen vorgenommen wurden und folglich nicht ausgeschlossen wer-

[431] Im Einzelnen gaben jeweils zwei Kunden an, dass „Schilder“ und „größere Bezeichnungen“ ihnen die Suche erleichtern könnten. Darüber hinaus wurden „Hinweisschilder ‚nur für Buntwäsche‘, ‚mit Bleichmittel‘ usw.“, „Preisschilder am Regal zu den dazugehörigen Produkten“ und „Angebote besser kennzeichnen“ genannt.

[432] Die übrigen Antworten zur Warenanordnung lauteten: „Ware näher an die Kante rücken“, „Artikel nicht so eng packen“ und „Produkte nach Preisen sortieren“.

den kann, dass sich die Kunden auch auf andere Bereiche des Verkaufsraumes bezogen haben.

In EKS 2 griffen die Käufer an beiden Erhebungstagen zusätzlich den Aspekt des Sortimentsumfangs auf. Vier von 14 Kunden in der ersten Erhebung bzw. zwei von elf Personen am zweiten Tag gaben an, sich besser am Regal orientieren zu können, wenn der Sortimentsumfang geringer wäre. Die übrigen „Vorschläge" ähnelten denen der EKS 1-Kunden und stellten hauptsächlich auf die Art sowie Größe der Hinweisschilder ab.[433] Wiederum deutet der explizite Wunsch nach „Marken zusammenstellen - egal ob Pulver oder flüssig" darauf hin, dass die zweite Platzierungsform die Suche am Regal vereinfachen könnte.

[433] Die weiteren Antworten in EKS 2 lauteten am ersten Tag: „größere, besser lesbare Schilder" (dreifach Nennung), „zusätzliche Hinweisschilder", „keine Umkartons, da diese die Produkte verdecken" sowie „Markensortierung und deutliche Markenkennzeichnung", „Waschmittel sollten zusammenstehen" (zweifach Nennung) und „Sonderangebote näher ans bzw. ins Regal stellen" (zweifach Nennung). Bei der zweiten Erhebung nannten die Käufer: „bessere Beschilderung" (zweifach Nennung), „Beschriftung am Ganganfang" „besser lesbare Produktnamen auf den Schildern" sowie „nicht so oft Umräumen" (zweifach Nennung).

5.3.5 Ergebnisse aus den Beobachtungen

In Analogie zur Tafelschokoladen-Studie orientiert sich auch hier die Ergebnisdarstellung am Ablauf eines Einkaufsvorganges. Neben allgemeinen Aussagen zur Kundenlaufrichtung in EKS 1 und EKS 2 (Kap. 5.3.5.1) steht darüber hinaus bei der Betrachtung der Verweildauer der Kunden (Kap. 5.3.5.2) sowie bei der Analyse des Such- und Entscheidungsverhaltens der Käufer (Kap. 5.3.5.3) der Vergleich zwischen den beiden Platzierungsformen im Vordergrund.

5.3.5.1 Laufrichtung der Käufer und Nicht-Käufer

Auf Grund der Lage der UWM-Regale innerhalb der untersuchten Verkaufsräume wurde vermutet, dass die meisten Kunden vom Hauptgang kommend in den Gang mit UWM abbiegen. Zumindest basieren auf dieser Annahme die vom Category Captain erstellten Regalbelegungspläne.

In EKS 1 traten bei der ersten und zweiten Erhebung jeweils rund drei Viertel der beobachteten Personen von links an das Regal heran (vgl. Abb. 5-79 und Abb. 5-80). Somit wird die in Anbetracht des in Abb. 5-62 skizzierten Lageplans zu erwartende hauptsächliche Kundenlaufrichtung bestätigt.

Für die Dominanz des Hauptganges spricht weiterhin, dass insgesamt fast zwei von drei Kunden den UWM-Gang auch wieder nach links verließen, um ihren Einkauf fortzusetzen.

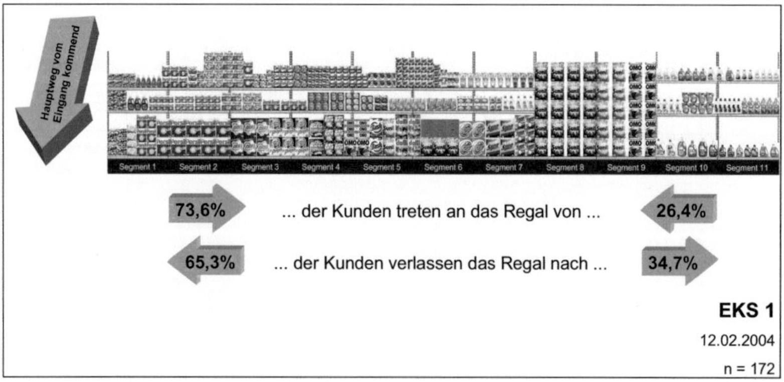

Abb. 5-79: Kundenlaufrichtungen in EKS 1 am 12.02.2004

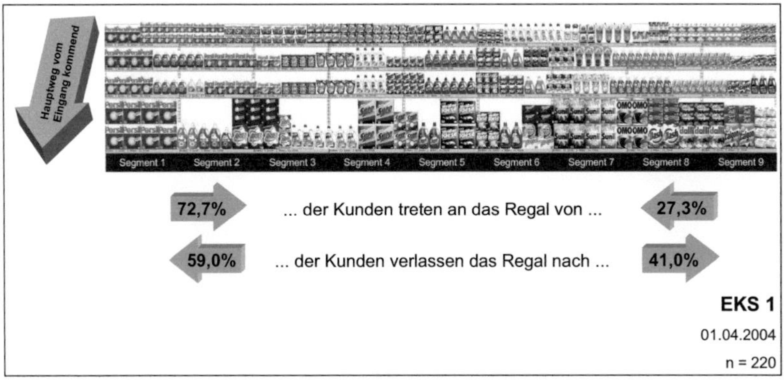

Abb. 5-80: Kundenlaufrichtungen in EKS 1 am 01.04.2004

Für EKS 2 bestätigen die Videodaten ebenfalls den Einfluss des Hauptganges auf die Laufrichtung in den UWM-Gang. Wie Abb. 5-81 verdeutlicht, traten bei der ersten Erhebung 70% der gefilmten Personen von rechts an das Regal heran. In diese Richtung verließen knapp 80% der Kunden anschließend auch wieder den Gang.[434] Durch die Umplatzierung aller UWM-Produkte im Anschluss an die erste Beobachtung im Februar in EKS 2 auf die andere Gangseite drehte sich auch die bei der Festlegung des Regallayouts unterstellte hauptsächliche Laufrichtung der Kunden um (vgl. Abb. 5-61), so dass am zweiten Erhebungstag 60% der Kunden zuerst am linken Regalsegment vorbeikamen. Rund drei Viertel aller Personen verließen den Gang später auch wieder nach links (vgl. Abb. 5-82).

[434] Zur Verdeutlichung werden die Regalsegmente bei den weiteren Auswertungen entsprechend dieser beobachteten Hauptlaufrichtung entgegen der Leserichtung von rechts nach links nummeriert.

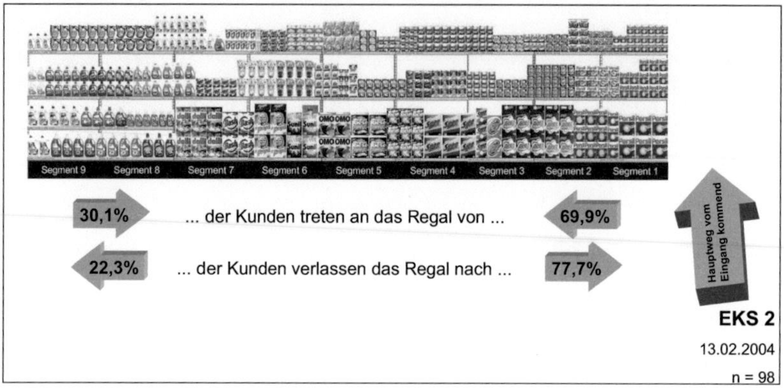

Abb. 5-81: Kundenlaufrichtungen in EKS 2 am 13.02.2004

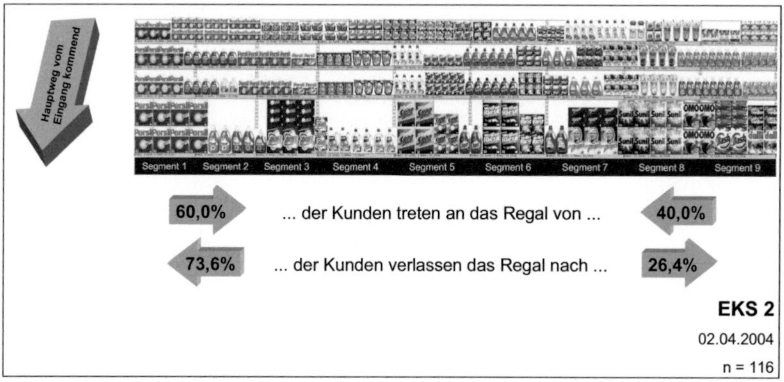

Abb. 5-82: Kundenlaufrichtungen in EKS 2 am 02.04.2004

Für die weitere Analyse des Such- und Orientierungsverhaltens ist von Interesse, vor welchem Regalbereich die Kunden beim Betreten des Ganges zuerst stehenblieben und sich mit den dort platzierten Artikeln beschäftigten.

Wie schon bei der anderen Felduntersuchung zeigte sich an allen Erhebungstagen, dass der Großteil der Käufer und der Nicht-Käufer zunächst vor den Regalsegmenten anhielten, die ihrer Laufrichtung entsprechend am nächsten lagen. Anders formuliert, befassten sich die meisten Personen, die der festgestellten Hauptlaufrichtung folgten, als erstes mit den Regalsegmenten 1 bis 3, in denen immer die Marken Persil und Ariel platziert waren. Näherten sich die Kunden dem Regal vom Nebengang aus, orientierten sie sich häufig an den

Produkten in den Segmenten 7 bis 9 bzw. im Falle des ersten Erhebungstages in EKS 1 mit den Artikeln in den Segmenten 10 und 11. Seltener gingen die Kunden bis zur Regalmitte oder gar weiter.

Die Umplatzierungsmaßnahmen hatten bis auf eine Besonderheit keinen erkennbaren Einfluss auf die Kundenlaufrichtung: Bei der ersten Platzierungsform in EKS 1 passierte jeder zehnte von links kommende Kunde die ersten sieben Regalsegmente und steuerte gezielt die Palettenplatzierung in den Segmenten 8 und 9 an. Die naheliegende Vermutung ist, dass diese Kunden die Aktionsfläche innerhalb des Warenträgers kannten und bevorzugt die beworbenen Produkte suchten.

5.3.5.2 Verweildauer der Käufer und Nicht-Käufer

In EKS 1 verweilten bei der ersten Erhebung die 172 Beobachteten jeweils knapp 63 Sekunden vor dem Regal, bei der zweiten hielten sich die 220 Kunden mit durchschnittlichen 42,6 Sekunden wesentlich kürzer vor der analysierten Warengruppe auf. Diese Zeitangabe berücksichtigt aber nicht, ob die beobachteten Personen ein UWM aus dem untersuchten Regalbereich kauften oder nicht. Die Gegenüberstellung in Abb. 5-83 differenziert deshalb zwischen diesen Kundengruppen und beschreibt, dass sich ein Käufer bei der ersten Warendarbietungsform im Schnitt 64,4 Sekunden, ein Nicht-Käufer hingegen weniger als eine Minute vor dem UWM-Warenträger aufhielt. Nach der Umplatzierung verweilten sowohl Käufer als auch Nicht-Käufer nur noch knapp 43 Sekunden vor dem Regal. Insbesondere die Reduzierung der Verweildauer bei den Käufern ist auffällig, weil sich diese sogar kürzer mit der Warengruppe beschäftigen als die, die kein Produkt kauften.

Erhebungsort / Kundentyp	**EKS 1** **12.02.2004** (11 Regalsegmente)	**EKS 1** **01.04.2004** (9 Regalsegmente)
Nicht-Käufer	58,4 Sek. (n = 43)	42,8 Sek. (n = 71)
Käufer	64,4 Sek. (n = 129)	42,5 Sek. (n = 149)

Abb. 5-83: Durchschnittliche Verweildauer vor dem UWM-Regal in EKS 1

Auf Grund der Besonderheit in der ursprünglichen Warenpräsentation in EKS 1 in Form zweier Sonderpaletten, die wie in Kap. 5.3.5.1 beschrieben von einigen Käufern gezielt angesteuert wurden, unterscheidet Abb. 5-84 bei der segmentspezifischen Verteilung der Verweildauern nicht nur zwischen Käufern und Nicht-Käufern, sondern weist zusätzlich noch die Auswertungsergebnisse derjenigen Personen aus, die von den in den Segmenten 8 und 9 untergebrachten Paletten mit Sonderangeboten UWM gekauft haben. Sowohl die Käufer als auch die Nicht-Käufer verweilten mit durchschnittlich 8,1 Sekunden bzw. 9,5 Sekunden am längsten vor dem vierten Regalsegment. Deutlich kürzer standen sie vor den Segmenten 5 und 7 sowie vor den Randbereichen. Bei der separaten Betrachtung der Verweilzeiten der Käufer, die von einer der beiden Paletten UWM-Produkte kauften, verwundert es nicht, dass sich diese Personengruppe am längsten (mehr als 50% der Gesamtverweildauer) vor genau diesem Regalbereich (Segment 8 und 9) aufhielt. Folgerichtig schenkten diese Kunden den Randbereichen der Warengruppe (genauer: Segmente 1 bis 3 sowie 10 bis 11) wenig Aufmerksamkeit. Sofern sich die „Paletten-Käufer" längere Zeit mit den übrigen Regalabschnitten befassten, dann am ehesten mit den Segmenten 4 bis 6, in denen mit den Marken Sunil und Omo genau die Produkte platziert waren, die auch auf den Sonderpaletten im Sonderangebot standen. Dies deckt sich mit den Auswertungsergebnissen zur Kundenlaufrichtung, da einige Käufer, die von links in den Gang kamen und schließlich ein Produkt von der Sonderpalette nahmen, zunächst zwischen dem vierten und sechsten Regalsegment stehen blieben und die Artikel betrachteten. Aus diesem Grunde sind diese Käufer ebenfalls zu denjenigen Personen zu zählen, die auf Grund der Handzettelwerbung und der vorhandenen Erfahrung mit der Einkaufsstätte und der Warengruppe die bevorzugten Artikel gezielt ansteuerten.

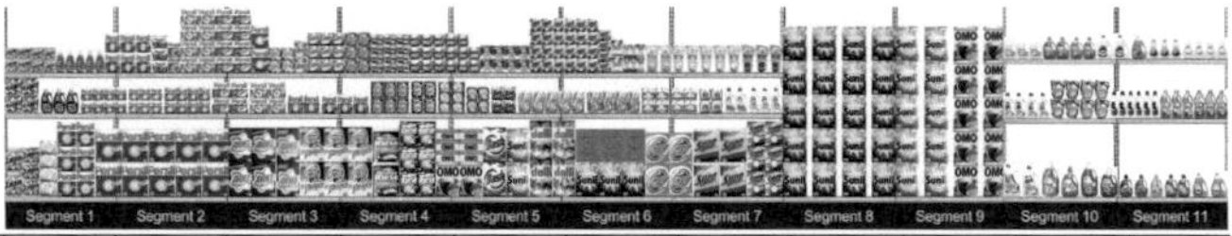

		Seg. 1	Seg. 2	Seg. 3	Seg. 4	Seg. 5	Seg. 6	Seg. 7	Seg. 8	Seg. 9	Seg. 10	Seg. 11
Nicht-Käufer (n = 43)	∅ VD in Seg_X [Sek.]	3,9	7,3	5,2	8,1	2,7	4,6	3,0	5,8	6,9	6,0	4,9
	max.VD in Seg_X [Sek.]	41,9	44,8	35,1	77,6	17,6	27,1	21,2	48,1	66,9	64,7	36,9
Käufer (n = 129)	∅ VD in Seg_X [Sek.]	4,4	4,5	5,8	9,5	5,5	7,4	4,3	5,8	7,3	5,1	4,8
	max.VD in Seg_X [Sek.]	92,2	71,4	83,0	78,3	50,1	72,6	80,1	70,4	89,8	59,8	87,1
Käufer Palette (n = 34)	∅ VD in Seg_X [Sek.]	0,8	1,6	1,8	8,1	4,9	6,2	3,5	16,0	21,5	1,6	1,0
	max.VD in Seg_X [Sek.]	4,2	22,6	13,5	55,7	45,8	35,0	17,9	55,5	89,8	9,6	10,9

Abb. 5-84: Segmentbezogene Verweildauern vor dem UWM-Regal in EKS 1 am 12.02.2004

Nach den Veränderungsmaßnahmen in EKS 1 wichen die Verteilungen der segmentspezifischen Verweildauern von Käufern und Nicht-Käufern bei der zweiten Beobachtung etwas voneinander ab (vgl. Abb. 5-85). Am längsten standen die **Nicht-Käufer** mit durchschnittlich 15,6 Sekunden (d.h. rund 36% der gesamten Verweildauer vor dem Warenträger) vor dem ersten Segment und verschafften sich offenbar von dort einen Überblick über die Warengruppe. Im Vergleich dazu teilte der durchschnittliche **Käufer** von UWM sein Zeitbudget von rund 43 Sekunden gleichmäßig auf den gesamten Warenträger auf. Lediglich die Regalsegmente 7 und 8, in denen sich vergleichsweise großvolumige Packungsformate befanden, wurden kürzer betrachtet.

		Segment 1	Segment 2	Segment 3	Segment 4	Segment 5	Segment 6	Segment 7	Segment 8	Segment 9
Nicht-Käufer (n = 71)	∅ VD in Seg_x [Sek.]	15,6	4,3	4,5	4,7	3,3	2,4	1,4	3,2	3,4
	max.VD in Seg_x [Sek.]	98,6	42,9	28,0	57,8	61,3	36,0	25,7	54,1	59,8
Käufer (n = 149)	∅ VD in Seg_x [Sek.]	4,7	6,7	5,1	4,6	6,3	4,6	2,4	3,2	4,9
	max.VD in Seg_x [Sek.]	61,5	66,0	81,1	97,0	92,8	58,2	44,8	39,4	93,0

Abb. 5-85: Segmentbezogene Verweildauern vor dem UWM-Regal in EKS 1 am 01.04.2004

Verglichen mit den EKS 1-Ergebnissen fallen die gemittelten Verweildauern der Kunden in der zweiten Einkaufsstätte bei beiden Platzierungsformen insgesamt kürzer aus.

Während sich die 98 Personen der ersten Erhebung knapp 42 Sekunden vor dem UWM-Regal aufhielten, standen bei der zweiten Beobachtungswelle die 116 Kunden durchschnittlich 34,3 Sekunden vor dem Untersuchungsobjekt.

Bei der Trennung der Kunden nach ihrem tatsächlichen Kauf-Verhalten ist festzustellen, dass sich bei den Personen, die einen UWM-Artikel mitnahmen, die mittleren Regal-Verweilzeiten kaum veränderten. Bei dieser Gruppe führte die neugestaltete Warenplatzierung im Gegensatz zur EKS 1 nicht zu einer deutlichen Reduzierung der Aufenthaltsdauer im Gang (vgl. Abb. 5-86). Anders reagierten die Personen, die keine UWM aus dem aufgezeichneten Bereich kauften. Sie verließen bei der zweiten Erhebung den Gang nach rund 20 Sekunden deutlich schneller als bei der ersten Beobachtung.

Kundentyp \ Erhebungsort	EKS 2 13.02.2004 (9 Regalsegmente)	EKS 2 02.04.2004 (9 Regalsegmente)
Nicht-Käufer	31,3 Sek. (n = 41)	20,1 Sek. (n = 54)
Käufer	49,2 Sek. (n = 57)	47,1 Sek. (n = 62)

Abb. 5-86: Durchschnittliche Verweildauer vor dem UWM-Regal in EKS 2

Die segmentspezifische Aufteilung der Gesamtverweildauer verdeutlicht, dass sich die Nicht-Käufer bei dem Regal mit der ersten Warenplatzierungsvariante speziell auf den Anfang (erstes bis drittes Segment) und auf die Mitte (Segment 6) konzentrierten (vgl. Abb. 5-87).[435] Die Käufer von UWM hingegen verweilten am längsten vor dem dritten Regalsegment bzw. vor dem hinteren Regalabschnitt mit den Flüssigwaschmitteln (Segmente 8 und 9).

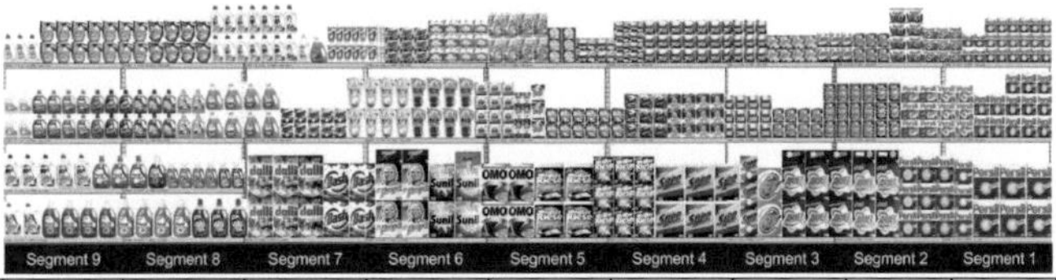

Nicht-Käufer (n = 41)	∅ VD in Seg_X [Sek.]	1,8	1,7	2,2	6,2	4,0	1,9	5,3	4,0	4,3
	max.VD in Seg_X [Sek.]	19,9	26,0	19,0	36,0	34,1	16,9	49,3	28,7	42,4
Käufer (n = 57)	∅ VD in Seg_X [Sek.]	7,5	7,3	4,8	5,1	4,1	3,5	7,1	4,3	5,5
	max.VD in Seg_X [Sek.]	70,8	51,4	55,2	72,8	33,3	70,2	60,3	79,6	77,2

Abb. 5-87: Segmentbezogene Verweildauern vor dem UWM-Regal in EKS 2 am 13.02.2004

Zum Vergleich zeigt Abb. 5-88 die segmentspezifischen Verweildauern bei der zweiten Platzierungsvariante nach Marken. Auch hier richteten die Nicht-Käufer - wie auch schon in EKS 1 - ihr Augenmerk am längsten auf den vorderen Teil

---

[435] An dieser Stelle sei darauf hingewiesen, dass sich die UWM-Produkte nach den Umstrukturierungsmaßnahmen auf der gegenüberliegenden Gangseite befanden, so dass sich der überwiegende Teil der Kunden zunächst von links kommend dem Warenträger näherte und hinterher von rechts, vgl. dazu Kap. 5.3.2 und Kap. 5.3.5.1

des Regals (Segment 1). Der durchschnittliche Käufer von UWM verweilte mit knapp 8 Sekunden am längsten vor dem Segment 6. Aber auch der erste und dritte Regalabschnitt, in denen mit den Marken Persil und Ariel die Produkte mit der höchsten Käuferreichweite zu finden waren, wurden lange betrachtet.

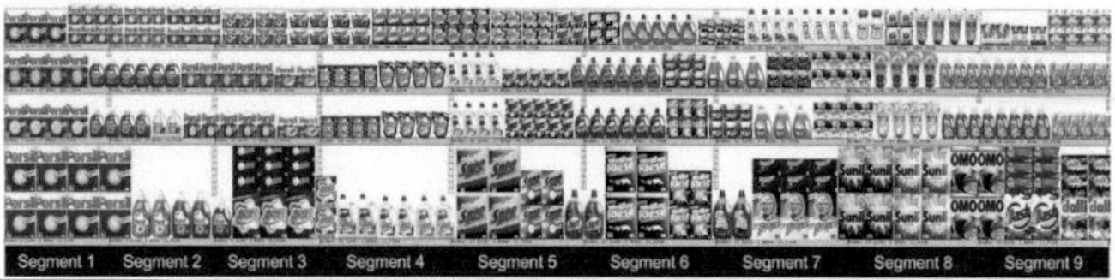

		Segment 1	Segment 2	Segment 3	Segment 4	Segment 5	Segment 6	Segment 7	Segment 8	Segment 9
Nicht-Käufer (n = 54)	∅ VD in Seg_x [Sek.]	4,6	2,6	1,9	2,6	1,4	2,0	1,5	1,6	1,9
	max.VD in Seg_x [Sek.]	45,3	26,6	24,8	66,7	26,7	24,2	21,8	12,9	19,5
Käufer (n = 62)	∅ VD in Seg_x [Sek.]	7,2	4,3	6,9	4,1	4,5	7,9	4,1	4,9	3,2
	max.VD in Seg_x [Sek.]	54,0	58,1	65,2	44,0	50,8	35,0	22,9	70,9	37,0

Abb. 5-88: Segmentbezogene Verweildauern vor dem UWM-Regal in EKS 2 am 02.04.2004

5.3.5.3 Such- und Entscheidungsverhalten der Käufer

5.3.5.3.1 Produktentnahmen

Die Antworten aus den zusätzlich durchgeführten Befragungen deuteten bereits darauf hin, dass in der Regel selten mehr als ein UWM-Produkt auf einmal gekauft wurde.[436] Über alle beobachteten Käufer hinweg lagen die durchschnittlichen Mengen der tatsächlich gekauften Produkte in den Einkaufsstätten mit 1,15 bis 1,23 Entnahmen sehr eng zusammen. Einen Effekt der Warenanordnung im Regal auf die mittlere Abverkaufsmenge pro Kunde lässt sich aus dem vorliegenden Datenmaterial nicht ablesen.

---

[436] Vgl. die Ausführungen in Kap. 5.3.4.3

Neben der durchschnittlichen Anzahl der Käufe (pk^k) ist aber unter Umständen auch die Zahl der im Durchschnitt entnommenen (pe^k) und anschließend doch wieder zurückgelegten Artikel (pz^k) für die Beurteilung des Entscheidungsverhaltens interessant.

So kann man die in Abb. 5-89 aufgelisteten Ergebnisse dahingehend interpretieren, dass die UWM-Käufer an allen Beobachtungstagen in aller Regel nur die Produkte aus dem Warenträger nahmen, die sie anschließend auch kauften, d.h. die mittlere Anzahl der gekauften Produkte ist nur etwas geringer als die durchschnittliche Entnahmemenge. Selten kam es vor, dass Produkte nach einer näheren Betrachtung wieder an ihren Regalstandort zurückgestellt wurden.

	pe^k	pz^k	pk^k
EKS 1 12.02.2004 (n = 129)	1,40	0,23	1,17
EKS 1 01.04.2004 (n = 149)	1,47	0,24	1,23
EKS 2 13.02.2004 (n = 57)	1,44	0,21	1,23
EKS 2 02.04.2004 (n = 62)	1,45	0,30	1,15

Abb. 5-89: Durchschnittliche Anzahl der Produktkontakte an den UWM-Regalen in EKS 1 und EKS 2

Neben der Anzahl der Entnahmen drückt sich das Such- und Entscheidungsverhalten eventuell auch in der Zeit bis zur ersten Produktentnahme aus. Im Durchschnitt verstrichen in EKS 1 bei der ersten Platzierungsform knapp 34 Sekunden, bis ein UWM-Käufer zum ersten Mal ins Regal griff, um ein Produkt näher zu inspizieren oder zu kaufen. Wie die genauere Aufspaltung der Zeiten in Abb. 5-90 jedoch belegt, benötigte jeder vierte Käufer deutlich weniger Zeit und hielt bereits innerhalb der ersten zehn Sekunden ein Produkt in den Händen. Mehr als die Hälfte benötigten weniger als 30 Sekunden. Andererseits gehen in den Durchschnittswert ebenfalls die Werte von den wenigen Personen ein, die deutlich länger brauchten, bevor sie ein UWM durch Entnahme aus dem Regal in die engere Auswahl zogen.

Zeit bis zur ersten Produktentnahme ($ZEPE^k$)	Anzahl der Käufer (n = 129)	Anteil an der Käuferschaft	Kumulierter Anteil der Käuferschaft
$ZEPE^k \leqslant 10$ Sek.	30	23,3%	23,3%
10 Sek. < $ZEPE^k \leqslant 20$ Sek.	22	17,1%	40,4%
20 Sek. < $ZEPE^k \leqslant 30$ Sek.	15	11,6%	52,0%
30 Sek. < $ZEPE^k \leqslant 40$ Sek.	16	12,4%	64,4%
40 Sek. < $ZEPE^k \leqslant 50$ Sek.	17	13,2%	77,6%
50 Sek. < $ZEPE^k \leqslant 60$ Sek.	10	7,7%	85,3%
60 Sek. < $ZEPE^k \leqslant 90$ Sek.	13	10,1%	95,4%
90 Sek. < $ZEPE^k \leqslant 120$ Sek.	3	2,3%	97,7%
120 Sek. < $ZEPE^k$	3	2,3%	100,0%
$zepe^k$ = 33,8 Sek.			

Abb. 5-90: Zeiten bis zur ersten Entnahme von UWM durch die Käufer in EKS 1 am 12.02.2004

Mit durchschnittlichen 23,7 Sekunden fällt die Zeit bis zur ersten Entnahme in EKS 1 nach dem Umbau des UWM-Regals kürzer aus (vgl. Abb. 5-91). Obwohl in diesem Durchschnittswert rund 8% der Käufer enthalten sind, die eine Minute und mehr verstreichen ließen, bis sie ein Produkt dem Warenträger entnahmen, so vergrößerte sich (im Vergleich zu ersten Erhebung) der Anteil der Käufer, die dazu maximal 30 Sekunden benötigten, von 52% auf gut 72%.

Ein etwas anderes Bild ergibt sich aus den Ergebnissen des zweiten Untersuchungsstandortes. Dort liegen die protokollierten Entnahmezeiten bei beiden Platzierungsvarianten vergleichsweise eng beieinander. Am ersten Beobachtungstag vergingen rund 29 Sekunden bis zur ersten Produktentnahme und entsprechen damit der Zeit, die annähernd 70% der Käufer für den ersten und teilweise einzigen Griff in das Regal benötigten. Mehr als 12% der Beobachteten brauchten dafür eine Minute und länger (vgl. Abb. 5-92).

Zeit bis zur ersten Produktentnahme ($ZEPE^k$)	Anzahl der Käufer (n = 149)	Anteil an der Käuferschaft	Kumulierter Anteil der Käuferschaft
$ZEPE^k \leqslant$ 10 Sek.	52	34,9%	34,9%
10 Sek. < $ZEPE^k \leqslant$ 20 Sek.	35	23,5%	58,4%
20 Sek. < $ZEPE^k \leqslant$ 30 Sek.	21	14,1%	72,5%
30 Sek. < $ZEPE^k \leqslant$ 40 Sek.	15	10,0%	82,5%
40 Sek. < $ZEPE^k \leqslant$ 50 Sek.	7	4,7%	87,2%
50 Sek. < $ZEPE^k \leqslant$ 60 Sek.	7	4,7%	92,9%
60 Sek. < $ZEPE^k \leqslant$ 90 Sek.	8	5,4%	97,3%
90 Sek. < $ZEPE^k \leqslant$ 120 Sek.	4	2,7%	100,0%
$zepe^k$ = 23,7 Sek.			

Abb. 5-91: Zeiten bis zur ersten Entnahme von UWM durch die Käufer in EKS 1 am 01.04.2004

Zeit bis zur ersten Produktentnahme ($ZEPE^k$)	Anzahl der Käufer (n = 57)	Anteil an der Käuferschaft	Kumulierter Anteil der Käuferschaft
$ZEPE^k \leqslant$ 10 Sek.	16	28,1%	28,1%
10 Sek. < $ZEPE^k \leqslant$ 20 Sek.	11	19,3%	47,4%
20 Sek. < $ZEPE^k \leqslant$ 30 Sek.	12	21,1%	68,5%
30 Sek. < $ZEPE^k \leqslant$ 40 Sek.	5	8,8%	77,3%
40 Sek. < $ZEPE^k \leqslant$ 50 Sek.	2	3,5%	80,8%
50 Sek. < $ZEPE^k \leqslant$ 60 Sek.	4	7,0%	87,8%
60 Sek. < $ZEPE^k \leqslant$ 90 Sek.	5	8,8%	96,6%
90 Sek. < $ZEPE^k \leqslant$ 120 Sek.	1	1,7%	98,3%
20 Sek. < $ZEPE^k$	1	1,7%	100,0%
$zepe^k$ = 29,1 Sek.			

Abb. 5-92: Zeiten bis zur ersten Entnahme von UWM durch die Käufer in EKS 2 am 13.02.2004

Im Vergleich dazu „verschlechterten“ sich die Werte bei der zweiten Erhebung, da, obwohl der kumulierte Anteil der Personen, die bis zu einer halben Minute für die Suche nach einem Artikel benötigten, fast gleich blieb, begutachteten weniger Käufer bereits innerhalb der ersten 10 Sekunden ein entnommenes Produkt. Gestiegen ist aber der prozentuale Käuferanteil, der für diesen Vorgang länger als eine Minute verstreichen ließ (vgl. Abb. 5-93).

Zeit bis zur ersten Produktentnahme ($ZEPE^k$)	Anzahl der Käufer (n = 57)	Anteil an der Käuferschaft	Kumulierter Anteil der Käuferschaft
$ZEPE^k \leqslant$ 10 Sek.	11	17,7%	17,7%
10 Sek. < $ZEPE^k \leqslant$ 20 Sek.	23	37,1%	54,8%
20 Sek. < $ZEPE^k \leqslant$ 30 Sek.	7	11,3%	66,1%
30 Sek. < $ZEPE^k \leqslant$ 40 Sek.	9	14,5%	80,6%
40 Sek. < $ZEPE^k \leqslant$ 50 Sek.	2	3,2%	83,8%
50 Sek. < $ZEPE^k \leqslant$ 60 Sek.	5	8,1%	91,9%
60 Sek. < $ZEPE^k \leqslant$ 90 Sek.	5	8,1%	100,0%
$zepe^k$ = 25,5 Sek.			

Abb. 5-93: Zeiten bis zur ersten Entnahme von UWM durch die Käufer in EKS 2 am 02.04.2004

Wie bereits erwähnt kaufte die Mehrheit der beobachteten Kunden selten mehr als einen Artikel. Dementsprechend gering ist die Zahl derjenigen, die aus zwei oder drei verschiedenen Segmenten die gewünschten Produkte entnahmen und in den Einkaufswagen legten.

Abb. 5-94 stellt die Kaufmengen für die erste Einkaufsstätte am ersten Beobachtungstag dar und bestätigt somit wiederum, dass die segmentbezogene durchschnittliche Entnahme pro Kunde bei ungefähr einem Artikel lag. Fasst man die Segmente 8 und 9 auf Grund ihrer besonderen Funktion als Sonderverkaufsfläche innerhalb des Regals für beworbene Produkte zusammen, so deckte rund ein Viertel aller Kunden (24,3%) dort seinen Bedarf an UWM. Aber auch aus dem mittleren Segment 6, genauer gesagt von dem unteren Regalboden, auf dem sich ebenfalls die 10 kg-Packungseinheiten der preisreduzierten Marke Sunil befanden,[437] wurden mehr Produkte als aus dem übrigen Warenträger entnommen.

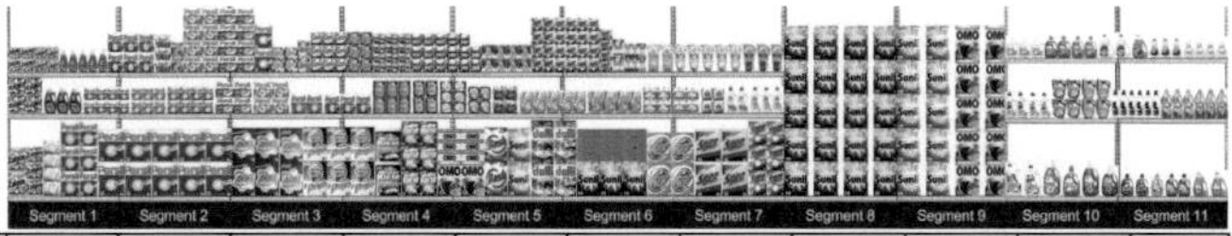

Entnahmen (i.S.v. Käufen) in Segment x	p = 10 6,6%	p = 11 7,3%	p = 13 8,6%	p = 11 7,3%	p = 10 6,6%	p = 20 13,2%	p = 9 6,0%	p = 15 9,9%	p = 21 13,9%	p = 17 11,3%	p = 14 9,3%
Entnehmer (i.S.v. Käufer) in Segment x	n = 10 7,1%	n = 10 7,1%	n = 11 7,9%	n = 11 7,9%	n = 10 7,1%	n = 17 12,1%	n = 9 6,4%	n = 15 10,7%	n = 19 13,6%	n = 16 11,4%	n = 12 8,6%
∅ Entnahmen pro Entnehmer in Segment x	1,00	1,10	1,18	1,00	1,00	1,18	1,00	1,00	1,11	1,06	1,17

Abb. 5-94: Segmentbezogene Produktentnahmen in EKS 1 am 12.02.2004

Auch bei der zweiten Erhebungswelle in EKS 1 scheint sich in dem beobachteten Entnahmeverhalten ein Effekt der im Handzettel beworbenen UWM widerzuspiegeln. Wie aus Abb. 5-95 abgelesen werden kann, lag die durchschnittliche Kaufmenge pro Person mit 1,24 bzw. 1,33 Paketen in der Regalmitte zwischen dem vierten und sechsten Segment höher als in den übrigen Bereichen. Mehr als 40% aller Produktkäufe entfielen an diesem Tag auf diesen Abschnitt, in dem die preisreduzierten, kleinvolumigen Sorten[438] der Marken Spee und Weißer Riese positioniert waren.

[437] Vgl. dazu Kap. 5.3.2.

[438] Dabei handelt es sich um die Nachfüllpacks oder Flaschen für jeweils 18 oder 20 Waschanwendungen in pulvriger oder flüssiger Form, vgl. dazu Kap. 5.3.2.

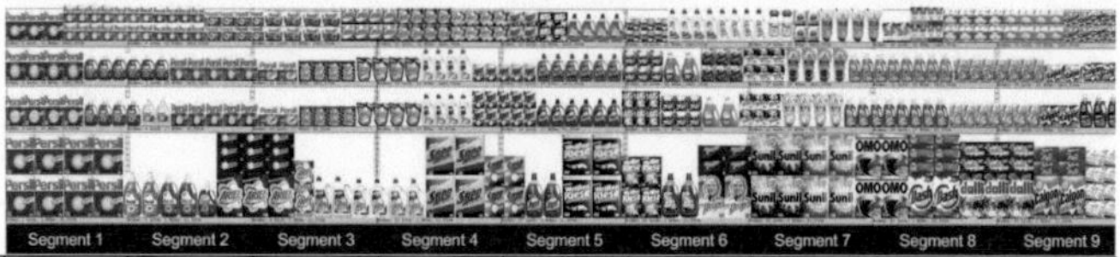

Entnahmen (i.S.v. Käufen) in Segment x	p = 15 8,2%	p = 22 12,0%	p = 15 8,2%	p = 24 13,1%	p = 32 17,5%	p = 21 11,5%	p = 8 4,4%	p = 26 14,2%	p = 20 10,9%
Entnehmer (i.S.v. Käufer) in Segment x	n = 15 9,5%	n = 21 13,3%	n = 14 8,9%	n = 18 11,4%	n = 24 15,2%	n = 17 10,8%	n = 8 5,1%	n = 22 13,9%	n = 19 12,0%
∅ Entnahmen pro Entnehmer in Segment x	1,00	1,05	1,07	1,33	1,33	1,24	1,00	1,18	1,05

Abb. 5-95: Segmentbezogene Produktentnahmen in EKS 1 am 01.04.2004

In EKS 2 zeichneten sich die Effekte der jeweils aktuellen Sonderpreisaktionen nicht so deutlich im Kundenverhalten am regulären UWM-Regal ab.

Zwar fallen in Abb. 5-96 für den ersten Beobachtungstag die Segmente 5 und 6 durch die höheren durchschnittlichen Entnahmemengen pro Person auf, doch neben den großen 10 kg Gebinden von Omo und Sunil standen in den darüberliegenden Regalböden weitere, kleinere UWM-Produkte, die bei der Durchschnittsbetrachtung ebenfalls berücksichtigt werden müssen.[439] Vergleicht man stattdessen die Zahlen der tatsächlichen Entnahmen und der Käufer in den einzelnen Abschnitten, so kommt der Regalmitte im Gegensatz zu den Regalsegmenten 1 bis 3 sowie 8 und 9 eine untergeordnete Rolle zu. Rund vier von fünf gekauften Produkten stammen aus diesen Randbereichen.

[439] Die mit 1,6 gekauften Artikeln höchste durchschnittliche Entnahmemenge pro Entnehmer in Segment 1 ist nicht auf eine Promotionaktion o.ä. zurückzuführen.

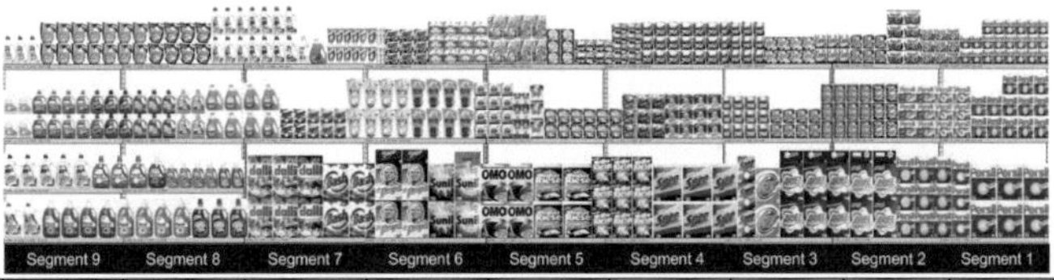

Entnahmen (i.S.v. Käufen) in Segment x	p = 14 20,0%	p = 12 17,2%	p = 4 5,7%	p = 5 7,2%	p = 4 5,7%	p = 3 4,3%	p = 13 18,6%	p = 7 10,0%	p = 8 11,4%
Entnehmer (i.S.v. Käufer) in Segment x	n = 12 20,0%	n = 11 18,4%	n = 4 6,7%	n = 4 6,7%	n = 3 5,0%	n = 3 5,0%	n = 11 18,4%	n = 7 11,7%	n = 5 8,3%
∅ Entnahmen pro Entnehmer in Segment x	1,16	1,09	1,00	1,25	1,33	1,00	1,18	1,00	1,6

Abb. 5-96: Segmentbezogene Produktentnahmen in EKS 2 am 13.02.2004

Abschließend zeigt Abb. 5-97 das segmentbezogene Entnahmeverhalten der Käufer am zweiten Erhebungstag in EKS 2. Hierbei fallen die Segmente 2, 6 und 9 zumindest in Bezug auf die Kennziffer „durchschnittliche Entnahmen pro Entnehmer" auf. Doch nur für das mittlere Segment lässt sich dieser Effekt u.U. auf die im Preis reduzierten und dort platzierten Marken Spee und Weißer Riese zurückführen. Darüber hinaus wurde diese Regalzone am stärksten frequentiert, jeder vierte gekaufte Artikel wurde von dort entnommen. Es gab zwar in dieser Einkaufsstätte eine Sonderplatzierung für Spee, doch diese befand sich am **rückwärtigen** Gondelkopf (d.h. nicht am Hauptgang), so dass vermutlich einige Kunden, die wegen des Angebotes die Warengruppe aufgesucht haben, ihren Bedarf aus dem regulären Regal deckten.

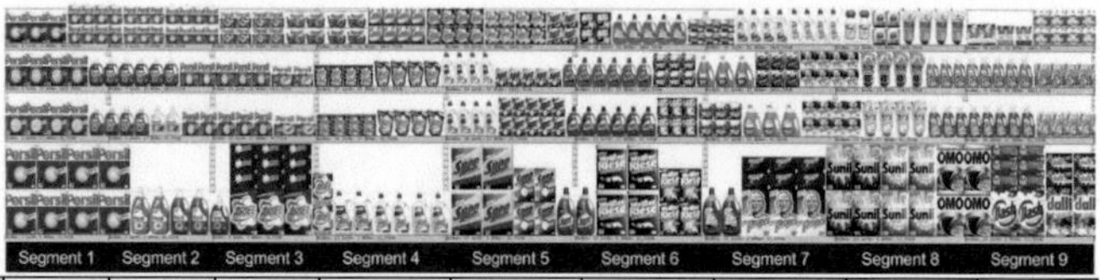

Entnahmen (i.S.v. Käufen) in Segment x	p = 9 12,7%	p = 5 7,0%	p = 7 9,9%	p = 3 4,3%	p = 5 7,0%	p = 17 23,9%	p = 8 11,3%	p = 7 9,9%	p = 10 14,1%
Entnehmer (i.S.v. Käufer) in Segment x	n = 9 14,1%	n = 4 6,3%	n = 7 10,9	n = 3 4,7%	n = 5 7,8%	n = 15 23,4%	n = 7 10,9%	n = 7 10,9%	n = 7 10,9%
∅ Entnahmen pro Entnehmer in Segment x	1,00	1,25	1,00	1,00	1,00	1,33	1,14	1,00	1,43

Abb. 5-97: Segmentbezogene Produktentnahmen in EKS 2 am 02.04.2004

5.3.5.3.2 Produkt- und Regalbeschäftigungsdauer

In Bezug auf die Zeit, in der sich ein Kunde mit den entnommenen Produkten eingehender befasst, unterscheiden sich die Ergebnisse der ersten und zweiten Platzierungsvariante in EKS 1 kaum. Die durchschnittliche Produktbeschäftigungsdauer der Käufer betrug 6,6 Sekunden bzw. 6,9 Sekunden und scheint somit nicht von der Art der Produktanordnung abzuhängen. Durch Subtraktion dieser gemessenen Werte von den durchschnittlichen Verweildauern der Käufer in EKS 1 ergeben sich die in Abb. 5-98 berechneten mittleren Regalbeschäftigungsdauern, die als Maßstab für die Orientierung am Regal herangezogen werden können, da sich die Käufer währenddessen ausschließlich mit dem Warenträger befassen.

Wie aus der Gegenüberstellung hervorgeht, könnte man die Reduzierung der mittleren Verweildauer am Regal nach der Umsortierung der Produkte und Aufgabe der strikten Trennung zwischen flüssigem und Pulverwaschmittel auf die Verkürzung der Regalbeschäftigungsdauer von 57,8 Sekunden auf 35,6 Sekunden zurückführen.

	EKS 1 12.02.2004 (n = 129)	**EKS 1** 01.04.2004 (n = 149)
∅ $\text{Verweildauer}_{\text{Regal}}$	64,4 Sek.	42,5 Sek.
-	-	-
∅ Produktbeschäftigungsdauer	6,6 Sek.	6,9 Sek.
=	=	=
∅ $\text{Beschäftigungsdauer}_{\text{Regal}}$	57,8 Sek.	35,6 Sek.

Abb. 5-98: Durchschnittliche Regalbeschäftigungsdauern der Käufer in EKS 1 vor und nach der Umplatzierung

Auch die differenzierten Auswertungen dieser Kennziffern im Hinblick darauf, ob die beobachteten Käufer der ersten Erhebung von den Paletten oder aus den anderen Regalsegmenten ein Produkt genommen haben,[440] ergeben nur geringfügige Unterschiede. Die 95 Käufer, die nicht von den Sonderplatzierungen kauften, hielten sich durchschnittlich 63,5 Sekunden vor dem Warenträger auf und beschäftigten sich etwa 6,5 Sekunden mit entnommenen Artikeln. Daraus resultiert für diese Gruppe eine durchschnittliche Regalbeschäftigungsdauer von 57,0 Sekunden. Demgegenüber verweilten die 34 Käufer der Sonderplatzierung 66,9 Sekunden in der Warengruppe, inspizierten 6,4 Sekunden lang gegriffene Pakete und beschäftigten sich insgesamt 60,5 Sekunden mit dem Warenträger.

Verglichen mit den Vorher-Nachher-Ergebnissen in EKS 1 sind in EKS 2 die Effekte der Umplatzierungsmaßnahmen nicht an einer Verkürzung der Beschäftigungsdauer am Regal ablesbar. Weil sich bei den Käufern die durchschnittlichen Verweildauern vor dem Regal bis auf knapp 2 Sekunden ähnelten und auch die Produktbeschäftigungsdauern an beiden Tagen mit 10,8 Sekunden respektive 9,5 Sekunden eng beieinander lagen, verringert sich die durchschnittliche Regalbeschäftigungsdauer von 38,4 Sekunden bei der ersten auf 37,6 Sekunden bei der zweiten Platzierung nur wenig (vgl. Abb. 5-99).

[440] Vgl. hierzu auch die Ausführungen in Kap. 5.3.5.2.

	EKS 2 13.02.2004 (n = 57)	**EKS 2** 02.04.2004 (n = 62)
∅ $\text{Verweildauer}_{\text{Regal}}$	49,2 Sek.	47,1 Sek.
-	-	-
∅ Produktbeschäftigungsdauer	10,8 Sek.	9,5 Sek.
=	=	=
∅ $\text{Beschäftigungsdauer}_{\text{Regal}}$	38,4 Sek.	37,6 Sek.

Abb. 5-99: Durchschnittliche Regalbeschäftigungsdauern der Käufer in EKS 2 vor und nach der Umplatzierung

Auffällig hingegen ist, dass sich die Kunden der EKS 2 in Relation zu den in EKS 1 ermittelten Produktbeschäftigungsdauern im Schnitt deutlich länger mit den entnommenen Artikeln befassten.

5.3.6 Zusammenfassung der Ergebnisse

Wie aus den Schaubildern zur **Kundenlaufrichtung** abzulesen ist,[441] betraten an allen Beobachtungstagen einheitlich die Kunden die UWM-Abteilung wie angenommen überwiegend vom Hauptgang kommend. Die meisten Personen blieben auch jeweils vor den Segmenten stehen, die ihrer Laufrichtung am nächsten lagen. Somit lässt sich *UF 1* dahingehend beantworten, dass dem Regalanfang in Abhängigkeit von der Kundenlaufrichtung (hier: Segmente 1 bis 3) für die Identifizierung der Warengruppe durch die Käufer und Nicht-Käufer eine wichtige Bedeutung zukommt.

Dementsprechend können die vorliegenden Ergebnisse die *UF 2* (*„Gibt es Anhaltspunkte dafür, dass sich die Kunden insbesondere an der Regalmitte (horizontal gesehen) orientieren?“*) nicht bestätigen, da eher den Randbereichen der bis zu knapp 14 m langen Warenträgern die erste Aufmerksamkeit der Kunden galt.

Die Aufteilung der gesamten **Verweildauer** auf die einzelnen Regalsegmente konnte die mit *UF 3* formulierten, häufig in der Literatur zu findenden Vermutung, nicht bestätigen, wonach sich die Kunden besonders mit der Regalmitte

[441] Vgl. dazu Kap. 5.3.5.1.

befassen. Zum Teil wiesen die linken Regalzonen deutlich längere durchschnittliche Verbleibezeiten auf als die übrigen Bereiche des Warenträgers.[442] Ebensowenig geben die kombinierten Resultate aus Laufrichtung und segmentbezogenen Verweildauern einen eindeutigen Hinweis darauf, dass Kunden, die z.B. von rechts (links) den Gang betreten, sich auch überwiegend im rechten (linken) Bereich aufhalten (vgl. *UF 4*).

UF 6 und *UF 7* greifen die Einflüsse der unterschiedlichen Warenplatzierungen auf und betrachten das **Such- und Entscheidungsverhalten** der Käufer. An beiden Standorten scheinen die Umplatzierungsmaßnahmen Auswirkungen auf die durchschnittlichen Verweildauern vor den UWM-Regalabschnitten gehabt zu haben, da sich diese Zeiten im Vergleich zur ursprünglichen Platzierung reduzierten. Am deutlichsten ist das an den Ergebnissen in EKS 1 für die Käufer abzulesen. Es darf allerdings nicht übersehen werden, dass in EKS 1 im Rahmen der Umgestaltung der gesamten Warengruppe zwei nebeneinander liegende Paletten-Sonderplatzierungen zu Gunsten eines durchgehenden Regalspiegels aufgelöst und dadurch bei der zweiten Erhebung die UWM-Regalfront im Vergleich zu vorher de facto um zwei Segmente bzw. um 2,50 Meter verkürzt wurden. Aus diesem Grunde kann vor dem Hintergrund von *UF 5* nicht ausgeschlossen werden, dass diese Veränderungen der Regallänge ganz oder wenigstens zum Teil ursächlich für die geringeren Verweil- und Suchzeiten der Käufer waren.

Weitere Differenzen zwischen den einzelnen Ergebnissen liefern EKS 1 und EKS 2 bei den ermittelten Zeiten bis zur ersten Produktentnahme durch die Käufer. Am ersten Untersuchungsstandort verkürzte sich die mittlere Zeit bis zum ersten Griff ins Regal von knapp 33,8 Sekunden um rund 30% auf durchschnittliche 23,7 Sekunden. Die Abweichungen in der zweiten Einkaufsstätte sind von gemittelten 29,1 Sekunden bei der ursprünglichen Sortierung auf 25,5 Sekunden bei der Markenplatzierung bis zur ersten Entnahme durch einen Käufer mit 12% geringer. Verbunden mit den Tatsachen, dass erstens in den meisten Fällen die Kunden bereits beim ersten Griff in den Warenträger auch

---

[442] Vgl. z.B. die Werte der Nicht-Käufer in EKS 1 am zweiten Beobachtungstag (Abb. 5-85) oder die der Käufer in EKS 2 im Rahmen der ersten Erhebung (Abb. 5-87).

das anschließend gekaufte Produkt in ihren Händen hielten und sich zweitens die durchschnittlichen Regalbeschäftigungsdauern nach den Umplatzierungsmaßnahmen verringerten, scheinen diese Ergebnisse die *UF 7* dahingehend zu bestätigen, dass die Kunden ihre gewünschten Artikel schneller finden, wenn die Produkte im Regal nach Marken zusammengestellt werden. Darüber hinaus benötigen sie für den Kauf von UWM insgesamt ein geringeres Zeitbudget.

Im Gegensatz zur Untersuchung am Tafelschokoladen-Regal können im Hinblick auf *UF 8* aus dem Entnahmeverhalten der Käufer am UWM-Warenträger nur begrenzt Rückschlüsse auf die Wirkungen von preisreduzierten Produkten gezogen werden. Zwar lagen zum Teil in den Segmenten, in denen diese Artikel positioniert waren, entweder die absoluten Entnahmemengen oder die durchschnittlichen Kaufmengen pro Kunde über den übrigen Werten. Allerdings sollen diese Zahlen auf Grund der stets vorhandenen großen Aktionsflächen mit Sonderpaletten nicht überinterpretiert werden.

Führt man die aus den Befragungen gewonnenen Erkenntnisse mit den Beobachtungen der Käufer und Nicht-Käufer zusammen, so ergeben die EKS 1-Ergebnisse des ersten Erhebungstages im Hinblick auf *UF 11* (*„Gibt es Hinweise dafür, dass sich die Einkaufserfahrung auf die Suchgewohnheit und somit auf das Suchverhalten am Regal auswirkt?"*), dass die vorhandenen **Erfahrungen** mit der Einkaufsstätte und der analysierten Warengruppe offenbar das **Laufverhalten** der Kunden beeinflussen. Das Wissen über die Existenz einer Sonderangebotsfläche inmitten des Regals hat zumindest bei den Personen, die sich möglicherweise durch den Handzettel über die Sonderangebote informiert hatten, dazu geführt, dass sie nach Betreten des Ganges gezielt die entfernteren Regalsegmente angesteuert und sich auch nur dort mit den Produkten befasst haben. Mit dem gleichen Argument lässt sich das Kundenverhalten in EKS 2 deuten. Folgert man aus der hohen Einkaufsstättenerfahrung der befragten Käufer, dass diese wissen, wo sich die Aktionsflächen befinden, und deshalb den regulären Gang gar nicht aufsuchen, ist es naheliegend, dass die Sonderangebote nur in geringem Maße auf das Entnahmeverhalten im UWM-Gang wirken.

Das Preisargument wurde bei der Erläuterung des **aktuellen Einkaufsverhaltens** als Begründung für den Kauf eines zusätzlichen oder eines nicht-geplanten Produktes genannt. Allerdings stellt der Kauf eines weiteren Artikels aus dem UWM-Bereich eine Ausnahme dar, weil zumindest die befragten Kunden in aller Regel immer nur einen Artikel gekauft hatten.

Allein aus der Tatsache heraus, dass nach der Umbau-Aktion deutlich häufiger die „Marke" als Orientierungshilfe diente und im Gegenzug der bekannte Standort des Artikels seltener als vorher bei der Suche half, kann man noch nicht zwangsläufig schließen, dass die Veränderungen in der Warenplatzierung bewusst wahrgenommen wurden. Zwei von drei Befragten konnten bei der **Regalbewertung** diesbezüglich nichts feststellen, nur jedem Dritten fiel die andere Sortierung und Anordnung auf, die sich allerdings nicht auf die Beurteilung der UWM-Regale auswirkten. Vielmehr könnte man vermuten, dass vor allem nach dem Umbau die <u>Marke</u> an die Stelle des <u>Standortes</u> als Orientierungshilfe getreten ist.

Unabhängig von der Platzierungsweise der Produkte bescheinigten die Auskunftspersonen mit durchschnittlichen Werten zwischen 2,11 und 2,24 auf einer 5-stufigen Zufriedenheitsskala der analysierten Warengruppe eine gute Übersichtlichkeit. Eine weitere Differenzierung der Antworten, ob die Befragten flüssiges oder pulvriges Waschmittel gekauft haben, führt ebensowenig zu einem anderen Ergebnis, wie die Daten bei Unterscheidung der jeweiligen Einkaufserfahrung keine Hinweise zur Beantwortung von *UF 12* („*Ist ein Zusammenhang zwischen der Einkaufserfahrung und der Regalbewertung erkennbar?*") liefern.

Auch die Vermutung von *UF 13*, dass ein Zusammenhang zwischen den subjektiven Regalbewertungen und den beiden Platzierungsformen (Sortierung nach Aggregationsform vs. Sortierung nach Marken) besteht, lässt sich nicht festigen. Zwar tritt in EKS 1 der **Sucherfolg** bei der zweiten, nach Marken sortierten **Platzierungsform** deutlich schneller ein, jedoch veränderten sich die Bewertungen der Regalübersichtlichkeit durch die befragten Käufer kaum. In EKS 2 sind die Unterschiede in der Sucheffizienz und Suchzufriedenheit bei der ersten und zweiten Erhebungswelle geringer, so dass die Wirkung der Warenplatzierung dort nicht deutlich erkennbar ist.

Bis auf einige Ausnahmen empfanden die Käufer die von ihnen benötigte Zeit für die **Suche** sowohl bei der ersten als auch bei der zweiten Platzierungsform als „kurz“ oder sogar „sehr kurz“. Allerdings deuten die wenigen Personen, die Probleme bei der Suche anzeigten und deshalb der Meinung waren, der Vorgang habe (zu) lange gedauert, darauf hin, dass ein Zusammenhang zwischen Suchzeit und Suchzufriedenheit im Sinne von *UF 14* bestehen könnte.

5.3.7 Kritische Würdigung der Feldstudie „Universalwaschmittel“

Grundsätzlich gelten für die Untersuchung UWM wegen des identischen Untersuchungsdesigns die gleichen Kritikpunkte, die bereits oben in Bezug auf die Aufzeichnung und die Auswertung der Videodaten angeführt wurden.[443]

Im Gegensatz zur Tafelschokolade handelt es sich bei der Warengruppe UWM um eine langsam drehende Category, d.h. zwischen zwei Einkaufsvorgängen liegt bei den meisten Kunden ein längerer Zeitraum. Diesem Umstand wurde in der Untersuchung dadurch Rechnung getragen, dass zwischen der ersten und zweiten Erhebungswelle eine Pause von sieben Wochen lag. Somit hatten die Stammkunden, die regelmäßig die Einkaufsstätten aufsuchen und dort auch ihren Bedarf an Waschmitteln decken, die Möglichkeit, sich mit der neuen Platzierungsform vertraut zu machen. In diesem zeitlichen Versatz könnte man jedoch einen weiteren Kritikpunkt der Studie sehen, weil bei den Vorher-Nachher-Messungen der Warenumplatzierung das Verhalten von Käufern mit unterschiedlichen „Kenntnisständen“ beobachtet wurden: Einerseits könnten sich am zweiten Erhebungstag Personen im UWM-Gang aufgehalten haben, die in den vorangegangen Wochen bereits die geänderte Regalstruktur wahrgenommen und verinnerlicht hatten, so dass sie ihr Suchverhalten bereits auf die neue Situation angepasst hatten. Auf der anderen Seite mögen sich bei der zweiten Beobachtungswelle Kunden vor dem aufgezeichneten Regalabschnitt befunden haben, für die die Sortierung nach Marken völlig neu war, so dass sie entweder

---

[443] Vgl. dazu Kap. 5.2.7.

davon irritiert waren und sich deshalb länger zurecht finden mussten oder sie schneller die gewünschten Produkte fanden, weil diese Platzierungsform eher ihrer kognitiven Suchstruktur entsprach. Hinsichtlich der Umbaumaßnahmen in der UWM-Abteilung kann weiterhin die zugleich vorgenommene Veränderung der Regallänge in EKS 1 kritisch angemerkt werden, da somit die Reduzierung der dort gemessenen Verweil- und Suchzeiten der Käufer nicht mehr eindeutig auf die neue Warenanordnung im Regal zurückgeführt werden kann - zumal in EKS 2 die Werte nahezu unverändert geblieben sind und auch schon bei der ersten Erhebung das Niveau von EKS 1 nach der Umplatzierung hatten. So relativieren sich beispielsweise die standort- und platzierungsspezifischen Differenzen der Ergebnisse von EKS 1, wenn man die durchschnittlichen Regalverweildauern auf die einzelnen für UWM-Produkte genutzten Segmente herunterbricht. Den rechnerischen Vergleich[444] der mittleren Verweildauern pro Segment zeigt Abb. 5-100.

	EKS 1 12.02.2004 (n = 129)	**EKS 1** 01.04.2004 (n = 149)	**EKS 2** 13.02.2004 (n = 57)	**EKS 2** 02.04.2004 (n = 62)
∅ $\text{Verweildauer}_{\text{Regal}}$	64,4 Sek.	42,5 Sek.	49,2 Sek.	47,1 Sek.
./.	./.	./.	./.	./.
Anzahl der Regalsegmente	11	9	9	9
=	=	=	=	=
∅ $\text{Verweildauer}_{\text{Segment}}$	5,9 Sek.	4,7 Sek.	5,5 Sek.	5,2 Sek.
prozentuale Veränderungen	-20,3%		-5,5%	

Abb. 5-100: Durchschnittliche Verweildauern vor einem Regalsegment in EKS 1 und EKS 2 vor und nach der Umplatzierung

Während sich die Käufer in EKS 1 bei der ersten Platzierung im Schnitt 5,9 Sekunden vor jedem Regalsegment aufhielten, standen die Kunden bei der anderen Produktpräsentation desselben Geschäftes hingegen nur noch 4,7 Sekunden vor jedem Abschnitt. Das entspricht einer Reduzierung von etwa 20%. In EKS 2 liegen die mittleren Verweildauern pro Segment mit 5,5 Sekunden bei

[444] Den Einfluss des gekauften Artikels (und dessen Standort) auf die tatsächliche Verteilung der Verweildauer auf die Segmente geht u.a. aus Abb. 5-84 hervor.

der ersten und 5,2 Sekunden bei der zweiten Warenanordnung vergleichsweise eng zusammen.

Einen weiteren Grund nannte der zuständige UWM-Category Manager, nach dessen Aussage vor der Umplatzierungsmaßnahme EKS 1 einen schlechter aufgeräumten Eindruck als EKS 2 machte.

Kennzeichnend für diese empirische Studie in einer natürlichen Ladenumgebung ist, dass neben den Effekten der Regalumplatzierung weitere Rahmenparameter auf das Käuferverhalten wirken. So wurden zu allen Erhebungszeitpunkten unterschiedliche Marken und Sorten zu Sonderpreisen beworben und zum Teil auf separaten Aktionsflächen angeboten. Das heißt, dass einige Kaufakte von UWM außerhalb des regulären UWM-Regals an Orten stattfanden, die nicht mit den eingesetzen Kameras abgedeckt wurden. Die Nicht-Berücksichtigung von weiteren UWM-Zweitplatzierungen in der Verkaufsfläche kann somit als Schwäche der Untersuchung angesehen werden, insbesondere vor dem Hintergrund der in Kap. 5.3.5 aufgezeigten Wirkung der in das erste Regal von EKS 1 integrierten Paletten.

Um den Einfluss der Preisreduktion auf einzelne UWM-Artikel besser nachvollziehen und mit den Beobachtungsergebnissen in Relation setzen zu können, lagen von den Kooperationspartnern Scannerdaten auf Wochenbasis vor.[445] Aus diesen Daten gehen auf der einen Seite die Preise und die abgesetzten Mengen von UWM - differenziert nach Marken, Sorten und Gebindegrößen - hervor. Andererseits enthalten diese Listen auch Schätzungen (auf Basis von zurückliegenden Wochen), welche Mengeneinheiten dem Normalabsatz entsprechen und welche Mengen als Aktionsverkäufe anzusehen sind. Wenngleich auch das Datenmaterial auf Grund identischer EANs auf den Produkten, die im regulären Warenträger positioniert waren, und denen, die auf Sonderpaletten zweitplatziert waren, keine genaue Zuordnung der Abverkäufe auf den jeweiligen Ort in der Einkaufsstätte zulässt, so sind dennoch die Verhältnisse zwischen Normal- und Aktionsabsatz interessant. So wurden in KW 7 in EKS 1 etwa 850 Mengeneinheiten UWM „normal“ verkauft, ebensoviele zusätzlich als Aktions-

[445] Wünschenswert wären tagesgenaue Abverkäufe (bezogen auf die Erhebungszeitpunkte) gewesen, die aber nicht zur Verfügung standen.

ware. Für KW 14 war der Anteil des Aktionsabsatzes mit ca. 700 ME im Vergleich zu knapp 1300 ME des Normalabsatzes geringer. Exemplarisch setzen Abb. 5-101 und Abb. 5-102 diese Wochendaten auf die unterschiedlichen Regalplanogramme um und stellen die auf einzelnen Regalböden aggregierten Verkaufsmengen von Universalwaschmitteln in EKS 1 in den Wochen der ersten und der zweiten Erhebung tabellarisch dar.[446]

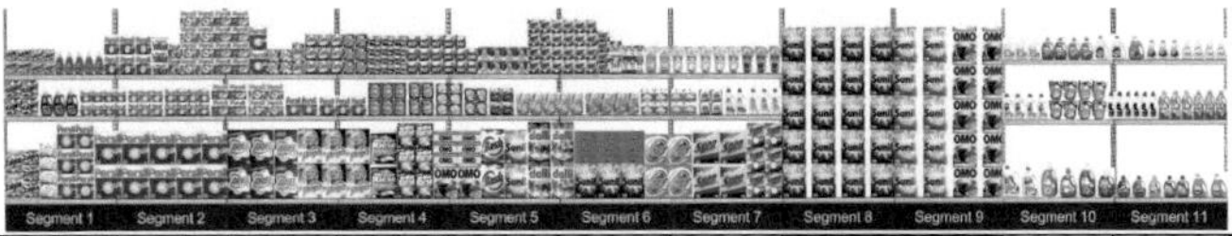

	Segment 1	Segment 2	Segment 3	Segment 4	Segment 5	Segment 6	Segment 7	Segment 8	Segment 9	Segment 10	Segment 11	Σ
1. Regalboden	0	36	25	21	14	44	20	77*	78*	24	0	339
2. Regalboden	15	12	27	81	38	57	37	77*	78*	19	0	441
3. Regalboden	16	146	10	8	12	128	5	78*	79*	208	97	787
Σ	31	194	62	110	64	229	62	232	235	251	97	1567

In den dunkel-grau unterlegten Flächen befanden sich preisreduzierte Artikel.
Die in Segment 6 auf dem untersten Regalboden ausgewiesenen 128 Mengeneinheiten beziehen sich auf die beworbenen Vizir-Pakete (54 WL), für die es zusätzlich eine Sonderplatzierung gab (vgl. Abb. 5-64). Der normale Wochenabsatz von diesem Waschmittel liegt deutlich darunter.

* Die Abverkäufe von den Sonderpaletten in den Segmenten 8 und 9 wurden rechnerisch auf die drei Regalböden aufgeteilt, da tatsächlich jeweils nur ein Regalboden (genauer gesagt: Palettenboden) vorhanden war.

Abb. 5-101: Abverkaufsmengen pro Segment und pro Regalboden in EKS 1 in der KW 7

446 In Anlehnung an Freyer et al. 2004, S. 114 ff.

	Segment 1	Segment 2	Segment 3	Segment 4	Segment 5	Segment 6	Segment 7	Segment 8	Segment 9	Σ
1. Regalboden	24	42	18	32	137	42	7	16	13	331
2. Regalboden	27	25	21	6	122	34	13	59	21	328
3. Regalboden	11	23	53	10	154	79	19	50	29	428
4. Regalboden	42	34	38	29	29	17	38	20	20	267
Σ	104	124	130	77	442	172	77	145	83	1354

In den dunkel-grau unterlegten Flächen befanden sich preisreduzierte Artikel.

Abb. 5-102: Abverkaufsmengen pro Segment und pro Regalboden in EKS 1 in der KW 14

6 Fazit und Ausblick

Im Mittelpunkt der vorliegenden Arbeit stand das Ziel, mit Hilfe der Videobeobachtung neue Erkenntnisse über das Such- und Entscheidungsverhalten von Kunden am Regal zu gewinnen. Dazu wurden in einem ersten Schritt - zur Einordnung des Themas - die verschiedenen Gestaltungsparameter für den Verkaufsraum und die Warenplatzierung skizziert und ein Überblick über ausgewählte Studien gegeben, bevor Kapitel 3 das Kundenverhalten unter verschiedenen Gesichtspunkten näher beleuchtete. Neben umweltpsychologischen Grundlagen und den im Menschen ablaufenden Prozessen bei der Suche und während der Entscheidungsfindung ging es dabei um die Darstellung grundsätzlich in Frage kommender Forschungsmethoden und der bereits von Wissenschaft und Praxis am Point of Purchase gesammelten Erkenntnisse über die Kunden. Basierend auf drei Modell-Ansätzen zum Kundenverhalten in der Einkaufsstätte stand im vierten Gliederungspunkt eine von theoretischen Überlegungen geleitete Entwicklung eines Modells im Vordergrund, das zugleich die relevanten Forschungsfragen enthielt, die es zu operationalisieren galt. Mit Hilfe der erarbeiteten Fragestellungen konnte das Problemfeld der beim Käufer ablaufenden Such- und Entscheidungsprozesse präzisiert werden.

Den Hauptteil der Arbeit bildeten zwei Studien, die - mit voneinander abweichenden Fragestellungen - zwei Warengruppen abdeckten. Zur Erfassung und Beschreibung von beobachtbaren Tatbeständen wurden in den Einkaufsstätten kleine, unauffällige Kameras installiert, mit deren Hilfe ein detailliertes „Bild" darüber gezeichnet werden konnte, was die Käufer, die sich unbeobachtet fühlen, tatsächlich am Regal machen, bevor sie eine Kaufentscheidung fällen. Da jedoch eine reine Beobachtung keine Informationen über die gesammelte Einkaufserfahrung, die verfolgte Einkaufsstrategie, den eigentlichen Einkaufsanlass oder den tatsächlichen Sucherfolg liefern kann, sah das Untersuchungsdesign zusätzlich jeweils die Befragung einzelner Käufer vor. Während sich im Rahmen der Tafelschokolade-Untersuchung insbesondere die Regallängen und die Art der Warenplatzierung unterschieden, berücksichtigte das Untersuchungsdesign der Felduntersuchung im Bereich UWM zwei Platzierungsformen, die jeweils in zwei Einkaufsstätten hintereinander getestet wurden. Im Hinblick auf die noch offene *UF 10* lässt sich weder aus der Relation zwischen Nicht-Käufern und Käufern noch aus den Verweildauern der Kunden vor den jeweiligen Regalen ablesen, ob eine Warengruppe attraktiver ist als die andere.

Die Erkenntnisse aus den Beobachtungen der Kunden bei ihrer Suche am Regal und der Entscheidung für ein bestimmtes Produkt sowie aus den Antwortmustern der zusätzlich befragten Käufer lieferten dabei Antworten auf die zentralen Untersuchungsfragen hinsichtlich der Wertigkeit der Regalzonen (in Abhängigkeit von der Laufrichtung), des Such- und Entscheidungsprozesses beim Kauf eines Artikels und in Bezug auf die variierten Regalgestaltungsparameter.

Wie aber ebenfalls aufgezeigt wurde, sind nicht nur den einkaufsstättenspezifischen Rahmenbedingungen bei der Platzierung von Produkten im Warenträger und der Gestaltung des jeweiligen Regals Rechnung zu tragen. Darüber hinaus kommen auch den zahlreichen Einflussfaktoren wie beispielsweise die Art von Promotionmaßnahmen und die Position von Zweitplatzierungen in der Verkaufsfläche eine große Bedeutung zu.

Mit diesen Einschränkungen lassen sich auf Basis des zuvor entwickelten Bezugsrahmens folgende Erkenntnissen zusammenfassen und nachstehende Hypothesen generieren, die es bei Anschlussprojekten zu überprüfen gilt.

Die Auswertungen der zuerst angesteuerten Regalbereiche zeigten, dass ein großer Teil der Käufer und Nicht-Käufer vor jeweils dem Regalsegment stehen blieb, das ihrer Laufrichtung - entweder vom Hauptgang oder vom Nebengang kommend - am nächsten lag. Daraus lässt sich die Hypothese I ableiten:

Hypothese I:
Zur Identifizierung der Warengruppe und für die erste Orientierung kommt neben der Art und dem Standort des Regals insbesondere dem Regalanfang eine höhere Bedeutung zu als der Regalmitte.

Abgesehen von der ersten Orientierungsphase schien sich die Kundenlaufrichtung nicht auf die Verteilung der gesamten Regalverweildauer auf die einzelnen Regalsegmente oder auf die Entnahmemengen aus den selbigen auszuwirken, so dass man die Hypothesen II und III aufstellen kann:

Hypothese II:
Die Richtung, aus der die Kunden an das Regal herantreten, ist für das Such- und Entscheidungsverhalten nicht maßgeblich.

Hypothese III:
Die Verteilung und die Länge der Verweildauer auf die einzelnen Segmente ist eher abhängig von den dort platzierten Artikeln als von der Regalplatzwertigkeit.

Die Ergebnisse aus der Feldstudie in der Warengruppe Tafelschokolade ließen hinsichtlich der vermuteten Zusammenhänge zwischen der Verweildauer vor dem Regal und der Zeit bis zur ersten Produktentnahme einerseits und der Länge des relevanten Warenträgers andererseits keine eindeutigen Abhängigkeiten erkennen. Dementsprechend gilt es, die Hypothese IV zu prüfen:

Hypothese IV:
Die Länge des Warenträgers hat - bei gleichem Sortimentsumfang - keinen Einfluss auf das vom Käufer benötigte Zeitbudget.

Da beide Untersuchungen im natürlichen Umfeld von Einkaufsstätten stattfanden, zählten Sonderpreisaktionen und Zweitplatzierungen einzelner Marken zu den Rahmenbedingungen, die prinzipiell nicht kontrolliert werden konnten. Ihren Einfluss auf das Verhalten der Kunden am Regal konnte indes nachgewiesen werden, da in den Segmenten, in denen preisreduzierte Waren positioniert waren, grundsätzlich die durchschnittlichen Entnahmen höher ausfielen als in den übrigen Regalsegmenten. Neben diesem naheliegenden Zusammenhang zeigten die Ergebnisse, dass offenbar auch der Standort einer Sonderplatzierung (z.B. in Form einer Sonderpalette oder eines speziellen Displays) Einfluss haben kann auf das Entnahmeverhalten der Käufer. Daher lautet Hypothese V:

<u>Hypothese V:</u>
Zweitplatzierungen, die der Käufer im Verkaufsraum früher als die reguläre Platzierung erreicht, führen dazu, dass der Kunde diese(n) Artikel dort und nicht aus dem regulären Regal kauft.

Bei der Analyse der segmentspezifischen Verweildauern am Tafelschokoladen-Regal fiel auf, dass insbesondere die Käufer von Milka-Schokolade länger vor dem entsprechenden Regalabschnitt standen und nach dem gewünschten Produkt suchten als die übrigen Personen. Sofern diese Kunden befragt wurden, wünschten sich diese eine deutliche Farbunterscheidung zur einfacheren und schnelleren Suche. Daraus kann die Hypothese VI formuliert werden:

<u>Hypothese VI:</u>
Ähnliche Verpackungen verschiedener Sorten einer Marke verlängern die Suchzeit und erschweren die Suche.

Viele der befragten Personen beider Studien verfügten über eine hohe Einkaufserfahrung, da sie sowohl den jeweiligen Laden als auch die entsprechende Warengruppe häufig aufsuchten. Weiterhin planten nicht wenige Kunden ihren Einkauf. Überträgt man diese Eigenschaften auch auf die nicht-befragten Käufer, könnte man auf Grund des häufig zu beobachtenden gezielten Ansteuerns bestimmter Regalzonen (gerade bei den langen Warenträgern) zu der folgender Hypothese VII gelangen:

Hypothese VII:
Zwischen der Einkaufserfahrung und dem Suchverhalten, das sich z.B. in dem gezielten Ansteuerung eines bestimmten Regalplatzes oder an der Orientierung an bestimmten Merkmalen festmachen lässt, besteht ein positiver Zusammenhang.

Die Interviewbögen beider Untersuchungen enthielten Fragen nach der subjektiv empfundenen Suchzeit und danach, ob und welche Probleme dabei auftraten. In den seltenen Fällen, in denen die Käufer von einer langen Suchzeit sprachen, ließ sich kein Zusammenhang zu Suchproblemen oder zu Beeinträchtigung der Suchzufriedenheit finden. Daraus folgt die Hypothese VIII:

Hypothese VIII:
Von einer als lang empfundenen Suchzeit kann nicht auf Probleme bei der Suche und somit auf eine negative Beeinflussung der Suchzufriedenheit geschlossen werden.

Ein Ziel der Erhebung am UWM-Regal war es, die Auswirkungen unterschiedlicher Warenplatzierungen auf das Such- und Entscheidungsverhalten der Kunden zu messen, um Anhaltspunkte dafür zu finden, ob eine nach Marken sortierte Produktanordnung eher den kognitiven Suchmustern entspricht. Trotz den genannten Einschränkungen lässt sich aus den Ergebnisse die Hypothese IX ableiten:

Hypothese IX:
Entspricht eine nach Marken sortierte Warenplatzierung den kognitiven Strukturen der Kunden führt dies zu kürzeren Suchzeiten verglichen mit anderen Formen der Artikelanordnung.

Zugleich bieten sich für weitere Forschungsaktivitäten u.a. folgende Anknüpfungspunkte:

Die warengruppenspezifischen Ergebnisse über das Such- und Entscheidungsverhalten am Point of Purchase lieferten teils einheitliche, teils unterschiedliche Antworten auf die zuvor aufgeworfenen Untersuchungsfragen. Das zeigt, dass grundsätzlich vor einer generellen Übertragbarkeit der Erkenntnisse auf andere Warengruppen zu warnen ist. Auf Grund der speziellen Rahmenbedingungen in den jeweiligen Einkaufsstätten sollten mit Hilfe weiterer Beobachtungen und Befragungen andere Warengruppen und kleinere Betriebstypen überprüft werden, um die Erkenntnisse zu vertiefen und zu erweitern.

Die aufgezeigten Wirkungen von Sonder- und Zweitplatzierungen geben Anlass dazu, das Kaufverhalten an diesen Platzierungen mit dem Geschehen vor dem regulären Regalabschnitt in Verbindung zu bringen, um Empfehlungen für den optimalen Standort solcher Paletten zu generieren.

Ferner sollte über den Einsatz einer höheren Anzahl von Kameras nachgedacht werden, die - z.B. senkrecht unter der Decke oder gar frontal an der Rückwand des relevanten Regals montiert, um den suchenden Kunden von vorne aufzunehmen - eine feinere Einteilung des Auswertungsrasters erlauben würden, so dass die Verweildauern und Suchreihenfolge für einzelne Regalböden angegeben werden könnten.

Von Interesse könnten grundsätzlich auch die Dialoge zwischen den Käufern und weiteren begleitenden Personen zur Entscheidungsfindung sein. Gegen das Anbringen von Mikrofonen in bzw. über dem Regal dürften allerdings rechtliche Bedenken sprechen.

Schließlich erscheint es sinnvoll, bei nachfolgenden Studien die tagesgenauen Abverkäufe aus den Scannerkassen mit einzubeziehen und mit den Daten der Beobachtung zusammenzuführen. Die Verknüpfung von qualitativen und quantitativen Daten verspricht aussagekräftigere Erkenntnisse über das Kaufverhalten.

Literaturverzeichnis

Abelson, R. P. (1981): Psychological Status of the Script Concept, in: American Psychologist, Vol. 36, No. 7, S. 715-729.

Alba, J. W.; Hasher, L. (1983): Is Memory Schematic?, in: Psychological Bulletin, Vol. 93, No. 2, S. 203-231.

Alba, J. W.; Hutchinson, J. W. (1987): Dimensions of Consumer Expertise, in: Journal of Consumer Research, Vol. 13, No. 4, S. 411-454.

Allen, G. L. (1999): Spatial Abilities, Cognitive Maps, and Wayfinding, in: Golledge, R. G. (Hrsg.): Wayfinding Behavior: Cognitive Mapping and other Spatial Processes, Baltimore, London, S. 46-80.

Altmann, J. (1974): Observational Study of Behavior: Sampling Methods, in: Behavior, Vol. 49, No. 3-4, S. 227-267.

Anderson, E. E. (1979): An Analysis of Retail Display Space: Theory and Methods, in: Journal of Business, Vol. 52, No. 1, S. 103-118.

Atteslander, P. (2003): Methoden der empirischen Sozialforschung, 10. Aufl., Berlin, New York.

Babin, B. J.; Darden, W. R.; Griffin, M. (1994): Work and/or Fun: Measuring Hedonic and Utilitarian Shopping Value, in: Journal of Consumer Research, Vol. 20, No. 4, S. 644-656.

Bänsch, A. (2002): Käuferverhalten, 9. Aufl., München, Wien.

Barth, K.; Hartmann, M.; Schröder, H. (2002): Betriebswirtschaftslehre des Handels, 5. Aufl., Wiesbaden.

Bates, A. D. (1970): Estimating the Relationship between Shelf Space and Sales for Supermarket Products, Diss., Indiana University.

Bauer, H. H. (1989): Marktabgrenzung - Konzeption und Problematik von Ansätzen und Methoden zur Abgrenzung und Strukturierung von Märkten unter besonderer Berücksichtigung von marketingtheoretischen Verfahren, Berlin.

Baumgartner, R. (1981): Ladenerneuerung: Store Modernization, Uttwil.

Baun, D. (2003): Impulsives Kaufverhalten am Point of Sale, Wiesbaden.

Becker, W. (1973): Beobachtungsverfahren in der demoskopischen Marktforschung. Ein Beitrag zur Methodendiskussion und praktischen Anwendungen auf Lebensmittelmärkte, Stuttgart.

Behaeghel, J. (1991): Die Verpackung als Medium - Brand Packaging, Zürich, München.

Behrens, G. (1982): Das Wahrnehmungsverhalten der Konsumenten, Frankfurt/ Main.

Behrens, G. (1994): Verhaltenswissenschaftliche Erklärungsansätze der Markenpolitik, in: Bruhn, M. (Hrsg.): Handbuch Markenartikel, Bd. 1, Stuttgart, S. 199-217.

Berekoven, L. (1995): Erfolgreiches Einzelhandelsmarketing: Grundlagen und Entscheidungshilfen, 2. Aufl., München.

Berekoven, L.; Eckert, W.; Ellenrieder, P. (2004): Marktforschung: Methodische Grundlagen und praktische Anwendung, 10. Aufl., Wiesbaden.

Berghaus, N. (2003): Blickaufzeichnung zur Gewinnung kundenbezogener Daten für das Category Management, in: Schröder, H. (Hrsg.): Category Management: Aus der Praxis für die Praxis: Konzepte - Kooperationen - Erfahrungen, Frankfurt/Main, S. 171-195.

Berghaus, N. (2005): Eye-Tracking im stationären Einzelhandel - Eine empirische Analyse der Wahrnehmung von Kunden am Point of Purchase, Diss., Lohmar - Köln.

Berman, B.; Evans, J. R. (2004): Retail Management: A Strategic Approach, 9. Vol., Upper Saddle River.

Bernhard, U. (1978): Blickverhalten und Gedächtnisleistung beim visuellen Werbekontakt - unter besonderer Berücksichtigung von Plazierungseinflüssen, Frankfurt/Main.

Bernhard, U. (1983): Das Verfahren der Blickaufzeichnung, in: Forschungsgruppe Konsum und Verhalten (Hrsg.): Innovative Marktforschung, Würzburg, Wien, S. 105-122.

Bettman, J. R. (1970): Information Processing Models of Consumer Behavior, in: Journal of Marketing Research, Vol. 7, No. 3, S. 370-376.

Bettman, J. R. (1979): An Information Processing Theory of Consumer Choice, Reading [Massachusetts] u.a.

Bettman, J. R.; Jacoby, J. (1976): Patterns of Processing in Consumer Information Acquisition, in: Advances in Consumer Research, Vol. 3, No. 1, S. 315-320.

Biehl, B. (2003): Der Blick fällt auf die Marke, in: Lebensmittel-Zeitung, 55. Jg., Nr. 22, 30.05.2003, S. 44.

Blackwell, R. D.; Miniard, P. W.; Engel, J. F. (2001): Consumer Behavior, 9. Vol., Mason [Ohio].

Blair, E.; Sudman, S.; Bradburn, N. M.; Stocking, C. (1977): How to Ask Questions About Drinking and Sex: Response Effects in Measuring Consumer Behavior, in: Journal of Marketing Research, Vol. 14, No. 3, S. 316-321.

Bleicker, U. (1983): Produktbeurteilung der Konsumenten: Eine psychologische Theorie der Informationsverarbeitung, Würzburg, Wien.

Block, T.; Stein, M. v. (2002): Vortrag auf dem EUROFORUM-Seminar „Category Management“ am 19. und 20. Juni 2002, Neuss.

Bloom, P. N.; Reve, T. (1990): Transmitting Signals to Consumers for Competitive Advantage, in: Business Horizons, Vol. 33, No. 4, S. 58-66.

Böcker, F. (1974): Die Analyse des Sortimentsverbundes - Eine empirische Untersuchung, in: Blümle, E. B.; Ulrich, W. (Hrsg.): Perspektiven des Marketing im Handel, Freiburg [Schweiz], S. 55-81.

Böhler, H. (2004): Marktforschung, 3. Aufl., Stuttgart.

Bohrenfeld, S. (2005): Wege aus der Krise: Saubere Lösungen, in: Lebensmittel Praxis, 57. Jg., Nr. 11, S. 30-34.

Bortz, J.; Döring, N. (2002): Forschungsmethoden und Evaluation, 3. Aufl., Berlin u.a.

Bost, E. (1987): Ladenatmosphäre und Konsumentenverhalten, Heidelberg.

Bufe, R. H. (1981): Güterbeschaffung des täglichen Bedarfs: Ein Beitrag zur Ressourcenallokation privater Haushalte unter dem Einfluß der Einkaufsstättengestaltung, Berlin.

Bühl, A.; Zöfel, P. (2002): SPSS 11 - Einführung in die moderne Datenanalyse unter Windows, 8. Aufl., München.

Büttner, O. B.; Silberer, G.; Rauch, M.; Mau, G. (2004): Was haben Sie sich dabei eigentlich gedacht? - Videogestützte Erhebung kaufbegleitender Kognitionen am Point of Sale, Vortrag auf dem 44. Kongress der Deutschen Gesellschaft für Psychologie, 26.-30. September 2004, Göttingen.

Campo, K.; Gijsbrechts, E.; Nisol, P. (2003): The impact of retailer stockouts on whether, how much, and what to buy, in: International Journal of Research in Marketing, Vol. 20, No. 3, S. 273-286.

Cobb, C. J.; Hoyer, W. D. (1985): Direct Observation of Search Behavior in the Purchase of Two Nondurable Products, in: Psychology & Marketing, Vol. 2, No. 3, S. 161-179.

Cobb, C. J.; Hoyer, W. D. (1986): Planned Versus Impulse Purchase Behavior, in: Journal of Retailing, Vol. 62, No. 4, S. 384-409.

Cohen, D. (1981): Consumer Behavior, New York, Toronto.

Corsten, H.; Meier, B. (1982): Konsumentenverhalten in unterschiedlichen Kaufsituationen, in: Jahrbuch der Absatz- und Verbrauchsforschung, 28. Jg., Heft 2, S. 112-136.

Cox, K. K. (1964): The Responsiveness of Food Sales to Shelf Space Changes in Supermarkets, in: Journal of Marketing Research, Vol. 1, No. 2, S. 63-67.

Cox, K. K. (1970): The Effect of Shelf Space upon Sales of Branded Products, in: Journal of Marketing Research, Vol. 7, No. 1, S. 55-58.

Curhan, R. C. (1972): The Relationship Between Shelf Space and Unit Sales in Supermarkets, in: Journal of Marketing Research, Vol. 9, No. 4, S. 406-412.

Curhan, R. C. (1974a): Shelf Space Elasticity: Reply, in: Journal of Marketing Research, Vol. 11, No. 2, S. 221-222.

Curhan, R. C. (1974b): The Effects of Merchandising and Temporary Promotional Activities on the Sales of Fresh Fruits and Vegetables in Supermarkets, in: Journal of Marketing Research, Vol. 11, No. 3, S. 286-294.

D'Astous, A.; Bensouda, I.; Guindon, J. (1989): A Re-Examination of Consumer Decision Making for a Repeat Purchase Product: Variations in Product Importance and Purchase Frequency, in: Advances in Consumer Research, Vol. 16, No. 1, S. 433-438.

Dähne, H. (1977): Verkaufsflächeninterne Standortplanung, Wiesbaden.

Dammer, I.; Szymkowiak, F. (1998): Die Gruppendiskussion in der Marktforschung, Wiesbaden.

Dannenberg, M.; Barthel, S. (2002): Effiziente Marktforschung, Bonn.

Dawson, S. A.; Bloch, P. H.; Ridgway, N. M. (1990): Shopping Motives, Emotional States, and Retail Outcomes, in: Journal of Retailing, Vol. 66, No. 4, S. 408-427.

Desmet, P.; Renaudin, V. (1998): Estimation of product category sales responsiveness to allocated shelf space, in: International Journal of Research in Marketing, Vol. 15, No. 5, S. 443-457.

Diehl, S. (2000): Verhaltenswirksame virtuelle Ladengestaltung, Arbeitspapier Nr. 26, Institut für Konsum- und Verhaltensforschung an der Universität des Saarlandes, Saarbrücken.

Diller, H.; Beba, W. (1988): Erlebnisorientierte Ladengestaltung im Bekleidungseinzelhandel - Eine empirische Studie, Arbeitspapier Nr. 21, Institut für Marketing, Universität der Bundeswehr Hamburg, Hamburg.

Diller, H.; Kusterer, M. (1986): Erlebnisbetonte Ladengestaltung im Einzelhandel - Eine empirische Feldstudie, in: Trommsdorff, V. (Hrsg.): Handelsforschung 1986, Wiesbaden, S. 105-123.

Dodd, C. A.; Clarke, I.; Kirkup, M. H. (1998): Camera observations of customer behaviour in fashion retailing: methodological propositions, in: International Journal of Retail & Distribution Management, Vol. 26, No. 8, S. 311-317.

Dodt, U. (1980): Produktpräsentation - Mittel der Verkaufsförderung im Marketing, Köln.

Donovan, R. J.; Rossiter, J. R. (1982): Store Atmosphere: An Environmental Psychology Approach, in: Journal of Retailing, Vol. 58, No. 1, S. 34-57.

Donovan, R. J.; Rossiter, J. R.; Marcoolyn, G.; Nesdale, A. (1994): Store Atmosphere and Purchasing Behavior, in: Journal of Retailing, Vol. 70, No. 3, S. 283-294.

Downs, R. M.; Stea, D. (1977): Maps in Mind: Reflections on Cognitive Mapping, New York u.a.

Downs, R. M.; Stea, D. (1982): Kognitive Karten: Die Welt in unseren Köpfen, New York u.a.

Drèze, X.; Hoch, S. J.; Purk, M. E. (1994): Shelf Management and Space Elasticity, in: Journal of Retailing, Vol. 70, No. 4, S. 301-326.

Dustmann, H. H. (1988): Die Ladengestaltung als absatzpolitischer Erfolgsfaktor im Einzelhandel, in: Thexis, 5. Jg., Heft 1, S. 7-14.

Ebbers, D. (2003): Welche Daten können was im Category-Management-Prozess? Leistungen der unterschiedlichen Datenquellen für ein effektives Category Management, in: Schröder, H. (Hrsg.): Category Management: Aus der Praxis für die Praxis: Konzepte - Kooperationen - Erfahrungen, Frankfurt/Main, S. 141-156.

Eber, A. F. (1991): Erfolgreiche Merchandising-Strategien, Wien.

ECR Europe (1997): Category Management Best Practices Report, London.

Eggert, H. (1961): Kundenlauf-Studien, in: Selbstbedienung - Mitteilungen des Instituts für Selbstbedienung, 5. Jg., Heft 7, S. 6-8.

Engel, J. F.; Kollat, D. T.; Blackwell, R. D. (1968): Consumer Behavior, New York u.a.

Engel, R. (1975): Ihre Lücke: Spezialwissen über verkaufswirksame Warenplazierung, Köln.

Erben, A. (2005): Die Bedeutung von RFID für das Category Management, Diplomhausarbeit am Lehrstuhl für Marketing & Handel der Universität Duisburg-Essen, Essen.

Ericsson, K. A.; Simon, H. A. (1980): Verbal Reports as Data, in Psychological Review, Vol. 87, No. 3, S. 215-251.

Eroglu, S.; Harrell, G. D. (1986): Retail Crowding: Theoretical and Strategic Implications, in: Journal of Retailing, Vol. 62, No. 4, S. 346-363.

Esch, F.-R. (2003): Strategie und Technik der Markenführung, München.

Esch, F.-R.; Billen, P. (1996): Förderung der Mental Convenience beim Einkauf durch Cognitive Maps und kundenorientierte Produktgruppierungen, in: Trommsdorff, V. (Hrsg.): Handelsforschung 1996/1997. Positionierung des Handels, Wiesbaden, S. 317-337.

Esch, F.-R.; Meyer, S. (1995): Umsetzung erlebnisbetonter Positionierungskonzepte in der Ladengestaltung von Handelsunternehmen, in: Trommsdorff, V. (Hrsg.): Handelsforschung 1995/1996. Informationsmanagement im Handel, Wiesbaden, S. 287-312.

Esch, F.-R.; Thelen, E. (1997): Ein konzeptionelles Modell zum Suchverhalten von Kunden in Einzelhandelsunternehmen, in: Trommsdorff, V. (Hrsg.): Handelsforschung 1997/1998. Kundenorientierung im Handel, Wiesbaden, S. 297-314.

Falk, B. R. (1975): Methodische Ansätze und empirische Ergebnisse der Kundenforschung in Einkaufszentren, Berlin.

Faßnacht, G. (1995): Systematische Verhaltensbeobachtung: Eine Einführung in die Methodologie und Praxis, 2. Aufl., München, Basel.

Feld, C. (1996): Category Management im Handel, Arbeitspapier Nr. 8, Seminar für Allgemeine Betriebswirtschaftslehre, Handel und Distribution an der Universität zu Köln, Köln.

Finkenzeller, K. (2004): RFID Handbook: Fundamentals and Applications in Contactless Smart Cards and Identification, 2. Aufl., Chichester.

Fiske, S. T.; Linville, P. W. (1980): What Does the Schema Concept Buy Us?, in: Personality and Social Psychology Bulletin, Vol. 6, No. 4, S. 543-557.

Fitzsimons, G. J. (2000): Consumer Response to Stockouts, in: Journal of Consumer Research, Vol. 27, No. 2, S. 249-266.

Fleisch, E.; Tellkamp, C.; Thiesse, F. (2004): Intelligente Waren beschleunigen die Prozesse, in: io new management, Heft 12, S. 28-31.

Foscht, T.; Swoboda, B. (2004): Käuferverhalten: Grundlagen - Perspektiven - Anwendungen, Wiesbaden.

Foxall, G. R.; Hackett, P. M. W. (1992): Consumers' perceptions of micro-retail location: wayfinding and cognitive mapping in planned and organic shopping environments, in: International Review of Retail, Distribution and Consumer Research, Vol. 2, No. 3, S. 309-327.

Frank, R. E.; Massy, W. F. (1970): Shelf Position and Space Effects on Sales, in: Journal of Marketing Research, Vol. 7, No. 1, S. 59-66.

Freyer, D.; Schlegtendal, C.; Schlegtendal, T.; Seyer, M. (2004): Das Verhalten von Konsumenten am Point of Purchase - empirische Untersuchungen zu Entscheidungsprozessen im stationären Einzelhandel, unveröffentlichter Projektberichtsband, Essen.

Friedrichs, J.; Lüdtke, H. (1973): Teilnehmende Beobachtung. Einführung in die sozialwissenschaftliche Feldforschung, 2. Aufl., Weinheim, Basel.

Fröhlich, K. (1996): Die Wissenspräsentation des Konsumenten in der Kaufentscheidung: Eine Strukturierung und Analyse komplexer Denkprozesse beim Weinkauf mit den Mitteln der computerunterstützten Inhaltsanalyse, Geisenheim.

Garber, T. (2005): RFID-Technologie: Goldene Zukunft oder nur eine Marketing-Hype?, in: Absatzwirtschaft, 48. Jg., Nr. 2, S. 30-33.

Gärling, T.; Böök, A.; Lindberg, E. (1986): Spatial Orientation and Wayfinding in the designed Environment: A Conceptual Analysis and some Suggestions for Postoccupancy Evaluation, in: Journal of Architectural and Planning Research, Vol. 3, No. 1, S. 55-64.

Geister, S. (1997): Kreuzblock versus Produktblock, in: EHI (Hrsg.): Flächenmanagement - Ein Baustein des Category Management, Köln, S. 50-55.

Gérard, F. (1963): Der Raum als Betriebsfaktor der Ladeneinzelhandlungen, Schriften zur Handelsforschung, Nr. 25, Köln, Opladen.

Gerhard, A. (1995): Die Unsicherheit des Konsumenten bei der Kaufentscheidung: Verhaltensweisen von Konsumenten und Anbietern, Wiesbaden.

Gerling, M. (1994): Category Management - ein neues Erfolgskonzept?, in: dynamik im handel, 38. Jg., Heft 6, S. 7-11.

Germelmann, C. C.; Gröppel-Klein, A. (2004): State of The Art der Imagery-Forschung und ihre Bedeutung für den Handel, in: Gröppel-Klein, A. (Hrsg.): Konsumentenverhaltensforschung im 21. Jahrhundert, Wiesbaden, S. 99-126.

Göbel, M. (1999): Blickbewegungsregistrierung bei der Gestaltung von Fahrerarbeitsplätzen des ÖPNV, in: Rötting, M.; Seifert, K. (Hrsg.): Blickbewegungen in der Mensch-Maschine-Systemtechnik, Sinzheim, S. 118-132.

Goldstein, E. B. (2002): Wahrnehmungspsychologie, 2. Aufl., Heidelberg, Berlin.

Golledge, R. G. (1999): Human Wayfinding and Cognitive Maps, in: Golledge, R. G. (Hrsg.): Wayfinding Behavior: Cognitive Mapping and other Spatial Processes, Baltimore, London, S. 5-45.

Graumann, C. F.; Schneider, G. (1988): Theorien und Methoden der Umweltpsychologie, in: Report Psychologie, 13. Jg., Heft 10, S. 16-21.

Greve, W.; Wentura, D. (1997): Wissenschaftliche Beobachtung - Eine Einführung, Weinheim.

Groepler, C. (2005): Shopper Research am POS am Beispiel des Knorr-Maggi Stammregals, Vortrag auf dem Frühjahrs-Kolloquium „Category Research" der Forschungsgruppe g/d/p am 10. März 2005, Hamburg.

Groner, R. (1988): Eye Movements, Attention and Visual Information Processing: Some Experimental Results and Methodological Considerations, in: Lüer, G.; Lass, U.; Shallo-Hoffmann, J. (Hrsg.): Eye Movement Research:Physiological and Psychological Aspects, Toronto u.a., S. 295-319.

Gröppel, A. (1991): Erlebnisstrategien im Einzelhandel: Analyse der Zielgruppen, der Ladengestaltung und der Warenpräsentation zur Vermittlung von Einkaufserlebnissen, Heidelberg.

Gröppel-Klein, A. (1998): Wettbewerbsstrategien im Einzelhandel. Chancen und Risiken von Preisführerschaft und Differenzierungen, Wiesbaden.

Gröppel-Klein, A. (2004): Umweltpsychologie, in: Bruhn, M.; Homburg, C. (Hrsg.): Gabler Lexikon Marketing, 2. Aufl., Wiesbaden, S. 824-827.

Gröppel-Klein, A.; Baun, D. (2001): The Role of Customers' Arousal for Retail Stores - Results from An Experimental Pilot Study Using Electrodermal Activity as Indicator, in: Advances in Consumer Research, Vol. 28, No. 1, S. 412-419.

Grossbart, S. L.; Mittelstaedt, R. A.; Curtis, W. W.; Rogers, R. D. (1975): Environmental Sensitivity and Shopping Behavior, in: Journal of Business Research, Vol. 3, No. 4, S. 281-294.

Grossbart, S. L.; Rammohan, B. (1981): Cognitive Maps and Shopping Convenience, in: Advances in Consumer Research, Vol. 8, No. 1, S. 128-133.

Gruber, E. (2004): Die Attraktivität von Einkaufsstätten im Handel - Eine Analyse aus verhaltenswissenschaftlicher Perspektive, Wiesbaden.

Grunert, K. G. (1990): Kognitive Strukturen in der Konsumforschung: Entwicklung und Erprobung eines Verfahrens zur offenen Erhebung assoziativer Netzwerke, Heidelberg.

Günther, T.; Mattmüller, R. (1993): Möglichkeiten und Grenzen der Regaloptimierung im Handel, in: Marketing ZFP, 15. Jg., Heft 2, S. 77-86.

Gutjahr, G. (1965): Die Methode der Blickregistrierung, Göttingen.

Hahne, H. (1998): Category Management aus Herstellersicht, Köln.

Hammann, P.; Erichson, B. (2000): Marktforschung, 4. Aufl., Stuttgart.

Hansen, C. (2002): Modellgetriebene Verfolgung formvariabler Objekte in Videobildfolgen, Diss., München.

Hansen, U. (1990): Absatz- und Beschaffungsmarketing des Einzelhandels: eine Aktionsanalyse, 2. Aufl., Göttingen.

Harris, D. H. (1958): The Effect of Display Width in Merchandising Soap, in: Journal of Applied Psychology, Vol. 42, No. 4, S. 283-284.

Heidel, B. (1990): Scannerdaten im Einzelhandelsmarketing, Wiesbaden.

Heidel, B.; Müller-Hagedorn, L. (1989): Plazierungspolitik nach dem Verbundkonzept im stationären Einzelhandel - Eine Wirkungsanalyse, in: Marketing ZFP, 11. Jg., Heft 1, S. 19-26.

Hellbrück, J.; Fischer, M. (1999): Umweltpsychologie: Ein Lehrbuch, Göttingen u.a.

Herold, B. (1987): Kundenfrequenz- Kundenlaufstudien: Aufbau und Bedeutung im Einzelhandel, Würzburg.

Herold, B. (1988): Der Kunde als Informationsquelle, in: dynamik im handel, 32. Jg., Heft 11, S. 50-53.

Heydt, A. von der (1999): Handbuch Efficient Consumer Response, München.

Hicks, J. W.; Kohls, R. L. (1955): Memomotion Study as a Method of Measuring Consumer Behavior, in: Journal of Marketing, Vol. 10, No. 2, S. 168-170.

Hobert, C. (2004): Ladenmonitor 2004+: Zukunftsperspektive der Ladengestaltung - Fakten, Analysen, Hintergründe aus der empirischen Forschung des EHI, Köln.

Hoepfner, F. G. (1976): Verbraucherverhalten: Informationsprozesse - Einstellungen - Entschlüsse, Stuttgart u.a.

Höller, W. (1987): Warenpräsentation. Theoretische Grundlagen und empirische Analyse im Lebensmitteleinzelhandel, Diss., Essen.

Höller, W. (1988): Reserven im Regal, in: Absatzwirtschaft, 31. Jg., Heft 12, S. 82-91.

Holzkämper, O. (1999): Category Management - Strategische Positionierung des Handels, Göttingen.

Homburg, C.; Stock, R. (2003): Theoretische Perspektiven zur Kundenzufriedenheit, in: Homburg, C. (Hrsg.): Kundenzufriedenheit: Konzepte - Methoden - Erfahrungen, 5. Aufl., Wiesbaden, S. 17-51.

Howard, J. A.; Sheth, J. N. (1969): The Theory of Buyer Behavior, New York u.a.

Hoyer, W. D. (1984): An Examination of Consumer Decision Making for a Common Repeat Purchase Product, in: Journal of Consumer Research, Vol. 11, No. 3, S. 822-829.

Hubbard, C. W. (1969): The "Shelving" of Increased Sales, in: Journal of Retailing, Vol. 45, No. 4, S. 75-84.

Huff, A. S. (1990): Mapping strategic thought, Chichester u.a.

Huppert, E. (1984): Scanning: Elektronische Handels- und Konsumentenpanels, in: Zentes, J. (Hrsg.): Neue Informations- und Kommunikationstechnologien in der Marktforschung, Berlin, Heidelberg, New York, S. 18-40.

Hussy, W. (1986): Denkpsychologie, Bd. 2: Schlußfolgern, Urteilen, Kreativität, Sprache, Entwicklung, Aufmerksamkeit., Stuttgart u.a.

Hüttner, M.; Schwarting, U. (2002): Grundzüge der Marktforschung, 7. Aufl., München, Wien.

Ittelson, W. H.; Proshansky, H. M.; Rivlin, L. G.; Winkel, G. H. (1977): Einführung in die Umweltpsychologie, Stuttgart.

Jacoby, J. (1975): Perspectives on a Consumer Information Processing Research Program, in: Communication Research, Vol. 2, No. 3, S. 203-215.

Jacoby, J.; Chestnut, R. W.; Fisher, W. A. (1978): A Behavioral Process Approach to Information Acquisition in Nondurable Purchasing, in: Journal of Marketing Research, Vol. 15, No. 4, S. 532-544.

Jeck-Schlottmann, G. (1987): Visuelle Informationsverarbeitung bei wenig involvierten Konsumenten - eine empirische Untersuchung zur Anzeigenbetrachtung mittels Blickaufzeichnung, Diss., Saarbrücken.

Johnson, M. (1999): From understanding consumer behaviour to testing category strategies, in: Journal of the Market Research Society, Vol. 41, No. 3, S. 259-288.

Kaas, K. P.; Hofacker, T. (1983): Informationstafeln und Denkprotokolle - Bestandsaufnahme und Entwicklungsmöglichkeiten der Prozeßverfolgungstechniken, in: Forschungsgruppe Konsum und Verhalten (Hrsg.): Innovative Marktforschung, Würzburg, Wien, S. 75-103.

Kamenz, U. (2001): Marktforschung: Einführung mit Fallbeispielen, Aufgaben und Lösungen, 2. Aufl., Stuttgart.

Kanzok, W. (2005): RFID im Handel: Einsatzmöglichkeiten von RFID im Category Management, Vortrag auf der 8. EUROFORUM-Jahrestagung „Category Management“ am 16. und 17. Februar 2005, Düsseldorf.

Katona, G. (1960): Das Verhalten der Verbraucher und Unternehmer: Über die Beziehungen zwischen Nationalökonomie, Psychologie und Sozialpsychologie, Tübingen.

Keitz, B. von (1986): Wahrnehmung von Informationen, in: Unger, F. (Hrsg.): Konsumentenpsychologie und Markenartikel, Heidelberg, S. 97-121.

Keitz-Krewel, B. von (1994): Werbe-Tests mit apparativen Methoden: Das Beispiel "Anzeigen-Tests mit Blickaufzeichnung", in: Forschungsgruppe Konsum und Verhalten (Hrsg.): Konsumentenforschung, München

Kepper, G. (1996): Qualitative Marktforschung: Methoden, Einsatzmöglichkeiten und Beurteilungskriterien, 2. Aufl., Wiesbaden.

Kepper, G. (2000): Methoden der Qualitativen Marktforschung, in: Herrmann, A.; Homburg, C. (Hrsg.): Marktforschung: Methoden - Anwendungen - Praxisbeispiele, 2. Aufl., Wiesbaden, S. 161-202.

Kinateder, P. (1989): Optimierung von Regalbelegungsplänen in Supermärkten: Eine empirische Studie zu Klassifizierungsleistungen bei Erwachsenen, in: Marketing ZFP, 11. Jg., Heft 2, S. 86-92.

Kirkup, M. H.; Carrigan M. (2000): Video surveillance research in retailing: ethical issues, in: International Journal of Retail and Distribution Management, Vol. 28, No. 11, S. 470-480.

Kitchin, R. M. (1994): Cognitive Maps: What Are They And Why Study Them?, in: Journal of Environmental Psychology, Vol. 14, No. 1, S. 1-19.

Knauff, M. (1997): Räumliches Wissen und Gedächtnis. Zur Wissenspsychologie des kognitiven Raums, Wiesbaden.

Knoblich, H. (1969): Betriebswirtschaftliche Warentypologie. Grundlagen und Anwendungen, Köln-Opladen.

Köhr, T. (2001): Orientierung im Regal, in: Lebensmittel-Praxis, 53. Jg, Heft 9, S. 34-35.

Kollat, D. T.; Willett, R. P. (1967): Customer Impulse Purchasing Behavior, in: Journal of Marketing Research, Vol. 4, No. 1, S. 21-31.

König, R. (1972): Beobachtung und Experiment in der Sozialforschung, in: König, R. (Hrsg.): Beobachtung und Experiment in der Sozialforschung, Köln, S. 17-47.

Kotzan, J. A.; Evanson, R. V. (1969): Responsiveness of Drug Store Sales to Shelf Space Allocations, in: Journal of Marketing Research, Vol. 6, No. 4, S. 465-469.

Kreft, W. (2002): Ladenplanung: Merchandising-Architektur, 2. Aufl., Leinfelden-Echterdingen.

Kroeber-Riel, W. (1980): Konsumentenverhalten, 2. Aufl., München.

Kroeber-Riel, W. (1995): Konsumentenverhalten, in: Tietz, B.; Köhler, R.; Zentes, J. (Hrsg.): Handwörterbuch des Marketing, 2. Aufl., Stuttgart, Sp. 1234-1246.

Kroeber-Riel, W.; Weinberg, P. (2003): Konsumentenverhalten, 8. Aufl., München.

Kucher, E. (1985): Scannerdaten und Preissensitivität bei Konsumgütern, Wiesbaden.

Kurcina, B. (2000): Use videos to obtain crucial POP info, in: Marketing News, Vol. 34, No. 24, S. 16.

Kuß, A. (1987): Information und Kaufentscheidung: Methoden und Ergebnisse empirischer Konsumentenforschung, Berlin, New York.

Kuß, A. (2004): Marktforschung: Grundlagen der Datenerhebung und Datenanalyse, Wiesbaden.

Kuß, A.; Tomczak, T. (2000): Käuferverhalten: Eine marketingorientierte Einführung, 2. Aufl., Stuttgart.

Leu, H. (1982): Verkaufswirksame Warenplazierung und Warenpräsentation, Köln.

Leven, W. (1983): Der Zusammenhang zwischen Informationsaufnahme und Informationsspeicherung beim Betrachten von Werbeanzeigen, in: Marketing ZFP, 5. Jg., Heft 1, S. 13-28.

Leven, W. (1984a): Konfuse Käufer am Kühlregal - Teil 2, in: Lebensmittel-Zeitung, 36. Jg., Nr. 41, S. F14-F16.

Leven, W. (1984b): Konfuse Käufer am Kühlregal - Teil 3, in: Lebensmittel-Zeitung, 36. Jg., Nr. 42, S. F24-F30.

Leven, W. (1991): Blickverhalten von Konsumenten: Grundlagen, Messung und Anwendung in der Werbeforschung, Heidelberg.

Leven, W. (1992): Warenpräsentation im Einzelhandel. Dargestellt am Beispiel der Zeitungs- und Zeitschriftenpräsentation, in: Marketing ZFP, 14. Jg., Heft 1, S. 13-22.

Levine, M. (1982): You-Are-Here Maps: Psychological Considerations, in: Environment and Behavior, Vol. 14, No. 2, S. 221-237.

Lewin, K. (1951): Field Theory in Social Science, New York.

Liebmann, H.-P.; Zentes, J. (2001): Handelsmanagement, München.

Lindsay, P. H.; Norman, D. A. (1981): Einführung in die Psychologie: Informationsaufnahme und -verarbeitung beim Menschen, Berlin, Heidelberg, New York.

Lürssen, J. (1988): Produktwissen und Kaufentscheidung: Einbeziehung des Produktwissens bei der Analyse von Kaufentscheidungen mit der Informations-Display-Matrix, Frankfurt/Main u.a.

Lynch, M. (1974): A Comment on Curhan´s "The Relationship Between Shelf Space and Unit Sales in Supermarkets, in: Journal of Marketing Research, Vol. 11, No. 2, S. 218-220.

MacKay, D. B.; Olshavsky, R. W.; Sentell, G. (1975): Cognitive Maps and Spatial Behavior of Consumers, in: Geographical Analysis, Vol. 7, No. 1, S. 19-34.

Mandler, J. M. (1984): Stories, Scripts, and Scenes: Aspects of Schema Theory, Hillsdale, London.

Mangold (2003): INTERACT user guide - Documentation for Interact version 6.9 or up, Arnstorf.

Markus, H.; Zajonc, R. B. (1985): The Cognitive Perspective in Social Psychology, in: Lindzey, G.; Aronson, E. (Hrsg.): Handbook of Social Psychology, 3. Aufl., New York, S. 137-230.

Martin, E.; Wawrinowski, U. (2003): Beobachtungslehre - Theorie und Praxis reflektierter Beobachtung und Beurteilung, 4. Aufl., Weinheim, München.

Mehrabian, A. (1987): Räume des Alltags: Wie die Umwelt unser Verhalten bestimmt, gekürzte Neuausgabe, Frankfurt/Main, New York.

Mehrabian, A.; Russell, J. A. (1974): An Approach to Environmental Psychology, Cambridge [Massachusetts], London.

Merkle, E. (1981): Die Erfassung und Nutzung von Informationen über den Sortimentsverbund in Handelsbetrieben, Berlin.

Michels, E. (1995): Datenanalyse mit Daten Mining, in: dynamik im handel, 39. Jg., Nr. 11, S. 135-145.

Mikasch, H. D.; Haack, J. (1986): Blickbewegungsforschung - Einführung in die physiologischen Grundlagen, Techniken und in die Problem- und Anwendungsbereiche, in: Issing, L. J.; Mikasch, H. D.; Haack, J. (Hrsg.): Blickbewegung und Bildverarbeitung - kognitionspsychologische Aspekte visueller Informationsverarbeitung, Frankfurt/Main, Bern, New York, S. 11-36.

Milliman, R. E. (1982): Using Background Music to Affect the Behavior of Supermarket Shoppers, in: Journal of Marketing, Vol. 46, No. 3, S. 86-91.

Mollá, A.; Múgica, J. M.; Yagüe, M. J. (1998): Category Management and Consumer Choice, in: The International Review of Retail, Distribution and Consumer Research, Vol. 8, No. 2, S. 225-241.

Morgan, D. L. (1997): Focus Groups as Qualitative Research, 2. Aufl., Thousand Oaks, London, New Delhi.

Müller, H. (1981): Die Warenplazierung als absatzpolitisches Instrument im Selbstbedienungseinzelhandel, Diss., Köln.

Müller-Hagedorn, L. (1986): Das Konsumentenverhalten: Grundlagen für die Marktforschung, Wiesbaden.

Müller-Hagedorn, L.; Heidel, B. (1986): Optimale Verkaufsflächennutzung in Handelsbetrieben, Arbeitspapier Nr. 10, Universität Trier, Trier.

Needel, S. P. (1998): Understanding Consumer Response to Category Management through Virtual Reality, in: Journal of Advertising Research, Vol. 38, No. 4, S. 61-67.

Nieschlag, R.; Dichtl, E.; Hörschgen, H. (2002): Marketing, 19. Aufl., Berlin.

Niewöhner, J. (2002): Einsatz der Blickregistrierung bei der Analyse der Demontage von Elektro(nik)-Altgeräten: Entwicklung und Evaluierung einer Methodik zur Quantifizierung von Erkennungszeiten, Düsseldorf.

Nisbett, R. E.; Ross, L. (1980): Human inference: strategies and shortcomings of social judgement, Englewood Cliffs u.a.

o.V. (1963): Die Colonial-Studie: Umsatz, Kosten, Ertrag, Kundenverhalten und Verkaufstechniken amerikanischer Supermärkte. Eine Untersuchung der Zeitschrift „Progressive Grocer", ausgewählt und übersetzt vom Institut für Selbstbedienung, Köln.

o.V. (1977): Warenplazierung im Cash and Carry-Betrieb, in: Cash and Carry, 16. Jg., Nr. 10, S. 16-18.

o.V. (1979): Die Warenanordnung im Regal: Wo sollte der Artikel stehen?, in: Lebensmittel-Zeitung, 31. Jg., Nr. 16, S. F22-F25.

o.V. (1984a): Aktiv verkaufen (4): Horizontale und vertikale Plazierung, in: Rundschau für den deutschen Einzelhändler, 50. Jg., Nr. 9, S. 66-68.

o.V. (1984b): Aktiv verkaufen (5): Der richtige Platz im Regal, in: Rundschau für den deutschen Einzelhändler, 50. Jg., Nr. 10, S. 112-114.

o.V. (1984c): Mehr Erträge im Kühlregal, in: Lebensmittel-Praxis, 36. Jg., Nr. 18, S. 77-84.

o.V. (1995): Richtlinien der deutschen Marktforschungsverbände für Beobachtungsverfahren und Beobachtungen bei demoskopischen Untersuchungen, in: Planung & Analyse, 22. Jg., Heft 5, S. 27-28.

o.V. (1999): Der Verbraucher weiß, was er will, in: Lebensmittel-Zeitung, 51. Jg, Nr. 15, 16.04.1999, S. 41-43.

Oliver, R. L. (1981): Measurement and Evaluation of Satisfaction Processes in Retail Settings, in: Journal of Retailing, Vol. 57, No. 3, S. 25-48.

Paperlein, J. (2005): Shopping mit vielen Tücken - Blickverlaufsmessung im Supermarkt, in: Horizont, 22. Jg., Nr. 21, S. 20.

Park, C. W.; Iyer, E.; Smith, D. E. (1989): The Effects of Situational Factors on In-Store-Grocery Shopping Behavior, in: Journal of Consumer Research, Vol. 15, No. 4, S. 422-433.

Payne, J. W. (1976): Task Complexity and Contingent Processing in Decision Making: An Information Search and Protocol Analysis, in: Organizational Behavior and Human Performance, Vol. 16, No. 2, S. 366-387.

Payne, J. W.; Ragsdale, E. K. E. (1978): Verbale Protocols and Direct Observations of Supermarket Shopping Behavior: Some Findings and a Discussion of Methods, in: Advances in Consumer Research, Vol. 5, No. 1, S. 571-577.

Peterson, R. A.; Cagley, J. W. (1973): The Effect of Shelf Space Upon Sales of Branded Products: An Appraisal, in: Journal of Marketing Research, Vol. 10, No. 1, S. 103-104.

Pflaum, D.; Eisenmann, H. (1988): Einführung in die Handelswerbung, Stuttgart u.a.

Phillips, H. C.; Bradshaw, R. P. (1991): Camera tracking: a new tool for market research and retail management, in: Management Research News, Vol. 14, No. 4/5, S. 20-22.

Pieters, R.; Rosbergen, E.; Wedel, M. (1999): Visual Attention to Repeated Print Advertising: A Test of Scanpath Theory, in: Journal of Marketing Research, Vol. 36, No. 4, S. 424-438.

Raab, G.; Unger, A.; Unger, F. (2004): Methoden der Marketing-Forschung: Grundlagen und Praxisbeispiele, Wiesbaden.

Raffée, H. (1984): Gegenstand, Methoden und Konzepte der Betriebswirtschaftslehre, in: Baetge, J. (Hrsg.): Vahlens Kompendium der Betriebswirtschaftslehre, Bd. 1, München, S. 1-46.

Raingruber, B. (2003): Video-Cued Narrative Reflection: A Research Approach for Articulating Tacit, Relational, and Embodied Understandings, in: Qualitative Health Research, Vol. 13, No. 8, S. 1155-1169.

Rapoport, A. (1977): Human Aspects of Urban Form, Oxford u.a.

Ridgway, N. M.; Dawson, S. A.; Bloch, P. H. (1989): Pleasure and Arousal in the Marketplace: Interpersonal Differences in Approach-Avoidance Responses, in: Marketing Letters, Vol. 1, No. 2, S. 139-147.

Rittchen, J. (2004): Vertriebsschienenwahl und Kundenverhalten am POS aus der Sicht von Kosmetik/Körperpflege, Vortrag auf der memex_8 Shopping Tagung am 22. Oktober 2004, Berlin.

Rock, I. (1998): Wahrnehmung: vom visuellen Reiz zum Sehen und Erkennen, Heidelberg, Berlin.

Rötting, M. (1999): Methoden zur Registrierung von Augenbewegungen, in: Rötting, M.; Seifert, K. (Hrsg.): Blickbewegungen in der Mensch-Maschine-Systemtechnik, Sinzheim, S. 19-34.

Rötting, M. (2001): Parametersystematik der Augen- und Blickbewegungen für arbeitswissenschaftliche Untersuchungen, Aachen.

Rudolph, T. (2005): Modernes Handelsmanagement: Eine Einführung in die Handelslehre, München u.a.

Russell, J. A.; Pratt, G. (1980): A Description of the Affective Quality Attributed to Environments, in: Journal of Personality and Social Psychology, Vol. 38, No. 2, S. 311-322.

Russell, J. A.; Snodgrass, J. (1987): Emotion and the Environment, in: Stokols, D.; Altman, J. (Hrsg.): Handbook of Environmental Psychology, New York, S. 245-288.

Russell, J. A.; Ward, L. M. (1982): Environmental Psychology, in: Annual Review of Psychology, Vol. 33, No. 1, S. 651-688.

Russo, J. E.; Johnson, E. J.; Stephens, D. L. (1989): The validity of verbal protocols, in: Memory and Cognition, Vol. 17, No. 6, S. 759-769.

Russo, J. E.; Leclerc, F. (1994): An Eye-Fixation Analysis of Choice Processes for Consumer Nondurables, in: Journal of Consumer Research, Vol. 21, No. 2, S. 274-290.

Russo, J. E. (1978): Eye Fixations can Save the World: A Critical Evaluation and a Comparison between Eye Fixations and other Information Processing Methodologies, in: Advances in Consumer Research, Vol. 5, No. 1, S. 561-570.

Salcher, E. F. (1995): Psychologische Marktforschung, 2. Aufl., Berlin, New York.

Sanghavi, N. (1988): Space management: a new initiative, in: Retail & Distribution Management, Vol. 16, No. 1/2, S. 14-17.

Scamell-Katz, S.; Noder, C. (2003): Beyond Category Management, Vortrag auf der 6. EUROFORUM-Jahrestagung „Category Management“ am 11. und 12. Februar 2003, Düsseldorf.

Schary, P. B.; Christopher, M. (1979): The Anatomy of a Stock-Out, in: Journal of Retailing, Vol. 55, No. 2, S. 59-70.

Scheuch, M. (2001): Verkaufsraumgestaltung und Ladenatmosphäre im Handel, Wien.

Schmitz, C. A.; Kölzer, B. (1996): Einkaufsverhalten im Handel: Ansätze zu einer kundenorientierten Handelsmarketingplanung, München.

Schröder, H. (2001): Wer hat bei Category Management an Efficient Shelf Presentation gedacht? Informationen für kundenorientierte Flächenzuteilung und Warenpräsentation im Lebensmittel-Einzelhandel, in: Ahlert, D.; Olbrich, R.; Schröder, H. (Hrsg.): Jahrbuch zum Handelsmanagement 2001: Vertikales Marketing und Markenführung im Zeichen von Category Management, Frankfurt/Main, S. 261-291.

Schröder, H. (2002): Handelsmarketing: Methoden und Instrumente im Einzelhandel, München.

Schröder, H. (2003): Category Managment - Eine Standortbestimmung, in: Schröder, H. (Hrsg.): Category Management: Aus der Praxis für die Praxis: Konzepte - Kooperationen - Erfahrungen, Frankfurt/Main, S. 11-38.

Schröder, H. (2005): Multichannel-Retailing: Marketing in Mehrkanalsystemen des Einzelhandels, Berlin, Heidelberg.

Schröder, H.; Berghaus, N. (2005): Blickaufzeichnung der Wahrnehmung am Regal - Methodendemonstration am Beispiel Süßgebäck, in: Trommsdorff, V. (Hrsg.): Handelsforschung 2005. Neue Erkenntnisse für Praxis und Wissenschaft des Handels, Stuttgart, S. 315-335.

Schröder, H.; Berghaus, N.; Zimmermann, G. (2005): Das Blickverhalten der Kunden als Grundlage für die Warenplatzierung im Lebensmitteleinzelhandel, in: der markt, 44. Jg., Nr. 172, S. 31-43.

Schröder, H.; Möller, N.; Zimmermann, G. (2007a): Die Analyse des Such- und Entscheidungsverhaltens von Kunden im stationären Einzelhandel – ein Vergleich ausgewählter Beobachtungsmethoden, in: Ahlert, D.; Olbrich, R.; Schröder, H. (Hrsg.): Shopper Research, Kundenverhalten im Handel – Jahrbuch zum Vertriebs- und Handelsmanagement 2007,Frankfurt/Main, S. 155-172.

Schröder, H.; Möller, N.; Zimmermann, G. (2007b): Die Messung der Wahrnehmung von Warenplatzierungen mit Hilfe der Videobeobachtung und der Blickaufzeichnung – dargestellt am Beispiel der Warengruppe Wasch-, Putz- und Reinigungsmittel, in: Schuckel, M.; Toporowski, W. (Hrsg.): Theoretische Fundierung und praktische Relevanz der Handelsforschung, Wiesbaden, S. 257-282.

Schröder, H.; Rödl, A. (2004): Der Nutzen von Transaktionsdaten für das Handelsmarketing, in: Trommsdorff, V. (Hrsg.): Handelsforschung 2004 - Neue Erkenntnisse für Praxis und Wissenschaft des Handels, Köln, S. 519-538.

Schröder, H.; Zimmermann, G. (2003): Käuferverhalten in der Warengruppe Tafelschokolade, unveröffentlichter Berichtsband über fünf Fokusgruppengespräche, Essen.

Schroiff, H.-W. (1983): Experimentelle Untersuchungen zur Reliabilität und Validität von Blickbewegungsdaten, Diss., Aachen.

Schulz, R. (1972): Kaufentscheidungsprozesse des Konsumenten, Wiesbaden.

Schwarz, N. (1985): Theorien konzeptgesteuerter Informationsverarbeitung in der Sozialpsychologie, in: Frey, D.; Irle, M. (Hrsg.): Theorien der Sozialpsychologie, Bern, S. 269-291.

Schwindt, K. (2004): Einsatz von Funketiketten in der Handelslogistik, in: HMD - Praxis der Wirtschaftsinformatik, Heft 235, S. 53-56.

Seifert, K.; Eyferth, K. (1999): Vergleich zweier Methoden zur Kontrolle visueller Suchprozesse: Blickbewegungsmessung und Demaskierungstechnik, in: Rötting, M.; Seifert, K. (Hrsg.): Blickbewegungen in der Mensch-Maschine-Systemtechnik, Sinzheim, S. 71-86.

Shiv, B.; Fedorikhin, A. (1999): Heart and Mind in Conflict: The Interplay of Affect and Cognition in Consumer Decision Making, in: Journal of Consumer Research, Vol. 26, No. 3, S. 278-292.

Silberer, G.; Büttner, O. B. (2004): Video-Cued Thought Protocols as a Method for Assessing Consumer Cognition at the Point of Sale, Beitrag zur Tracking-Forschung Nr. 7, Institut für Marketing und Handel, Georg-August-Universität Göttingen, Göttingen.

Silberer, G.; Engelhardt, J.-F.; Volland, M. (2004): POS-Terminals als Orientierungshilfe für den Ladenbesucher, in: der markt, 43 Jg., Nr. 169, S. 82-88.

Simmet, H. (1990): Neue Informations- und Kommunikationstechnologien im Marketing des Lebensmitteleinzelhandels, Stuttgart.

Sloot, L. M.; Verhoef, P. C.; Franses, P. H. (2005): The impact of brand equity and the hedonic level of products on consumer stock-out reactions, in: Journal of Retailing, Vol. 81, No. 1, S. 15-34.

Sommer, R.; Aitkens, S. (1982): Mental Mapping of Two Supermarkets, in: Journal of Consumer Research, Vol. 9, No. 2, S. 211-216.

Spiegel, B. (1970): Werbepsychologische Untersuchungsmethoden. Experimentelle Forschungs- und Prüfverfahren, 2. Aufl., Berlin.

Spies, K.; Hesse, F. W. (1986): Interaktion von Emotion und Kognition, in: Psychologische Rundschau, 37. Jg, Heft 2, S. 75-90.

Spitz, A. E.; Flaschner, A. B. (1980): Retailing, Cambrigde [Massachusetts].

Steiner, G. (1988): Analoge Repräsentationen, in: Mandl, H.; Spada, H. (Hrsg.): Wissenspsychologie, München, Weinheim, S. 99-119.

Stokols, D. (1972): On the Distinction between Density and Crowding: Some Implications for Future Research, in: Psychological Review, Vol. 79, No. 3, S. 275-277.

Swoboda, B. (1997): Auswirkungen der Ladenwahrnehmung auf Kaufverhalten und Einkaufszufriedenheit - Ergebnisse einer situativen Analyse, in: Trommsdorff, V. (Hrsg.): Handelsforschung 1997/1998. Kundenorientierung im Handel, Wiesbaden, S. 315-339.

Tai, S. H. C.; Fung, A. M. C. (1997): Application of an environmental psychology model to in-store buying behaviour, in: The International Review of Retail, Distribution and Consumer Research, Vol. 7, No. 4, S. 311-338.

Teunter, L. H. (2002): Analysis of Sales Promotion Effects on Household Purchase Behavior, Diss., Rotterdam.

Theis, H.-J. (1999): Handels-Marketing: Analyse- und Planungskonzepte für den Einzelhandel, Frankfurt/Main.

Tietz, B. (1993): Der Handelsbetrieb: Grundlagen der Unternehmenspolitik, 2. Aufl., München.

Titus, P. A.; Everett, P. B. (1995): The Consumer Retail Search Process: A Conceptual Model and Research Agenda, in: Journal of the Academy of Marketing Science, Vol. 23, No. 2, S. 106-119.

Titus, P. A.; Everett, P. B. (1996): Consumer Wayfinding Tasks, Strategies, and Errors: An Exploratory Field Study, in: Psychology & Marketing, Vol. 13, No. 3, S. 265-290.

Topritzhofer, E. (1974): Absatzwirtschaftliche Modelle des Kaufentscheidungsprozesses unter besonderer Berücksichtigung des Markenwahlaspektes, Wien.

Treis, B.; Ganswindt, K. (1984): Veränderungen des Aussagewertes von scannererhobenen Paneldaten für das Handels- und Herstellermarketing, Bd. 2, Göttingen.

Treistman, J.; Gregg, J. P. (1979): Visual, Verbal, and Sales Responses to Print Ads, in: Journal of Advertising Research, Vol. 19, No. 4, S. 41-47.

Trommsdorff, V. (2002): Konsumentenverhalten, 4. Aufl., Stuttgart.

Veitch, R.; Arkkelin, D. (1995): Environmental Psychology: An Interdisciplinary Perspektive, New Jersey.

Verbeke, W.; Farris, P.; Thurik, R. (1998): Consumer response to the preferred brand out-of-stock situation, in: European Journal of Marketing, Vol. 32, No. 11/12, S. 1008-1028.

Vogt, B.; Krüger, A. (2005): Erfolgsfaktor Shopper Insights - Erfolgreicher Transfer am POS, Vortrag auf der 8. EUROFORUM-Jahrestagung „Category Management" am 16. und 17. Februar 2005, Düsseldorf.

Waldmann, M. R. (1990): Schema und Gedächtnis: das Zusammenwirken von Raum- und Ereignisschemata beim Gedächtnis für Alltagssituationen, Heidelberg.

Weinberg, P. (1977): Die Produkttreue der Konsumenten, Wiesbaden.

Weinberg, P. (1981): Das Entscheidungsverhalten von Konsumenten, Paderborn u.a.

Weinberg, P. (1986): Nonverbale Marktkommunikation, Heidelberg.

Weinberg, P. (1992): Erlebnismarketing, München.

Weinberg, P.; Gottwald, W. (1982): Impulsive Consumer Buying as a Result of Emotions, in: Journal of Business Research, Vol. 10, No. 1, S. 43-57.

Weinberg, P.; Schulte-Frankenfeld, H. (1983): Informations-Display-Matrizen zur Analyse der Informationsaufnahme von Konsumenten, in: Forschungsgruppe Konsum und Verhalten (Hrsg.): Innovative Marktforschung, Würzburg, Wien, S. 63-74.

Wells, W. D.; Lo Sciuto, L. A. (1966): Direct Observation of Purchasing Behavior, in: Journal of Marketing Research, Vol. 3, No. 3, S. 227-233.

Werner, N. (2002): POS-Forschung - wesentliche Basis für Category Management, Vortrag auf der 5. EUROFORUM-Jahrestagung „Category Management auf dem Vormarsch" am 19. und 20. Februar 2002, Düsseldorf.

Wessells, M. G. (1984): Kognitive Psychologie, New York.

Wieland, H. J. (1977): Wenn Datenkassen Artikel platzieren..., in: Rationeller Handel, 20. Jg., Heft 3, S. 59-61.

Wilhelm, T.; Yom, M.; Beger, D. (2002): Site-Covering - eine innovative Methode zur Erfassung der Informationsaufnahme und des Entscheidungsverhaltens auf Webseiten, in: Planung & Analyse, 29. Jg., Heft 2, S. 46-50.

Witt, D. (1977): Blickverhalten und Erinnerung bei emotionaler Anzeigenwerbung - Eine experimentelle Untersuchung mit der Methode der Blickaufzeichnung, Diss., Saarbrücken.

Wittmann, N. (2003): Promotion am Point-of-Purchase - die Kundensicht entscheidet, in: Schröder, H. (Hrsg.): Category Management: Aus der Praxis für die Praxis: Konzepte - Kooperationen - Erfahrungen, Frankfurt/Main, S. 157-170.

Wittmann, N.; Lischke, F. G. (1998): Marken-Blöcke steigern den Umsatz, in: Lebensmittel-Zeitung, 50. Jg., Heft 16, S. 62.

Young, L. R.; Sheena, D. (1975): Survey of eye movement recording methods, in: Behavior Research Methods and Instrumentation, Vol. 7, No. 5, S. 397-429.

Young, S. (2002): Winning at Retail, in: Global Cosmetic Industry, Vol. 170, No. 8, S. 60-64.

Zeithaml, V. A. (1982): Consumer Response to In-Store Price Information Environments, in: Journal of Consumer Research, Vol. 8, No. 4, S. 357-369.

Zeithaml, V. A. (1988): Consumer Perceptions of Price, Quality, and Value: A Means-End Model and Synthesis of Evidence, in: Journal of Marketing, Vol. 52, No. 3, S. 2-22.

Zielke, S. (1999): Kundenorientierte Warenplazierung, Arbeitspapier Nr. 10, Seminar für Allgemeine Betriebswirtschaftslehre, Handel und Distribution an der Universität zu Köln, Köln.

Zielke, S. (2001): Kundengerechte Sortimentsgliederungen am Point of Sale: Ansätze zur Erhebung kognitiver Strukturen als Richtgrößen für Warenplazierung und Category Management, in: Marketing ZFP, 23. Jg., Heft 2, S. 100-116.

Zielke, S. (2002): Kundenorientierte Warenplatzierung: Modelle und Methoden für das Category Management, Stuttgart, Berlin, Köln.

Zielke, S. (2004): Strategien und Instrumente zur kundenorientierten Warenplatzierung im Einzelhandel, in: Trommsdorff, V. (Hrsg.): Handelsforschung 2004. Neue Erkenntnisse für Praxis und Wissenschaft des Handels, S. 381-400.

Zikmund, W. (1997): Exploring Marketing Research, 6. Aufl., Fort Worth.

Zimbardo, P. G.; Gerrig, R. J. (2004): Psychologie, 16. Aufl., München u.a.

Zwerina, H. (1992): Erkennung von Sehzeichen in unterschiedlichen Strukturen auf dem Bildschirm, Diss., Karlsruhe.

Anhang

Ort 1, 12.02.2004

Marktforschungsprojekt

Liebe Kundinnen und Kunden,

am heutigen Tagen findet in diesem [ ] Markt eine Marktforschungsstudie der Universität Duisburg-Essen (Lehrstuhl Marketing & Handel) statt.

Ziel ist es, dem Auftraggeber durch die Beobachtung der Konsumenten Hinweise über die Bedürfnisse der Verbraucher zu liefern, um das Warenangebot und die Produktplazierung an den Wünschen der Kunden auszurichten und zu verbessern.

Es werden keine personenbezogenen Daten erhoben, das heißt, aus den Ergebnissen kann niemand erkennen, um welchen Kunden es sich handelt.

Vielen Dank für Ihr Verständnis

Anhang A: Aushang im Eingangsbereich der Einkaufsstätten[447]

[447] Basierend auf dem von der ESOMAR entwickelten internationalen Kodex für die Marktforschungspraxis gibt es von dem Arbeitskreis Deutscher Markt- und Sozialforschungsinstitute zahlreiche Richtlinien bezüglich des Datenschutzes, der Vertraulichkeit der Daten, der Informationspflicht der beobachteten Kunden etc., die alle in Deutschland tätigen Marktforschungsunternehmen an dieses „Standesrecht“ binden sollen, vgl. o.V. 1995, S. 27 f.; Hüttner/Schwarting 2002, S. 475. Siehe in diesem Zusammenhang auch den kritischen Aufsatz von Kirkup/Carrigan 2000, S. 470 ff. Aus diesem Grund wurden die Kunden mittels Aushang über die stattfindenden Beobachtungen informiert.

Univ.-Prof. Dr. Hendrik Schröder
Marketing und Handel
Universität Duisburg-Essen

Forschungszentrum für
Category Management
Campus Essen

Fragebogen: Videobeobachtung Interviewer: _____ Datum/Uhrzeit: _____ lfd. Nr.: _____

Vom Interviewer vor der Befragung auszufüllen

SB-Warenhaus-Filiale in: O Ort 1 O Ort 2

Geschlecht der befragten Person: O männlich O weiblich

Wie oft kaufen Sie in dieser Einkaufsstätte ein?

O mehrmals in der Woche O einmal in der Woche O mehrmals im Monat O seltener als einmal im Monat

Wie oft kaufen Sie bei Ihren Einkäufen hier Tafelschokolade?

O bei jedem Einkauf O nicht bei jedem Einkauf, aber häufig O eher selten

Kaufen Sie Tafelschokolade noch in anderen Einkaufsstätten?

O nein O ja Wenn ja, in welchen?

(1.) ______________________ (2.) ______________________

(3.) ______________________ (4.) ______________________

Welche Tafelschokoladen kaufen Sie üblicherweise ein?

(1.) ______________________ (2.) ______________________

(3.) ______________________ (4.) ______________________

Wie viele Tafeln haben Sie heute gekauft? ______ Tafeln

Ist das die übliche Menge die Sie einkaufen?

O ja O nein, mehr als üblich O nein, weniger als üblich

Wenn nein, warum haben Sie mehr/weniger gekauft?

____

Welche Tafelschokoladen haben Sie heute gekauft? Marke (Sorte):

(1.) ______________________ (2.) ______________________

(3.) ______________________ (4.) ______________________

Haben Sie andere Tafelschokolade genommen als Sie vorhatten?

O nein O ja

Wenn ja, was? ______________________________

und warum? ______________________________

Haben Sie diese Sorte schon einmal gekauft?

O ja O nein

Wenn nein, was hat Sie zum Kauf bewegt?

____

Universitätsstr. 12 • 45141 Essen • Tel.: 0201-183-2261/3385 • Telefax: 0201-183-2833
E-Mail: hendrik.schroeder@uni-essen.de • Internet: www.marketing.uni-essen.de

Anhang B: Kundenbefragung - Tafelschokolade (Seite 1)

Univ.-Prof. Dr. Hendrik Schröder
Marketing und Handel
Universität Duisburg-Essen

Forschungszentrum für
Category Management
Campus Essen

Für welchen Anlass haben Sie diese Schokolade gekauft?

(1.)____

(2.)____

(3.)____

Für wen haben Sie die Tafelschokolade gekauft?

O Eigenbedarf   O Fremdbedarf   O Eigen- und Fremdbedarf

Bei Eigenbedarf: Für wie viele Tage reichen diese Tafeln? __ Tage

Planen Sie Ihre Einkäufe zu Hause?

O ja, den überwiegenden Teil   O ja, einen geringen Teil   O nein, überhaupt nicht

Wenn ja, wie planen Sie Ihre Einkäufe?

O mit einem Einkaufszettel   O ohne Einkaufszettel

Planen Sie den Einkauf von Tafelschokolade?

O nein   O ja

Wenn ja, was planen Sie? (Mehrfachnennungen möglich)

O Marke   O Sorte/Geschmacksrichtung   O Packungsgröße   O Preis

Haben Sie jetzt alles an Tafelschokolade im Einkaufswagen, was Sie kaufen wollten?

O ja   O nein

Wenn nein, welche Artikel fehlen?

(1.) ____________________ (2.) ____________________

Wenn nein, warum glauben Sie fehlen diese Artikel?

O anscheinend nicht im Sortiment   O z.Zt. nicht vorrätig   O nicht gefunden   O keine Zeit mehr zum Suchen

O Sonstiges ____________________________________

Wenn nein, wie verhalten Sie sich? Ich suche...

O jetzt eine anderes Geschäft auf   O in diesem Geschäft beim nächsten Besuch   O nicht weiter danach

Universitätsstr. 12 ● 45141 Essen ● Tel.: 0201-183-2261/3385 ● Telefax: 0201-183-2833
E-Mail: hendrik.schroeder@uni-essen.de ● Internet: www.marketing.uni-essen.de

Anhang B: Kundenbefragung - Tafelschokolade
(Seite 2)

Univ.-Prof. Dr. Hendrik Schröder
Marketing und Handel
Universität Duisburg-Essen

Forschungszentrum für
Category Management
Campus Essen

Wie beurteilen Sie den Umfang der in diesem Markt angebotenen Tafelschokolade?

O zu viel O genau richtig O zu wenig

Wie beurteilen Sie die Übersichtlichkeit des Regals mit Tafelschokolade?

sehr übersichtlich O---------- O---------- O---------- O---------- O sehr unübersichtlich

Warum beurteilen Sie das so? ______________________________

Sind Ihnen in der letzten Zeit Veränderungen am Regal mit Tafelschokolade aufgefallen?

O nein O ja

Wenn ja, was ist Ihnen aufgefallen?______________________________

Wie beurteilen Sie die Veränderungen?

deutlich verbessert O---------- O---------- O---------- O---------- O deutlich verschlechtert

Hatten Sie Probleme bei der Suche von Tafelschokolade? (Standort im Markt oder Marke/Sorte im Regal?)

O nein O ja

Wenn ja, welche? ______________________________

Woran haben Sie sich bei Ihrer Suche am Regal orientiert?

____

Könnten Sie sich eine Platzierung nach Sorten vorstellen?

O ja O nein

Nur in EKS 2 abgefragt!

Wie haben Sie die Suchzeit am Regal empfunden?

O normal O lang O zu lang

Was könnte Ihnen die Suche am Regal erleichtern?

____

____

Trifft diese Aussage auf Sie zu? „Tafelschokolade kaufe ich nur, wenn Sie im Sonderangebot ist."

Immer O-------------- häufig O-------------- manchmal O-------------- nie O

Trifft diese Aussage auf Sie zu? „Ich vergleiche beim Kauf von Tafelschokolade den Preis."

Immer O-------------- häufig O-------------- manchmal O-------------- nie O

Universitätsstr. 12 ● 45141 Essen ● Tel.: 0201-183-2261/3385 ● Telefax: 0201-183-2833
E-Mail: hendrik.schroeder@uni-essen.de ● Internet: www.marketing.uni-essen.de

Anhang B: Kundenbefragung - Tafelschokolade (Seite 3)

Univ.-Prof. Dr. Hendrik Schröder
Marketing und Handel
Universität Duisburg-Essen

Forschungszentrum für
Category Management
Campus Essen

Gibt es etwas, was Sie den Händlern oder Herstellern zum Thema Tafelschokolade sagen möchten?
(Anregungen / Verbesserungsvorschläge)

Händlern:____

Herstellern: ____

Wären Sie so freundlich, mir Ihr Alter zu sagen? ___ Jahre

Wie viele Personen leben in Ihrem Haushalt? ___ Personen

Haben Sie Kinder? ? O nein O ja Wenn ja, wie viele? ___ Kinder, von __ bis __ Jahren

Sonstige Anmerkungen (für den Interviewer): ____________________________

Universitätsstr. 12 • 45141 Essen • Tel.: 0201-183-2261/3385 • Telefax: 0201-183-2833
E-Mail: hendrik.schroeder@uni-essen.de • Internet: www.marketing.uni-essen.de

Anhang B: Kundenbefragung - Tafelschokolade (Seite 4)

Univ.-Prof. Dr. Hendrik Schröder
Marketing und Handel
Universität Duisburg-Essen

Forschungszentrum für
Category Management
Campus Essen

Fragebogen: Videobeobachtung Interviewer: _____ Datum/Uhrzeit: _____ lfd. Nr.: _____

Vom Interviewer vor der Befragung auszufüllen

SB-Warenhaus-Filiale in: O Ort 1 O Ort 2
Geschlecht der befragten Person: O männlich O weiblich

Wie oft kaufen Sie in dieser Einkaufsstätte ein?

O mehrmals in der Woche O einmal in der Woche O 1-3 mal im Monat O seltener

Wie oft nutzen Sie diese Einkaufsstätte für den Kauf von Universalwaschmitteln?

O bei jedem Einkauf O häufig O seltener

Welche Artikel aus der Warengruppe Universalwaschmittel haben Sie heute gekauft?

(Marke, exakter Name, Aggregatzustand [Pulver/Flüssig/Gel/...], Gebindegröße [Liter/kg], Anzahl):

War dieser Kauf geplant oder haben Sie sich erst im Geschäft für den Kauf entschieden?

	geplant	nicht-geplant
(1) ________	O	O
(2) ________	O	O
(3) ________	O	O

(Bei nicht-geplanten Artikeln):

Warum haben Sie den/die nicht-geplante(n) Artikel gekauft?

(ad ☐) ________

(ad ☐) ________

Wenn KEIN Flüssig-Waschmittel dabei ist:
Verwenden Sie auch flüssige Universalwaschmittel?

O ja O nein

Warum haben Sie real,- für den Einkauf Ihres Waschmittels gewählt?

____

____

Wenn NICHT der Handzettel genannt wird:

Haben Sie den real,- Handzettel für Ihren heutigen Einkauf genutzt?

O ja O nein

Wie beurteilen Sie die Übersichtlichkeit des UWM-Regals?

sehr übersichtlich sehr unübersichtlich

O -------------- O -------------- O -------------- O -------------- O

Universitätsstr. 12 ● 45141 Essen ● Tel.: 0201-183-2261/3385 ● Telefax: 0201-183-2833
E-Mail: hendrik.schroeder@uni-essen.de ● Internet: www.marketing.uni-essen.de

Anhang C: Erste Kundenbefragung - Universalwaschmittel
(Fragebogen vor der Umplatzierung)
(Seite 1)

Univ.-Prof. Dr. Hendrik Schröder
Marketing und Handel
Universität Duisburg-Essen

Forschungszentrum für
Category Management
Campus Essen

Warum beurteilen Sie das so? ______________________________

____

____

____

____

Hatten Sie Probleme beim Auffinden Ihres Universalwaschmittels?

O nein O ja

Wenn ja, welche? ______________________________

____

Woran haben Sie sich bei Ihrer Suche am Regal orientiert?

____

____

Wie haben Sie die Suchzeit empfunden?

O sehr lang O lang O kurz O sehr kurz

Was könnte die Suche am Regal insgesamt erleichtern?

____

____

____

Wie beurteilen Sie die Anzahl der in diesem Markt angebotenen Universalwaschmittel?

O zu viel O genau richtig O zu wenig

Soziodemographische Daten:

Wären Sie so freundlich, mir Ihr Alter zu sagen? ___ Jahre

Wie viele Personen leben in Ihrem Haushalt? ___ Personen

Sonstige Anmerkungen, Probandenbeschreibung (für den Interviewer): ______________________________

____

Universitätsstr. 12 ● 45141 Essen ● Tel.: 0201-183-2261/3385 ● Telefax: 0201-183-2833
E-Mail: hendrik.schroeder@uni-essen.de ● Internet: www.marketing.uni-essen.de

Anhang C: Erste Kundenbefragung - Universalwaschmittel
(Fragebogen vor der Umplatzierung)
(Seite 2)

Univ.-Prof. Dr. Hendrik Schröder
Marketing und Handel
Universität Duisburg-Essen

Forschungszentrum für
Category Management
Campus Essen

Fragebogen: Videobeobachtung Interviewer: _____ Datum/Uhrzeit: _____ lfd. Nr.: _____

Vom Interviewer vor der Befragung auszufüllen

SB-Warenhaus-Filiale in: O Ort 1 O Ort 2
Geschlecht der befragten Person: O männlich O weiblich

Wie oft kaufen Sie in dieser Einkaufsstätte ein?

O mehrmals in der Woche O einmal in der Woche O 1-3 mal im Monat O seltener

Wie oft nutzen Sie diese Einkaufsstätte für den Kauf von Universalwaschmitteln?

O bei jedem Einkauf O häufig O seltener

Welche Artikel aus der Warengruppe Universalwaschmittel haben Sie heute gekauft?
(Marke, exakter Name, Aggregatzustand [Pulver/Flüssig/Gel/...], Gebindegröße [Liter/kg], Anzahl):
War dieser Kauf geplant oder haben Sie sich erst im Geschäft für den Kauf entschieden?

	geplant	nicht-geplant
(1) ______________________	O	O
(2) ______________________	O	O
(3) ______________________	O	O

(Bei nicht-geplanten Artikeln):
Warum haben Sie den/die nicht-geplante(n) Artikel gekauft?

(ad □) ______________________

(ad □) ______________________

Wenn KEIN Flüssig-Waschmittel dabei ist:
Verwenden Sie auch flüssige Universalwaschmittel?

O ja O nein

Warum haben Sie real,- für den Einkauf Ihres Waschmittels gewählt?

____

____

Wenn NICHT der Handzettel genannt wird:

Haben Sie den real,- Handzettel für Ihren heutigen Einkauf genutzt?

O ja O nein

Wie beurteilen Sie die Übersichtlichkeit des UWM-Regals?

sehr übersichtlich sehr unübersichtlich

O -------------- O -------------- O -------------- O -------------- O

Universitätsstr. 12 • 45141 Essen • Tel.: 0201-183-2261/3385 • Telefax: 0201-183-2833
E-Mail: hendrik.schroeder@uni-essen.de • Internet: www.marketing.uni-essen.de

Anhang D: Zweite Kundenbefragung - Universalwaschmittel
(Fragebogen nach der Umplatzierung)
(Seite 1)

Univ.-Prof. Dr. Hendrik Schröder
Marketing und Handel
Universität Duisburg-Essen

Forschungszentrum für
Category Management
Campus Essen

Warum beurteilen Sie das so? ____________________

Hatten Sie Probleme beim Auffinden Ihres Universalwaschmittels?
O nein O ja

Wenn ja, welche? ____________________

Woran haben Sie sich bei Ihrer Suche am Regal orientiert?

Wie haben Sie die Suchzeit empfunden?
O sehr lang O lang O kurz O sehr kurz

Was könnte die Suche am Regal insgesamt erleichtern?

Sind Ihnen in der letzten Zeit Veränderungen am Regal mit Universalwaschmitteln aufgefallen?
O nein O ja

Wenn ja, was ist Ihnen aufgefallen?

Wie beurteilen Sie die Veränderungen?
deutlich verbessert deutlich verschlechtert
O-------------- O-------------- O -------------- O -------------- O

Wie beurteilen Sie die Anzahl der in diesem Markt angebotenen Universalwaschmittel?
O zu viel O genau richtig O zu wenig

Soziodemographische Daten:
Wären Sie so freundlich, mir Ihr Alter zu sagen? ___ Jahre
Wie viele Personen leben in Ihrem Haushalt? ___ Personen
Sonstige Anmerkungen, Probandenbeschreibung (für den Interviewer): ____________________

Universitätsstr. 12 ● 45141 Essen ● Tel.: 0201-183-2261/3385 ● Telefax: 0201-183-2833
E-Mail: hendrik.schroeder@uni-essen.de ● Internet: www.marketing.uni-essen.de

Anhang D: Zweite Kundenbefragung - Universalwaschmittel
(Fragebogen nach der Umplatzierung)
(Seite 2)

AUSGEWÄHLTE VERÖFFENTLICHUNGEN

EUL VERLAG

KUNDENORIENTIERTE UNTERNEHMENSFÜHRUNG

Herausgegeben von Prof. Dr. Hendrik Schröder, Essen

Band 1
Nadine Berghaus
Eye-Tracking im stationären Einzelhandel – Eine empirische Analyse der Wahrnehmung von Kunden am Point of Purchase
Lohmar – Köln 2005 • 310 S. • € 52,- (D) • ISBN 3-89936-366-3

Band 2
Silvia Zaharia
Multi-Channel-Retailing und Kundenverhalten – Wie sich Kunden informieren und wie sie einkaufen
Lohmar – Köln 2006 • 424 S. • € 57,- (D)
ISBN-13: 978-3-89936-508-5 • ISBN-10: 3-89936-508-9

Band 3
Annette Bohlmann
Multi-Channel-Retailing und Kaufbarrieren – Wie Kunden Kaufrisiken wahrnehmen und überwinden
Lohmar – Köln 2007 • 464 S. • € 59,- (D) • ISBN 978-3-89936-580-1

Band 4
Gregor Zimmermann
Videobeobachtung im stationären Einzelhandel – Eine empirische Analyse zum Kundenverhalten am Point of Purchase
Lohmar – Köln 2008 • 320 S. • € 52,- (D) • ISBN 978-3-89936-654-9

MARKETING

Herausgegeben von Prof. Dr. Heribert Gierl, Augsburg, Prof. Dr. Roland Helm, Jena, Prof. Dr. Frank Huber, Mainz, und Prof. Dr. Henrik Sattler, Hamburg

Band 19
Boris Bartikowski
Kundenzufriedenheit – Verfahren zur Messung der Indifferenzzone
Lohmar – Köln 2002 • 206 S. • € 39,- (D) • ISBN 3-89012-942-0

Band 20
Claudia Bornemeyer
Erfolgskontrolle im Stadtmarketing
Lohmar – Köln 2002 • 292 S. • € 44,- (D) • ISBN 3-89012-964-1

Band 21
Thorsten Temme
Integrierte Entscheidungsfindung in der Marketingforschung – Ein Multi-Methoden-Ansatz zur Analyse a priori definierter Gruppen
Lohmar – Köln 2002 • 338 S. • € 46,- (D) • ISBN 3-89012-968-4

Band 22
Beatrix Esser
Smart Shopping – Eine theoretische und empirische Analyse des preis-leistungsorientierten Einkaufsverhaltens von Konsumenten
Lohmar – Köln 2002 • 314 S. • € 48,- (D) • ISBN 3-89936-030-3

Band 23
Christian Kleikamp
Performance Contracting auf Industriegütermärkten: Eine Analyse der Eintrittsentscheidung und des Vermarktungsprozesses
Lohmar – Köln 2002 • 258 S. • € 45,- (D) • ISBN 3-89936-035-4

Band 24
Tim Bolte
CRM und Call Center – Beziehungsorientiertes Controlling auf Basis medialer Interaktion
Lohmar – Köln 2002 • 298 S. • € 47,- (D) • ISBN 3-89936-037-0

Band 25
Johanna M. Janowski
Kundenbindung durch kundenindividuelle Logistik im Konsumgüterbereich
Lohmar – Köln 2003 • 262 S. • € 47,- (D) • ISBN 3-89936-161-X

Band 26
Claudia Verstraete
Virtuelle Marken-Communities – Newsgroups und Chats als Instrumente der Markenbindung
Lohmar – Köln 2004 • 406 S. • € 56,- (D) • ISBN 3-89936-193-8

Band 27
Joachim Henseler
Basisdüfte und Lebensstile – Eine empirische Studie
Lohmar – Köln 2005 • 320 S. • € 52,- (D) • ISBN 3-89936-356-6

Band 28
Michael Gehrer
Erster Eindruck und Vertrauen im Kaufentscheidungsprozess – Eine empirische Analyse
Lohmar – Köln 2005 • 352 S. • € 54,- (D) • ISBN 3-89936-358-2

Band 29
Michael Deutschendorf
Erfolgreiches Marketing mit Marketingcontrolling – Eine empirische Untersuchung
Lohmar – Köln 2006 • 270 S. • € 48,- (D) • ISBN 3-89936-446-5

Band 30
Jochen Panzer
Dynamische Kundenbewertung zur Steuerung von Kundenbeziehungen
– Das Beispiel Kapitalanlagegesellschaft
Lohmar – Köln 2006 • 324 S. • € 52,- (D)
ISBN-13: 978-3-89936-498-9 • ISBN-10: 3-89936-498-8

Band 31
Jens Tathoff
Markenführung im Spannungsfeld von Stabilität und Anpassung
Lohmar – Köln 2006 • 366 S. • € 54,- (D)
ISBN-13: 978-3-89936-536-8 • ISBN-10: 3-89936-536-4

Band 32
Frank Kressmann
Consumer Subjective Well-Being as a Core Concept in Marketing – Theoretical Basis and Application to the Automotive Sector
Lohmar – Köln 2007 • 428 S. • € 57,- (D) • ISBN 978-3-89936-581-8

Band 33
Michaela Ludl
Warenprobenwirkung – Verhaltenswissenschaftliche Erklärung unter Berücksichtigung einer Käufertypologisierung
Lohmar – Köln 2007 • 236 S. • € 46,- (D) • ISBN 978-3-89936-597-9

Band 34
Johannes Vogel und Frank Huber
Co-Branding – Markenstrategie der Zukunft – Eine empirische Studie der Markeneffekte beim Co-Branding
Lohmar – Köln 2007 • 192 S. • € 44,- (D) • ISBN 978-3-89936-634-1

MARKETING, HANDEL UND MANAGEMENT
Herausgegeben von Prof. Dr. Rainer Olbrich, Hagen

Band 1
Daniela Braun
Schnittstellenmanagement zwischen Handelsmarken und ECR
Lohmar – Köln 2002 • 360 S. • € 52,- (D) • ISBN 3-89012-979-X

Band 2
Martin Grünblatt
Warengruppenanalyse mit POS-Scanningdaten – Kennzahlengestützte Analyseverfahren für die Konsumgüterwirtschaft
Lohmar – Köln 2004 • 462 S. • € 59,- (D) • ISBN 3-89936-230-6

Band 3
Dirk Battenfeld
Delegation oder Zentralisation von Entscheidungskompetenzen – Erkenntnisfortschritte durch neue Verhaltensannahmen in der entscheidungstheoretischen Forschung?
Lohmar – Köln 2005 • 362 S. • € 54,- (D) • ISBN 3-89936-319-1

Band 4

René Peisert

Internationale Standortforschung im Handel – Ein integrativer Ansatz zur Wahl internationaler Standorte von Handelsunternehmen

Lohmar – Köln 2005 ◆ 380 S. ◆ € 55,- (D) ◆ ISBN 3-89936-409-0

Band 5

Carl-Christian Buhr

Verbundorientierte Warenkorbanalyse mit POS-Daten

Lohmar – Köln 2006 ◆ 428 S. ◆ € 57,- (D) ◆ ISBN 3-89936-432-5

Band 6

Thomas Windbergs

Markentreue, Einkaufsstättentreue und Erfolg im Konsumgüterhandel – Dargestellt am Beispiel einer Premiumhandelsmarke im Lebensmitteleinzelhandel

Lohmar – Köln 2007 ◆ 276 S. ◆ € 48,- (D) ◆ ISBN 978-3-89936-552-8

Weitere Schriftenreihen:

UNIVERSITÄTS-SCHRIFTENREIHEN

- Reihe: Steuer, Wirtschaft und Recht
Herausgegeben von vBP StB Prof. Dr. Johannes Georg Bischoff, Wuppertal, Dr. Alfred Kellermann, Vorsitzender Richter (a. D.) am BGH, Karlsruhe, Prof. (em.) Dr. Günter Sieben, Köln, und WP StB Prof. Dr. Norbert Herzig, Köln

- Reihe: Rechnungslegung und Wirtschaftsprüfung
Herausgegeben von Prof. (em.) Dr. Dr. h. c. Jörg Baetge, Münster, Prof. Dr. Hans-Jürgen Kirsch, Münster, und Prof. Dr. Stefan Thiele, Wuppertal

- Reihe: Informationsmanagement und Unternehmensführung – Schriften des IMU, Universität Osnabrück
Herausgegeben von Prof. Dr. Uwe Hoppe, Prof. Dr. Bodo Rieger, Jun.-Prof. Dr. Frank Teuteberg und Prof. Dr. Thomas Witte

- Reihe: Controlling
Herausgegeben von Prof. Dr. Volker Lingnau, Kaiserslautern, und Prof. Dr. Albrecht Becker, Innsbruck

- Reihe: Planung, Organisation und Unternehmungsführung
Herausgegeben von Prof. Dr. Dr. h. c. Norbert Szyperski, Köln, Prof. Dr. Winfried Matthes, Wuppertal, Prof. Dr. Udo Winand, Kassel, Prof. (em.) Dr. Joachim Griese, Bern, Prof. Dr. Harald von Kortzfleisch, Koblenz, Prof. Dr. Ludwig Theuvsen, Göttingen, und Prof. Dr. Andreas Al-Laham, Kaiserslautern

- Reihe: Wirtschaftsinformatik
Herausgegeben von Prof. Dr. Dietrich Seibt, Köln, Prof. Dr. Hans-Georg Kemper, Stuttgart, Prof. Dr. Georg Herzwurm, Stuttgart, Prof. Dr. Dirk Stelzer, Ilmenau, und Prof. Dr. Detlef Schoder, Köln

- Reihe: Schriften zu Kooperations- und Mediensystemen
Herausgegeben von Prof. Dr. Volker Wulf, Siegen, Prof. Dr. Jörg Haake, Hagen, Prof. Dr. Thomas Herrmann, Bochum, Prof. Dr. Helmut Krcmar, München, Prof. Dr. Johann Schlichter, München, Prof. Dr. Gerhard Schwabe, Zürich, und Prof. Dr.-Ing. Jürgen Ziegler, Duisburg

- Reihe: Telekommunikation @ Medienwirtschaft
Herausgegeben von Prof. Dr. Dr. h. c. Norbert Szyperski, Köln, Prof. Dr. Udo Winand, Kassel, Prof. Dr. Dietrich Seibt, Köln, Prof. Dr. Rainer Kuhlen, Konstanz, Dr. Rudolf Pospischil, Bonn, Prof. Dr. Claudia Löbbecke, Köln, und Prof. Dr. Christoph Zacharias, Köln

- Reihe: Electronic Commerce
Herausgegeben von Prof. Dr. Dr. h. c. Norbert Szyperski, Köln, Prof. Dr. Beat F. Schmid, St. Gallen, Prof. Dr. Dr. h. c. August-Wilhelm Scheer, Saarbrücken, Prof. Dr. Günther Pernul, Regensburg, Prof. Dr. Stefan Klein, Münster, Prof. Dr. Detlef Schoder, Köln, und Prof. Dr. Tobias Kollmann, Essen

- Reihe: E-Learning
Herausgegeben von Prof. Dr. Dietrich Seibt, Köln, Prof. Dr. Freimut Bodendorf, Nürnberg, Prof. Dr. Dieter Euler, St. Gallen, und Prof. Dr. Udo Winand, Kassel

- Reihe: InterScience Reports
Herausgegeben von Prof. Dr. Dr. h. c. Norbert Szyperski, Köln, Prof. Dr. Harald F. O. von Kortzfleisch, Koblenz, und Prof. Dr. Dietrich Seibt, Köln

- Reihe: FGF Entrepreneurship-Research Monographien
Herausgegeben von Prof. Dr. Heinz Klandt, Oestrich-Winkel, Prof. Dr. Dr. h. c. Norbert Szyperski, Köln, Prof. Dr. Michael Frese, Gießen, Prof. Dr. Josef Brüderl, Mannheim, Prof. Dr. Rolf Sternberg, Hannover, Prof. Dr. Ulrich Braukmann, Wuppertal, und Prof. Dr. Lambert T. Koch, Wuppertal

- Reihe: Venture Capital und Investment Banking, Neue Folge
Herausgegeben von Prof. Dr. Klaus Nathusius

- Reihe: Technologiemanagement, Innovation und Beratung
Herausgegeben von Prof. Dr. Dr. h. c. Norbert Szyperski, Köln, vBP StB Prof. Dr. Johannes Georg Bischoff, Wuppertal, und Prof. Dr. Heinz Klandt, Oestrich-Winkel

- **Reihe: Kleine und mittlere Unternehmen**
  Herausgegeben von Prof. Dr. Jörn-Axel Meyer, Flensburg
- **Reihe: Wissenschafts- und Hochschulmanagement**
  Herausgegeben von Prof. Dr. Detlef Müller-Böling, Gütersloh, und Prof. Dr. Reinhard Schulte, Lüneburg
- **Reihe: Personal, Organisation und Arbeitsbeziehungen**
  Herausgegeben von Prof. Dr. Fred G. Becker, Bielefeld, und Prof. Dr. Walter A. Oechsler, Mannheim
- **Reihe: Forum Finanzwissenschaft und Public Management**
  Herausgegeben von Prof. Dr. Kurt Reding, Kassel, und PD Dr. Walter Müller, Kassel
- **Reihe: Finanzierung, Kapitalmarkt und Banken**
  Herausgegeben von Prof. Dr. Hermann Locarek-Junge, Dresden, Prof. Dr. Klaus Röder, Regensburg, und Prof. Dr. Mark Wahrenburg, Frankfurt
- **Reihe: Marketing**
  Herausgegeben von Prof. Dr. Heribert Gierl, Augsburg, Prof. Dr. Roland Helm, Jena, Prof. Dr. Frank Huber, Mainz, und Prof. Dr. Henrik Sattler, Hamburg
- **Reihe: Marketing, Handel und Management**
  Herausgegeben von Prof. Dr. Rainer Olbrich, Hagen
- **Reihe: Kundenorientierte Unternehmensführung**
  Herausgegeben von Prof. Dr. Hendrik Schröder, Essen
- **Reihe: Agrarökonomie**
  Herausgegeben von Prof. Dr. Achim Spiller, Göttingen, und Prof. Dr. Ludwig Theuvsen, Göttingen
- **Reihe: Produktionswirtschaft und Industriebetriebslehre**
  Herausgegeben von Prof. Dr. Jörg Schlüchtermann, Bayreuth
- **Reihe: Europäische Wirtschaft**
  Herausgegeben von Prof. Dr. Winfried Matthes, Wuppertal
- **Reihe: Katallaktik – Quantitative Modellierung menschlicher Interaktionen auf Märkten**
  Herausgegeben von Prof. Dr. Otto Loistl, Wien, und Prof. Dr. Markus Rudolf, Koblenz
- **Reihe: Quantitative Ökonomie**
  Herausgegeben von Prof. Dr. Eckart Bomsdorf, Köln, Prof. Dr. Wim Kösters, Bochum, und Prof. Dr. Winfried Matthes, Wuppertal
- **Reihe: Internationale Wirtschaft**
  Herausgegeben von Prof. Dr. Manfred Borchert, Münster, Prof. Dr. Gustav Dieckheuer, Münster, und Prof. Dr. Paul J. J. Welfens, Wuppertal
- **Schriftenreihe des Europäischen Instituts für Internationale Wirtschaftsbeziehungen**
  Herausgegeben von Prof. Dr. Wilfried Fuhrmann, Potsdam, und Prof. Dr. Paul J. J. Welfens, Wuppertal
- **Reihe: Industrieökonomik**
  Herausgegeben von Prof. Dr. Frank C. Englmann, Stuttgart, Prof. Dr. Mathias Erlei, Clausthal, Prof. Dr. Ulrich Schwalbe, Hohenheim, und Prof. Dr. Bernd Woeckener, Stuttgart
- **Reihe: Studien zur Dynamik der Wirtschaftsstruktur**
  Herausgegeben von Prof. Dr. Heinz Grossekettler, Münster
- **Reihe: Versicherungswirtschaft**
  Herausgegeben von Prof. (em.) Dr. Dieter Farny, Köln, und Prof. Dr. Heinrich R. Schradin, Köln
- **Reihe: Wirtschaftsgeographie und Wirtschaftsgeschichte**
  Herausgegeben von Prof. Dr. Ewald Gläßer, Köln, Prof. Dr. Josef Nipper, Köln, Dr. Martin W. Schmied, Köln, und Prof. Dr. Günther Schulz, Bonn

- Reihe: Wirtschafts- und Sozialordnung: FRANZ-BÖHM-KOLLEG – Vorträge und Essays
Herausgegeben von Prof. Dr. Dr. Bodo Gemper, Siegen

- Reihe: WISO-Studientexte
Herausgegeben von Prof. Dr. Eckart Bomsdorf, Köln, und Prof. (em.) Dr. Dr. h. c. Dr. h. c. Josef Kloock, Köln

- Reihe: Europäisches Wirtschaftsrecht – Jean-Monnet-Schriftenreihe
Herausgegeben von Prof. Dr. Dieter Krimphove, Paderborn

- Reihe: Rechtswissenschaft

FACHHOCHSCHUL-SCHRIFTENREIHEN

- Reihe: Institut für betriebliche Datenverarbeitung (IBD) e. V. im Forschungsschwerpunkt Informationsmanagement für KMU
Herausgegeben von Prof. Dr. Felicitas Albers, Düsseldorf

- Reihe: FH-Schriften zu Marketing und IT
Herausgegeben von Prof. Dr. Doris Kortus-Schultes, Mönchengladbach, und Prof. Dr. Frank Victor, Gummersbach

- Reihe: Marketing-Praxis – Schriften des Instituts für kreatives Marketing
Herausgegeben von Prof. Dr. Jochem Müller, FH Ansbach

- Reihe: Medienmanagement
Herausgegeben von Prof. Dr. Thomas Breyer-Mayländer, Offenburg

- Reihe: FuturE-Business
Herausgegeben von Prof. Dr. Michael Müßig, Würzburg-Schweinfurt

- Reihe: Controlling-Forum – Wege zum Erfolg
Herausgegeben von Prof. Dr. Jochem Müller, Ansbach

- Reihe: Unternehmensführung und Controlling in der Praxis
Herausgegeben von Prof. Dr. Thomas Rautenstrauch, Bielefeld

- Reihe: Economy and Labour
Herausgegeben von EUR ING Prof. Dr.-Ing. Hans-Georg Nollau MBCS, Regensburg

- Reihe: Institut für Regionale Innovationsforschung (IRI)
Herausgegeben von Prof. Dr. Rainer Voß, Wildau

- Reihe: Interkulturelles Medienmanagement
Herausgegeben von Prof. Dr. Edda Pulst, Gelsenkirchen

PRAKTIKER-SCHRIFTENREIHEN

- Reihe: Transparenz im Versicherungsmarkt
Herausgegeben von *ASSEKURATA* GmbH, Köln

- Reihe: Betriebliche Praxis
Herausgegeben von vBP StB Prof. Dr. Johannes Georg Bischoff, Wuppertal

- Reihe: Regulierungsrecht und Regulierungsökonomie
Herausgegeben von Juconomy Consulting AG, Düsseldorf